国家"双高计划"水利水电建筑工程专业群系列教材

U0183653

施工组织与项目管理（工作手册式）

SHIGONG

ZUZHI YU XIANGMU

GUANLI

主　编　闫超君　费家仓　蒋　红
副主编　范志敏　李炳蔚　方　伟
　　　　杨梦乔　张　标

工作
手册式

电子课件
（仅限教师）

华中科技大学出版社
http://press.hust.edu.cn
中国·武汉

内 容 提 要

本书以案例教学为手段,融入思政内容,以理论知识与现行规范相结合、知识传授与工程实践相结合、课程内容与执业考试相结合、传统理论与行业前沿相结合为抓手,以培养学生施工组织与项目管理的能力为目标。全书共包括五个工作手册,主要介绍施工组织与管理基本认知、施工准备、进度计划编制与优化、单位工程施工组织设计、施工管理等内容。

本书体系完整,内容全面,语言通俗易懂,具有以下特点:以项目为载体,注重理论联系实际;以导学形式突出工作手册的主要内容;将课程思政与教学内容有机融合,在潜移默化中提高学生的思想觉悟;以问一问、想一想、做一做等形式提高学生的学习效率;注重培养学生自主学习的能力,既有案例又有题目,便于学生学以致用,及时将知识转化为能力。本书中嵌入了大量的教学视频,读者通过扫描二维码可以实现边阅读边观看教学视频,结合教材开展线上线下混合式学习。

本书可供土木工程类专业高职学生使用,也可作为各类成人高校培训教材,对建设监理单位、建设单位、勘察设计单位、施工单位等单位的工作者也有参考价值,同时可作为监理工程师、建造师、造价师等执业资格考试的参考书。

为了方便教学,本书配有电子课件等资料,任课教师和学生可以发邮件至 husttujian@163.com 索取。

图书在版编目(CIP)数据

施工组织与项目管理:工作手册式/闫超君,费家仓,蒋红主编.—武汉:华中科技大学出版社,2023.8(2024.1重印)

ISBN 978-7-5680-9923-3

Ⅰ.①施… Ⅱ.①闫… ②费… ③蒋… Ⅲ.①建筑工程-施工组织 ②建筑工程-工程项目管理 Ⅳ.①TU7

中国国家版本馆 CIP 数据核字(2023)第 161920 号

施工组织与项目管理(工作手册式) 闫超君 费家仓 蒋 红 主编

Shigong Zuzhi yu Xiangmu Guanli(Gongzuo Shouceshi)

策划编辑:康 序

责任编辑:白 慧

封面设计:孢 子

责任监印:曾 婷

出版发行:华中科技大学出版社(中国·武汉)　　　电话:(027)81321913

　　　　　武汉市东湖新技术开发区华工科技园　　　邮编:430223

录　　排:华中科技大学惠友文印中心

印　　刷:武汉市洪林印务有限公司

开　　本:787mm×1092mm　1/16

印　　张:18.5

字　　数:437千字

版　　次:2024 年 1 月第 1 版第 2 次印刷

定　　价:55.00 元

前言
Preface

施工组织与项目管理在工程建设中起着不可或缺的作用,直接关系到工程建设能否按时按质按量完成,是目前工程建设中最重要的一项工作。本书打破传统的编写模式,以案例教学为手段,有机融入思政内容,在教授知识的同时提高学生的思想觉悟,以理论知识与现行规范相结合、知识传授与工程实践相结合、课程内容与执业考试相结合、传统理论与行业前沿相结合为抓手,以培养学生施工组织与项目管理的能力为目标。每个工作手册的开头都有项目资料、项目描述、知识链接、项目执行和学习目标,结合紧随任务内容的想一想、问一问、做一做,可以使学生很容易地掌握知识要点;同时提供配套视频,便于学生自学。

本书的编写目的是:第一,让学生更好地掌握知识要点,搞得清楚、弄得明白;第二,使学生能更好地学习职业技能,提高动手能力,学得会、用得上,到了工作岗位能够很快上手;第三,方便学生应对在校时、毕业后的各种考试,能够取得好成绩。

本书适应现代工程建设发展的需要,对施工组织与项目管理中的常用方法加以介绍,全书共5个工作手册,其中工作手册1介绍施工组织与管理基本认知,工作手册2介绍施工准备的各项内容,工作手册3介绍进度计划编制与优化,工作手册4介绍单位工程施工组织设计,工作手册5介绍施工管理等内容。

本书由闫超君、费家仓、蒋红担任主编,范志敏、李炳蔚、方伟、杨梦乔、张标担任副主编,具体分工如下:工作手册1由安徽水利水电职业技术学院闫超君、广州市顺景工程造价咨询有限公司范志敏编写;工作手册2由安徽水利水电职业技术学院李炳蔚编写;工作手册3由安徽水利水电职业技术学院闫超君、杨梦乔编写,工作手册4由安徽水利水电职业技术学院费家仓编写;工作手册5由安徽水利水电职业技术学院费家仓、蒋红,安徽成源祥建设工程有限公司方伟,广州市顺景工程造价咨询有限公司范志敏,合肥乐富强房地产开发有限公司张标编写。全书由闫超君统稿。

本书在编写过程中,参考和引用了一些相关专业书籍的论述,编者在此向有关人员致以衷心的感谢!

　　为了方便教学,本书配有电子课件等资料,任课教师和学生可以发邮件至 husttujian@163.com 索取。

　　由于时间仓促,加上编者水平有限,不足之处在所难免,恳请广大读者批评指正。

编　者

二〇二三年六月

目录
Contents

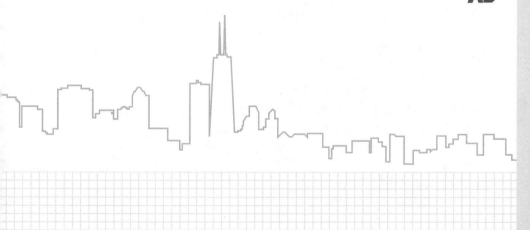

工作手册1

施工组织与管理基本认知

项 目 资 料

　　某市政道路工程包含××路、××线改造。××路位于某市南部,为南北走向,起点桩号为 K0+045,终点桩号为 K1+155.851,道路全长 1003.2 m。市政道路等级为城市主干道,设计速度为 50 km/h。全线新建大桥一座、箱涵一座。建设工期 730 日历天,合同造价 1.0 亿。

项 目 描 述

　　本项目主要通过对工程实例的施工组织设计进行分析,介绍施工组织设计的基本知识、项目管理的基本知识,使学生对施工组织与项目管理形成基本认知,为以后的学习打下良好的基础。

知 识 链 接

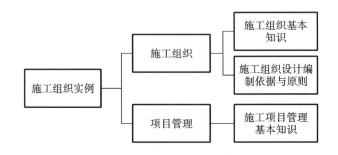

项 目 执 行

　　任务1　市政工程施工组织实例分析
　　任务2　施工组织设计基本知识认知
　　任务3　项目管理基本知识认知

学 习 目 标

知识目标

　　(1)掌握施工组织的分类和内容;
　　(2)掌握施工组织设计编制的原则、依据和要求;
　　(3)了解项目管理的基本概念和任务。

能力目标

(1)能进行施工组织设计分析；
(2)能查询规范和标准；
(3)熟悉现代管理理论。

素质目标

(1)学会查规范——培养规范意识、工匠精神；
(2)掌握严谨的施工组织设计——培养责任感；
(3)了解管理的重要性——没有规矩不成方圆，要循规蹈矩。

任务1　市政工程施工组织实例分析

任 务 描 述

本任务学习施工组织实例,分析施工组织设计,了解施工组织设计的内容。

课 前 任 务

1.分组讨论"想一想"的问题,发挥团队合作精神。
2.分组进行"问一问",对施工组织设计有所了解。

课 中 导 学

研读施工组织设计实例 → 分析施工组织设计 → 了解施工组织设计的内容

一、编制依据

(1)××规划设计研究院设计的《××道路工程》设计文件。
(2)签订的建设工程施工合同。
(3)《工程地质勘察报告》(详细勘察)。
(4)工程所涉及的主要的国家或行业规范、标准、图集、法规、规程、地方标准等。

問一問
什么是施工组织？它有什么作用？为什么要编写施工组织设计？施工组织设计由哪几部分组成？

想一想
施工组织设计的编制依据有哪些？

■ 思政元素 ■
学会查规范，培养规范意识，不以规矩，不成方圆。做任何事都要遵规守纪。

二、工程概况

问一问

工程概况从哪里得知?

(一)工程简介

本工程包含××路、××线改造。××路位于某市南部,为南北走向,起点桩号为 K0+045,终点桩号为 K1+155.851,道路全长 1003.2 m。市政道路等级为城市主干道,设计速度为 50 km/h。全线新建大桥一座、箱涵一座。建设工期 730 日历天,合同造价 1.0 亿。

(二)主要工程量

主要工程量见表 1.1.1。

问一问

工程量如何计算?

表 1.1.1　主要工程量

序号	工程名称	概述	主要内容	单位	工程量	备注
1	涵洞	95 m/座	混凝土	m³	2189.4	
			钢筋	kg	315 794	
			挖方	m³	2836.5	
			台背回填	m³	8172.3	
			砂砾石垫层	m³	511.4	
2	桥梁	210 m/座	混凝土	m³	9344.7	
			钢材	kg	1 765 840.8	
			锚具	套	1952	
			波纹管	m	27 632.4	
			支座	个	172	其中板式橡胶支座数量 84;四氟板橡胶支座 88
			伸缩缝	m	73	其中 80 型数量 51;160 型数量 22
			预制梁片	片	62	
			桩基	个	54	
3	路基土方		挖方	m³	1542	
			填方	m³	166 584	
4	路面工程		AC-13C 细粒式改性沥青砼	m²	22 917.5	
			AC-20C 中粒式沥青砼	m²	22 917.5	
			AC-25C 粗粒式改性沥青砼	m²	22 917.5	
			5%水泥稳定碎石层	m²	22 772.5	

思政元素

学习工程量计算,培养严谨务实的工匠精神。

续表

序号	工程名称	概述	主要内容	单位	工程量	备注
4	路面工程		3%水泥稳定碎石层	m²	22 772.5	
			20 cm 填隙碎石	m²	23 821.7	
			8 cm C30 水泥砼透水砖	m²	5232.6	
			15 cm C20 无砂混凝土	m²	5232.6	
			15 cm 填隙碎石	m²	5232.6	
			路缘石	m	5968	其中 B 型数量为 2978.7;C 型数量为 1302.8;D 型数量为 1622.5;E 型数量为 64.0
5	给排水工程		污水管道	m	1182	其中 d500 数量为 372;d400 数量为 505;d300 数量为 305
			给水管道	m	2605	其中 DN150 数量为 1038;DN250 数量为 1567
			雨水管道	m	2352	其中 d300~d500 为 HDPE 增强缠绕 B 型结构管其数量为 1082＋126＝1208;d600~d2000 为 II 级钢筋混凝土管,其数量为 286＋181＋245＋133＋32＋29＋121＋117＝1144
6	交通电气及照明工程		灯具	套	55	
			路灯箱式变压器	台	1	
			路灯控制箱	台	1	
			电缆手孔井	座	25	
			交通指挥设施手孔井	座	48	
7	电力通信工程		电力井	座	49	
			电力人孔井	座	29	
			12(6)×(HFB-150)	m	1800	
			16PVC-U110	m	9503	
8	绿化工程		乔木	株	281	
			灌木	株	129	
			地被	m²	3005	

续表

序号	工程名称	概述	主要内容	单位	工程量	备注
9	公路改造		水泥混凝土路面	m²	683.2	22 cm
			5%水泥稳定碎石层	m²	703.7	20 cm
			填隙碎石	m²	724.2	20 cm

(三)现场施工条件

1. 气象、工程地质和水文地质状况

1)场地地形地貌

按地貌单元划分,拟建道路属山间冲洪积地貌,地势总体较平缓,呈北高南低缓倾;依勘察孔孔口高程计,现拟建道路标高在 3.69~13.56 m。

拟建道路桩号 K0+000~K0+960,原多为耕植地,该路段小沟渠较为常见,主要为灌溉及排水用途;桩号 K0+960~终点为穆阳溪。

2)地岩土层结构

根据施工图详细钻探资料,土层结构及岩性特征自上而下为:①耕植土;②粉质黏土;③粉细砂;④卵石;⑤残积砂质黏性土;⑥全风化花岗岩;⑦砂土状强风化花岗岩;⑧碎块状强风化花岗岩;⑨中风化花岗岩。其埋藏条件、分布特征详见工程地质剖面图。

3)气候与水文地质

(1)气候。本地区属中亚热带海洋性季风气候,多年平均气温为 19.8 度,多年平均降雨量为 1547.9 毫米,3—9 月为雨季,降水量占年降水量的 82.3%。

(2)地表水。拟建道路桩号 K0+000~K0+960 段地表水主要为灌溉与排水用的沟、渠,其流量总体较小,但水位及水量受季节的变化影响较大,应做好相应的排、截水措施;桩号 K0+960~终点为穆阳溪,水深 2~3 m,水位及水流主要受气候控制。

(3)地下水。根据地下水埋藏条件和含水性质,本场地地下水可具体划分为两种类型,即第四纪松散堆积孔隙水及下部基岩构造裂隙水。

2. 周边主要居民区、交通道路及交通情况

市政道路及改建道路周围无主要居民区,××大桥桥头位置 K0+900 处附近有零星砖瓦房居民区,设计文件显示无拆迁。

(四)工程特点、难点及施工对策

1.施工期间雨水多

本工程涉及大量填方,开工日期处于雨季,雨水天气将严重影响施工进度。应参考本地的全年降水周期,合理安排开挖与回填工程的开始时间,做到及时回填、及时压实,路基排水合理布置,及时将雨水排至路基外。

2.沥青混凝土路面平整度控制

路面平整度控制是沥青砼路面施工中的难点,面层平整度也是沥青路面质量的重要指标,项目部施工后应采用平整度仪检测,确保面层平整度均方差不大于 0.6 mm。

3. 交叉施工

本工程市政道路路基紧邻 1♯ 排洪渠施工挡墙及景观绿化带,设计文件中建议与 1♯ 排洪渠同步施工,由于各种原因,本项目部先行开工,应充分考虑后期的排洪渠施工对市政道路路基的影响。

问一问
怎么分析工程?

三、施工总体部署

(一) 主要工程管理目标

质量目标:符合住房和城市建设部各类工程施工质量验收规范的要求。
工期目标:工期暂定 730 日历天。
安全目标:杜绝死亡和重伤事故,轻伤频率控制在 1‰ 以下。
成本目标:降低工程成本 1%。

问一问
施工总体部署考虑哪些因素?

(二) 项目组织机构及管理班子配备

根据本工程特点,本项目部设项目经理 1 人、技术副经理 1 人、生产副经理 1 人、商务经理及安全总监各一人,以及相关施工员、专职质检员、材料员、试验员、安全员等。各工程队应在项目经理部的统一领导下,既分工负责又相互协作,高效优质完成本标段工程项目,施工高峰时期,不足劳动力从当地进行补充。

(三) 施工安排、任务划分及管理

具体施工流程包括三个子单位,双阳路市政道路、廉溪大桥及下浦线改造(公路)。市政道路含道路工程、交通工程、桥梁工程、涵洞工程、给排水工程、电气工程(道路照明、交通电气、电力通信)、绿化工程。下浦线改造含道路工程、交通工程等,地质条件相对复杂,质量要求严格。在确保工期的前提下,狠抓重点工程、重点工序,精心组织、统筹安排,在保证重点、难点工程的同时兼顾其他工程,使本合同段工程施工合理有序,做到均衡生产。

(四) 施工进度计划

工期目标的确定:施工总工期暂定 730 日历天。
节点工期要求:根据施工总体计划要求,制订分部工程的节点工期具体进度计划。

(五) 总体资源配置计划

1. 劳动力配置计划

劳动力组织采用按工种分组施工的方式,统一调度各工种的施工力量组织施工。根据本工程的工作量、进度要求等因素,高峰期二班倒选用劳动力。根据本合同段工程情况,施工队施工人员实行弹性编制、动态管理,为确保正常施工投入各类人员,详见表 1.1.2。

表 1.1.2　劳动力投入计划表

序号	名称	作业名称	数量	备注	进场时间
1	桥梁	桩基作业	20	负责桩基施工,钢筋加工、绑扎和砼的灌注等工作	2017-8-1
2		墩身作业	12	负责墩身模板、钢筋制作和砼的浇注等工作	2017-11-1
3		梁场作业	20	负责梁的预制、预应力钢筋张拉压浆等作业	2018-4-1
4		桥面系及附属工程	15	架梁、湿接缝、桥面铺装等工作	2018-6-1
5	涵洞		10	负责涵洞基础开挖、钢筋制作安装、砼浇筑的施作	2017-7-30
6	路基		20	负责软基处理(换填)、路基的填筑、运输及摊铺和圬工的施作	2017-7-20
7	路面		18	负责本段内的路面的施作	2018-10-1
8	交安绿化		20	负责本段内的交通安全设施及绿化施作	2019-4-15
9	杂工		5	负责本工程交通疏导、卫生清扫、材料装卸等	2017-7-5

2.物资设备进场计划

　　所需物资、设备和工程材料将根据工程需要和监理工程师的要求进场,并向监理工程师提交生产厂商出具的质量合格证书、质量检验试验报告,进场的材料设备必须符合本工程合同技术规范的规定,经监理工程师批准后再投入使用。材料分规格、分型号堆放,砼集中在搅拌站搅拌,钢筋标识码放在钢筋库棚内,做到防潮、防污。材料进场流程图如图 1.1.1 所示。

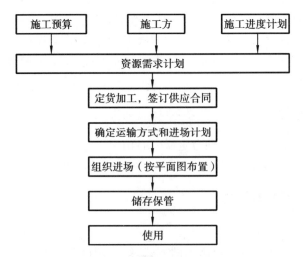

图 1.1.1　材料进场流程图

　　根据本合同工程施工内容、工作量大小、工期长短等因素进行综合考虑,合理配置施工机械设备及材料试验、测量等仪器设备。

3.施工机具进场计划

主要机械设备进场计划见表1.1.3。

表 1.1.3　主要机械设备进场计划一览表

序号	机械设备名称	型号规格	数量	国别产地	制造年份	额定功率/kW	生产能力	进场时间
1	冲孔桩机	JSK20	5 台	浙江	2011 年			2017-8-1
2	汽车吊	QY50K-Ⅱ	2 台	江苏	2014 年	247		2017-7-15
3	泥浆泵	6PN	5 台	上海	2012 年			2017-8-1
4	砂石泵	6BS	5 台	福州	2011 年			2017-8-1
5	挖掘机	CAT320CL	5 台	美国	2012 年	107	1 m³/斗	2017-7-1
6	装载机	XG955II	2 台	厦门	2014 年	160	3 m³/斗	2017-7-1
7	推土机	TY220	1 台	天津	2012 年	162		2017-7-1
8	自卸汽车	12t	30 辆	十堰	2014 年		≤12t/车	2017-7-1
9	振动压路机	XS202J	1 台	徐州	2012 年	128	≤300 m²/h	2017-7-1
10	沥青摊铺机	福格勒 1800-2	1 台	德国	2016 年	137	9 m	2018-10-8
11	钢轮压路机	悍马 138	2 台	中国	2016 年	93		2018-10-8
12	小钢轮压路机	山推 1T	1 台	中国	2016 年	162		2018-10-8
13	轮胎压路机	山推 26T	2 台	中国	2016 年	73.5		2018-10-8
14	沥青洒布车	4000L	2 台	中国	2016 年			2018-10-8
15	切割机	HQS500A	2 台	中国	2016 年	44		2018-10-8
16	交流电焊机	500A	2 台	西安	2013 年	22		2017-8-1
17	自卸汽车解放	25T	8 辆	中国	2014 年		≤25t/车	2018-10-8
18	砂浆机	UB3	2 台	福州	2013 年	3.5		2017-7-1
19	插入式振动棒	CZ15	2 台	天津	2013 年	1.5		2017-7-1
20	平板振捣器	PZ22	1 台	福州	2013 年	2.2		2017-7-1
21	钢筋调直机		1 台		2016 年	7.5		2017-7-1
22	钢筋切断机		1 台		2016 年	3		2017-7-1
23	钢筋弯曲机		1 台		2016 年	4		2017-7-1
24	蛙式打夯机	HW60	2 台	洛阳	2013 年	3		2017-10-1
25	污水泵		6 台	福州	2014 年			2017-7-1
26	洒水车	5T	1 台	福州	2012 年			2017-7-1

四、施工准备

施工准备是实现施工组织设计以及确保工程进度和工期控制目标的关键前提。其主要内容有项目组织机构的建立、人员配备、施工机械进场、驻地安排规划、水电供给、交通通信、临时工程、试验室筹建、测量控制规划等。施工准备工作应在施工前 20 天内完成。

(一)技术准备

(1)认真阅读设计单位提供的工程设计资料和勘察单位提供的地质勘察报告,透彻了解建设、设计对本工程施工质量的原则要求及特殊要求,并在施工前召开由设计、建设、施工等各方有关人员参加的图纸会审及设计交底会,进一步明确设计意图、技术要求、质量检验标准。

(2)施工前要进行技术交底,让班组明确施工内容、施工工艺、质量标准,并在施工中严格监督其按施工图纸及现行施工规范施工。

(二)施工现场准备

生产、生活临时设施的设置,包括施工便道、临时供水与排水、施工用电、施工通信、与当地的关系等的准备。

(三)其他准备

其他准备包括测量准备、试验准备、资金准备。

五、施工总平面布置

(一)施工总平面布置依据

施工总平面布置本着因地制宜、方便施工、节约资金、安全生产和有利于环境保护的原则进行。施工平面布置图能使工程施工布局合理、工效提高、成本降低,保证工程质量,为安全生产及文明生产创造条件。根据本合同段工程特点及施工总平面布置的原则和沿线的实际情况,确定施工总平面布置方案。

(二)施工总平面布置原则

针对本工程路线及现场实际情况,砂石料堆场、原材料及预制构件堆放场地、钢筋加工棚、预制箱梁场地等可安置于濂溪路及双阳路交叉口,达到满足工程施工需要、安全文明施工、节约资金使用的目的。

依据现场施工条件和工程特点,按照施工部署和施工方案,施工总平面布置遵循下列原则:

第一,施工总平面布置应在满足施工工艺流程要求的前提下尽量紧凑,配电线路从业主提供的 630KVA 配电箱引出,沿围护边沿布设;水管由水源按照最短线路延伸到各用水点。

第二,施工总平面布置还应充分考虑现场安全,设置沉淀过滤池。

问一问
施工方案如何确定?

六、主要工程的施工方法、施工方案

主要工程的施工方法、施工方案此处不做详细介绍。

问一问
管理保证措施都有哪些?

七、各项管理及保证措施

各项管理及保证措施包括质量保证措施、技术保证措施、工期保证措施、降低成本措施、施工现场环境保护措施、安全文明施工保证措施、项目部事故应急预案、交通疏导措施、季节施工保证措施等。

八、主要技术经济指标

(1)工期目标:工期要求 730 日历天。

(2)劳动生产率指标:合理安排进度,充分利用劳动力,使生产合理化。

(3)分部优良率指标:各分部分项工程平均达到《城镇道路工程施工与质量验收规范》《城市桥梁工程施工与质量验收规范》《给水排水构筑物工程施工及验收规范》《给水排水管道工程施工及验收规范》所规定的优良标准。

(4)降低成本指标:通过科学组织,严格管理,依靠科技进步,应用新技术、新工艺、新材料、新设备,降低工程成本。

(5)安全目标:合格,施工全过程无重大安全事故,轻伤率控制在 5‰ 以内。

(6)文明施工目标:合格。

从以上施工组织实例可以看出,施工组织设计分为两部分内容,一部分是关于如何组织施工,一部分是关于如何进行施工管理。施工组织就是确定施工方案,做好进度计划和施工平面布置,做好施工准备。施工管理就是对施工质量、进度、资金、安全、季节等的管理。

课后思考

1.从工程施工组织实例可以看出什么?

2.施工组织设计的内容有哪些?

任务 2　施工组织设计基本知识认知

任务描述

　　本任务学习施工组织设计的基本知识,掌握施工组织设计的概念、施工组织设计的分类、施工组织设计的内容、施工组织设计编制的原则,了解施工组织设计编制的依据和要求。

课前任务

　　1.预习,观看视频和教材,记录不明白之处。
　　2.分组讨论"想一想"的问题。

施工组织
设计基本
知识认知

课中导学

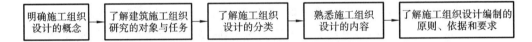

| 明确施工组织设计的概念 | → | 了解建筑施工组织研究的对象与任务 | → | 了解施工组织设计的分类 | → | 熟悉施工组织设计的内容 | → | 了解施工组织设计编制的原则、依据和要求 |

一、施工组织设计基本认知

　　施工组织是针对工程施工的复杂性,研究工程建设的统筹安排与系统管理的客观规律,以及如何制定工程施工最合理的组织与管理方法的一门学科。施工组织是加强现代化施工管理的核心。

　　施工组织设计是用来指导拟建工程施工全过程中各项活动的技术、经济和组织的综合性文件。施工组织设计是工程施工组织管理工作的核心和灵魂,是指导拟建工程项目进行施工准备和正常施工的基本技术经济文件,是对拟建工程在人力和物力、时间和空间、技术和组织等方面所做的全面、合理的安排。

　　如何以更快的施工速度、更科学的施工方法和更经济的工程成本完成每一项工程施工任务? 这是工程建设者极为关心并不断为之努力和奋斗的工作目标。

　　施工组织设计作为指导拟建工程项目的全局性文件,应尽量适应施工安装过程的复杂性和具体施工项目的特殊性,并且尽可能保持施工生产的连续性、均衡性和协调性,以实现生产活动的最佳经济效果。

问一问
你眼中的施工组织设计是什么样子的?

■ 思政元素 ■
严谨地组织施工,培养我们的责任感。

问一问
施工组织设计研究什么?

二、建筑施工组织研究的对象与任务

　　建筑施工组织研究的对象是建筑产品(建筑物或构筑物),即对人员、机械、材料、

工艺、环境、工期、资金等做出全面、科学的规划和部署,以达到质量、进度、投资、安全的预期目标。

建筑施工组织研究的任务:从施工的全局出发,根据具体的条件,以最优的方式解决施工组织的问题,对施工的各项活动做出全面的、科学的规划和部署,使人力、物力、财力、技术资源得以充分利用,达到优质、低耗、高速地完成施工任务。

三、施工组织设计的分类

施工组织设计按不同的分类标准可以分为不同的类别,具体如下。

(一)按编制阶段分类

1.投标前的施工组织设计

投标前的施工组织设计是编制投标书的依据,其编制目的是中标。

2.中标后的施工组织设计

中标后的施工组织设计也称实施性的施工组织设计,其编制目的是指导施工。

问一问
编制投标前的施工组织设计的目的是什么?最主要的依据是什么?

(二)按编制对象和范围分类

中标后的施工组织设计按编制对象和范围的不同可分为施工组织总设计、单位工程施工组织设计、分部分项工程施工组织设计三种。

1.施工组织总设计

施工组织总设计是以一个建筑群或一个建设项目为编制对象,用以指导整个建筑群或建设项目施工全过程的各项施工活动的技术、经济和组织的综合性文件。施工组织总设计一般在初步设计或扩大初步设计被批准之后,由总承包企业的总工程师主持编制。

问一问
编制中标后的施工组织设计的目的是什么?最主要的依据是什么?

2.单位工程施工组织设计

单位工程施工组织设计是以一个单位工程(一个建筑物或构筑物、一个交工系统)为编制对象,用以指导其施工全过程的各项施工活动的技术、经济和组织的综合性文件。单位工程施工组织设计一般在施工图设计完成后、拟建工程开工之前,由工程处的技术负责人主持编制。

3.分部分项工程施工组织设计

分部分项工程施工组织设计是以分部分项工程为编制对象,用以具体指导其施工全过程的各项施工活动的技术、经济和组织的综合性文件。分部分项工程施工组织设计的编制一般和同单位工程施工组织设计的编制同时进行,并由单位工程的技术人员负责编制。

想一想
基坑开挖应编制什么样的施工组织设计?

施工组织总设计、单位工程施工组织设计和分部分项工程施工组织设计之间有以下关系:施工组织总设计是对整个建设项目的全局性战略部署,其内容和范围比较概括;单位工程施工组织设计是在施工组织总设计的控制下,以施工组织总设计和企业施工计划为依据编制的,针对具体的单位工程,把施工组织总设计的内容具体化;分部分项工程施工组织设计是以施工组织总设计、单位工程施工组织设计和企业施工计划为依据编制的,针对具体的分部分项工程,把单位工程施工组织设计进一步具体化,它是专业工程具体的组织施工的设计。本书只介绍单位工程施工组织设计。

(三)按编制内容的繁简程度分类

施工组织设计按编制内容繁简程度的不同可分为完整的施工组织设计和简单的施工组织设计两种。

1.完整的施工组织设计

对于工程规模大,结构复杂,技术要求高,采用新结构、新技术、新材料和新工艺的拟建工程项目,必须编制内容详尽的完整的施工组织设计。

2.简单的施工组织设计

对于工程规模小、结构简单、技术要求和工艺方法不复杂的拟建工程项目,可以编制一般仅包括施工方案、施工进度计划和施工总平面布置图等的内容粗略的简单的施工组织设计。

四、施工组织设计的内容

施工组织设计的内容包括编制依据、工程概况、施工部署、施工准备、施工现场布置、施工进度计划及工期保证措施、主要分部分项工程施工方案及措施、重点与特殊部位施工措施和方法、季节性施工措施、施工组织管理、质量保证措施、安全生产保证措施、文明施工及环境保护措施、经济指标等方面。

五、施工组织设计编制原则

(1)重视工程的组织对施工的作用;

(2)提高施工的工业化程度;

(3)重视管理创新和技术创新;

(4)重视工程施工的目标控制;

(5)积极采用国内外先进的施工技术;

(6)充分利用时间和空间,合理安排施工顺序,提高施工的连续性和均衡性;

(7)合理部署施工现场,实现文明施工。

六、施工组织设计编制的依据和程序

1.单位工程施工组织设计的编制依据

(1)建设单位的意图和要求,如工期、质量、预算要求等;

(2)工程的施工图纸及标准图;

(3)施工组织总设计对本单位工程的工期、质量和成本的控制要求;

(4)资源配置情况;

■ 思政元素 ■
做事要有原则,做人要坚持原则。

■ 思政元素 ■
重视管理创新和技术创新——培养学生的创新意识。

■ 思政元素 ■
古器合尺度,法物应矩规。生活和工作中都要依规循序,不能我行我素。

(5)建筑环境、场地条件及地质、气象资料,如工程地质勘测报告、地形图和测量控制等;

(6)有关的标准、规范和法律;

(7)有关技术新成果和类似建设工程项目的资料和经验。

2.施工组织设计的编制程序

(1)当拟建工程中标后,施工单位必须编制建设工程施工组织设计。建设工程实行总包和分包的,由总包单位负责编制施工组织设计或者分阶段施工组织设计。分包单位在总包单位的总体部署下,负责编制分包工程的施工组织设计。施工组织设计应根据合同工期及有关规定进行编制,并且要广泛征求各协作施工单位的意见。

(2)对结构复杂、施工难度大以及采用新工艺和新技术的工程项目,要进行专业性研究,必要时组织专门会议,邀请有经验的专业工程技术人员参加,集中群众智慧,为施工组织设计的编制和实施打下坚定的群众基础。

■ 思政元素 ■
依程序做事,培养严谨的工匠精神。

(3)在施工组织设计编制过程中,要充分发挥各职能部门的作用,吸收他们参加编制和审定;充分利用施工企业的技术素质和管理素质,统筹安排、扬长避短,发挥施工企业的优势,合理地进行工序交叉配合的程序设计。

(4)当比较完整的施工组织设计方案提出之后,要组织参加编制的人员及单位进行讨论,逐项逐条地研究、修改,最终形成正式文件,送主管部门审批。

单位工程施工组织设计的编制程序如图1.2.1所示。

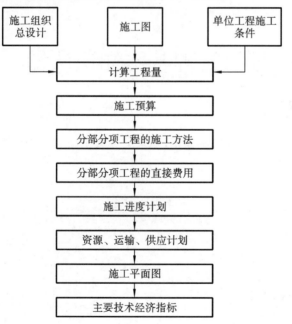

图1.2.1 单位工程施工组织设计的编制程序

七、施工组织设计的质量要求

(1)采用的资料、计算公式和各种指标依据可靠,正确合理。

(2)采用先进的技术措施和符合施工现场实际的方案。

■ 思政元素 ■
具备良好的职业道德修养,遵守职业道德规范。

(3)选定的方案有良好的经济效益。

(4)文字通顺流畅,简明扼要,逻辑性强,分析论证充分。

(5)附图、附表完整清晰、准确无误。

八、土木工程施工组织的学习方法

土木工程施工组织的学习方法:首先,熟悉工程基本建设流程和土木工程施工组织设计的编制流程;其次,学会绘制横道图、网络图,掌握进度计划的编制与控制;最后,了解一些基本的规范,掌握工程建设中常见的强制性规范条文,了解施工准备工作,学会绘制施工平面布置图。

多看施工组织设计范本,对照学习。

课后思考

1.施工组织研究的对象是什么?

2.什么是施工组织设计? 施工组织设计的内容有哪些? 施工组织设计如何分类?

3.施工组织设计编制的依据大致有哪些方面?

任务3   项目管理基本知识认知

任务描述

本任务学习项目管理的基本知识,要求掌握施工项目管理的概念、工程项目管理的三大控制目标。

课前任务

1.预习,观看视频和教材,记录不明白之处。

2.分组讨论"想一想"的问题。

课中导学

项目管理
基本知识
认知

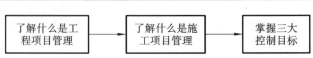

一、工程项目管理

(一)概念

工程项目管理的内涵是:自项目开始至项目完成,通过项目策划和项目控制,使项目的进度目标、质量目标、费用目标得以实现。

"自项目开始至项目完成"指的是项目的实施期;"项目策划"指的是目标控制前的一系列筹划和准备工作;"费用目标"对业主而言是投资目标,对施工方而言是成本目标。项目决策期管理工作的主要任务是确定项目的定义,而项目实施期管理的主要任务是通过管理使项目的目标得以实现。

■ 思政元素
了解管理的重要性,没有规矩不成方圆,要遵规守矩,养成工匠精神。

(二)分类

按建设工程生产组织的特点,一个项目往往由众多参与单位承担不同的建设任务,而各参与单位的工作性质、工作任务和利益不同,因此就形成了不同类型的项目管理。由于业主方是建设工程项目生产过程的总集成者——人力资源、物质资源和知识资源的总集成者,也是建设工程项目生产过程的总组织者,因此对于一个建设工程项目而言,虽然有代表不同利益方的项目管理,但是,业主方的项目管理是管理的核心。

问一问
如何理解项目管理?

按建设工程项目不同参与方的工作性质和组织特征划分,工程项目管理有如下几种类型:

(1)业主方的项目管理。

(2)设计方的项目管理。

(3)施工方的项目管理。

(4)供货方的项目管理。

(5)工程总承包方的项目管理。

问一问
项目管理的参与方有哪些?

投资方、开发方的项目管理和由咨询公司提供的代表业主方利益的项目管理服务都属于业主方的项目管理。施工总承包方和分包方的项目管理都属于施工方的项目管理。材料和设备供应方的项目管理都属于供货方的项目管理。建设项目总承包有多种形式,如设计和施工任务综合的承包,设计、采购和施工任务综合的承包(简称EPC承包)等,它们的项目管理都属于工程总承包方的项目管理。

二、施工项目管理

所谓施工项目管理,就是以施工项目为管理对象,以施工项目经理责任制为中心,以合同和相关法律法规为依据,按施工项目的内在规律,实现资源的优化配置和对各生产要素进行有效的计划、组织、指导、控制,取得最佳的经济效益的过程。施工项目管理是项目管理的一个分支,管理者是施工企业,核心任务是项目的目标控制,主要内容是"三控制三管理一协调",即成本控制、进度控制、质量控制,职业健康安全与环境管理、合同管理、信息管理和组织协调。

想一想
"三控制三管理一协调"指的是什么?

从施工项目的寿命周期来看,施工项目的管理过程可分为投标签约阶段、施工准备阶段、施工阶段、竣工验收阶段、质量保修与售后服务阶段。

(一)投标签约阶段

(1)对于每一次可以参与投标的机会,施工单位都应从其经营战略的角度出发,做出是否投标争取承揽该项工程施工任务的决策。

(2)如果决定投标,则应马上行动,从多方面、多渠道尽可能多地获取大量信息,继而进行认真分析与梳理,做出判断。

(3)编制投标书,进行投标。

(4)若中标,则与招标单位进行合同谈判,签订合同。

(二)施工准备阶段

(1)施工单位聘任项目经理,实行项目经理责任制。

(2)设立项目经理部,根据施工项目的规模、结构复杂程度、专业特点、人员素质、地域范围,来确定项目经理部的组织形式及人员分配等。

(3)编制施工项目管理规划及规章制度,以指导和规范施工项目的管理工作。

(4)编制施工组织设计及质量计划,以指导和规范施工准备工作与施工过程。进行施工现场准备,使现场具备施工条件,保证安全文明施工。

(5)编写开工备案报告。

(三)施工阶段

(1)按照施工组织设计组织施工并进行管理。

(2)通过施工项目目标管理的动态控制,采用适当的管理措施、技术措施、经济措施等,保证实现施工项目的进度、质量、成本、安全生产管理、文明施工管理等预期目标。

(3)加强施工项目的合同管理、现场管理、生产管理、信息管理、项目组织协调工作。

(4)做好记录,及时收集和整理施工管理资料。

(四)竣工验收阶段

在整个施工项目已按设计要求全部完成和试运转合格之后,在预验收结果符合工程项目竣工验收标准的前提下,组织竣工验收。竣工验收通过之后,办理竣工结算和工程移交手续。

(五)质量保修与售后服务阶段

按照《建设工程质量管理条例》的规定,通过竣工验收的工程进入工程保修阶段。

为了保证工程的正常使用和维护施工单位声誉,施工单位应定期进行工程回访,听取使用单位和社会公众的意见,总结经验教训;了解和观察使用中的问题,进行必要的维护、维修、保修和技术咨询服务。

想一想
施工项目的管理过程分为几个阶段?

■ 思政元素 ■
重视每一次投标,践行认真负责的工匠精神。

■ 思政元素 ■
不打无准备之仗,做好各项工作的准备,要有忧患意识。宜未雨而绸缪,勿临渴而掘井。

■ 思政元素 ■
做好各项工作,践行工匠精神。

三、工程项目管理的三大目标控制

（一）工程项目质量控制

工程项目质量控制是指在力求实现建设项目总目标的过程中，为满足项目总体质量要求所开展的有关监督管理活动。工程项目的质量目标是指对工程项目实体、功能和使用价值以及参与工程建设的有关各方工作质量的要求或需求的标准和水平，也就是对项目符合有关法律、法规、规范、标准程度和满足业主要求程度做出的明确规定。

影响工程项目质量的因素很多，通常可以概括为人、机械、材料、方法和环境五个方面。工程项目的质量控制，应当是一个全面、全过程的控制过程，项目管理人员应当采取有效措施对相关因素进行控制，以保障工程质量。对人，要从思想素质、业务素质、身体素质等多方面综合考虑，全面控制；对机械，要根据工艺和技术要求，确认是否选用了合适的机械设备，是否建立了各种管理制度；对材料，要把好检查验收这一关，保证正确、合理地使用原材料、成品、半成品、构配件，并督促做好收、发、储、运等技术管理工作；对方法，要通过分析、研究、对比，在确认可行的基础上确定应采用的优化方案、工艺、设计和措施；对环境，要通过指导、督促、检查，建立良好的技术环境、管理环境和劳动环境，为实现质量目标提供良好的条件。

工程项目质量控制的工作重点应放在调查研究外部环境和系统内部各种干扰质量的因素上，要做好风险分析和管理工作，预测各种可能出现的质量偏差，并采取有效的预防措施。同时，要使这些主动控制措施与监督、检查、反馈等控制措施有机结合起来，发现问题及时解决，发生偏差及时纠偏，使工程项目质量始终处于项目管理人员的有效控制之下。

问一问
影响质量的因素有哪些？

（二）工程项目进度控制

工程项目进度控制是指在实现建设项目总目标的过程中，为使工程建设的实际进度符合项目进度计划的要求，使项目按计划要求的时间动用而开展的有关监督管理活动。工程项目进度控制的目标就是项目最终动用的计划时间，也就是工业项目负荷联动试车成功、民用项目交付使用的计划时间。由此可见，工程项目进度控制是对工程项目从策划与决策开始，经设计与施工，到竣工验收和交付使用为止的全过程控制。

工程项目进度目标不能按计划实现的原因有多种。例如，管理人员、劳务人员数量不足或素质和能力低下；材料和设备不能按时、按质、按量供应；建设资金缺乏，不能按时到位；施工技术水平低，施工人员不能熟练掌握和运用新技术、新材料、新工艺；组织协调困难，各承包商不能协同工作；未能提供合格的施工现场；异常的工程地质、水文、气候、社会、政治环境等。要实现有效的进度控制，必须对上述影响进度的因素实施控制措施，以减少或避免其对工程进度的影响。

想一想
影响进度的因素有哪些？

为了有效地控制工程项目进度，必须做好与有关单位的协调工作。组织协调是实现有效进度控制的关键，与工程项目进度有关的单位较多，包括项目业主、设计单位、施工单位、材料供应单位、设备供应厂家、资金供应单位、工程毗邻单位、监督管理工程建设的政府部门等。如果不能做好与这些单位的协调工作，不建立协调工作网络，不投入一定力量去做联络、联合、调和工作,进度控制工作的开展将十分困难。

(三)工程项目投资控制

工程项目投资控制是指在整个项目的实施阶段开展管理活动,力求使项目在满足质量和进度要求的前提下,实现项目实际投资不超过计划投资。

想一想

影响成本的因素有哪些?

工程项目投资控制不是单一目标的控制,而应当与工程项目质量控制和进度控制同时进行。项目管理人员在对工程投资目标进行确定或论证时,应当综合考虑整个目标系统的协调和统一,不仅要使投资目标满足业主的需求,还要使质量目标和进度目标满足业主的要求。这就需要在确定项目目标系统时认真分析业主对项目的整体需求,反复协调工程质量、进度和投资三大目标之间的关系,力求实现三大目标的最佳匹配。

在工程项目投资控制的过程中,要协调好其与质量控制和进度控制的关系,做到三大控制的有机结合。当采取某项投资控制措施时,要考虑这项措施是否对其他目标的控制产生不利影响。例如,当采用限额设计进行工程投资控制时,一方面要力争使实际的项目设计投资限定在投资额度内,另一方面要保障项目的功能、使用要求和质量标准。这种协调工作在目标控制过程中是绝对不可缺少的。

此外,项目管理人员在控制工程项目投资时,应立足于工程项目的全寿命经济效益,不能局限于项目的一次性费用。

(四)工程项目管理三大目标之间的关系

工程项目的质量、进度和投资三大目标是一个相互关联的整体,三大目标之间既存在对立的方面,又存在统一的方面。进行工程项目管理,必须充分考虑工程项目三大目标之间的对立统一关系,注意统筹兼顾,合理确定三大目标,防止发生盲目追求单一目标而冲击或干扰其他目标的现象。

1.三大目标之间的对立关系

想一想

三大目标之间是一个什么样的关系?

在通常情况下,如果对工程质量有较高的要求,就需要投入较多的资金和花费较长的建设时间;如果要抢时间、争进度,以极短的时间完成工程项目,势必会增加投资或者使工程质量下降;如果要减少投资、节约费用,势必会考虑降低项目的功能要求和质量标准。所有这些都表明,工程项目三大目标之间存在矛盾和对立的一面。

2.三大目标之间的统一关系

思政元素

辩证看问题,从三大规律的角度出发,运用对立统一规律、质量互变规律、否定之否定规律看待问题。

在通常情况下,适当增加投资金额,为采取加快进度的措施提供经济条件,即可加快项目建设进度,缩短工期,使项目尽早启动,投资尽早回收,项目全寿命周期经济效益得到提高;适当提高项目功能要求和质量标准,虽然会造成一次性投资和建设工期的增加,但能够节约项目启动后的运行费和维修费,从而获得更好的投资经济效益;如果项目进度计划制订得既科学又合理,使工程进展具有连续性和均衡性,不但可以缩短建设工期,而且有可能获得较好的工程质量并降低工程费用。所有这一切都说明,工程项目三大目标之间存在统一的一面。

课 后 思 考

1. 施工项目管理的主要目标是什么？
2. 说一说工程项目管理与施工项目管理的区别。

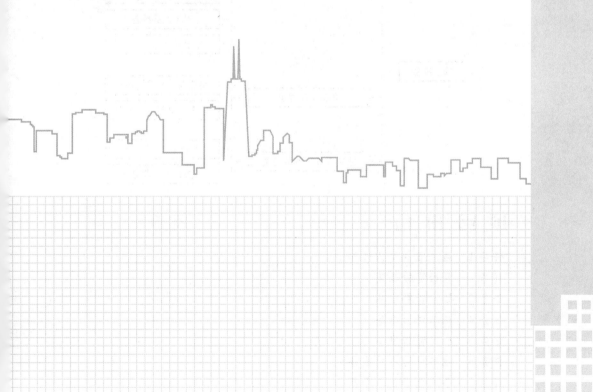

工作手册 2

施工准备

项 目 资 料

　　某市政道路工程包含××路、××线改造。××路位于某市南部,为南北走向,起点桩号为 K0+045,终点桩号为 K1+155.851,道路全长 1003.2 m。市政道路等级为城市主干道,设计速度为 50 km/h。全线新建大桥一座、箱涵一座。建设工期 730 日历天,合同造价 1.0 亿。

项 目 描 述

　　本项目主要通过对工程实例的施工准备工作进行分析,介绍施工准备工作的内容,以及如何进行施工准备工作,培养学生思考与探究问题的能力,要求学生能进行施工准备工作。

知 识 链 接

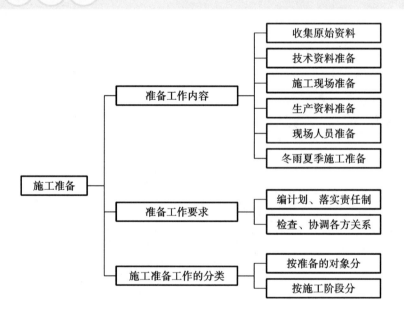

项 目 执 行

　　任务1　施工准备工作认知
　　任务2　原始资料收集
　　任务3　技术资料准备
　　任务4　施工现场准备
　　任务5　生产资料准备
　　任务6　施工现场人员准备
　　任务7　冬雨夏季施工准备

学 习 目 标

知识目标

(1)掌握施工准备的内容和要求;

(2)了解原始资料收集的范围和方法;

(3)掌握技术资料的准备工作;

(4)掌握施工现场的准备工作;

(5)了解生产资料的准备工作;

(6)掌握现场人员的准备工作;

(7)掌握冬雨夏季的准备工作。

能力目标

(1)能进行原始资料的调查与收集;

(2)能进行技术资料的准备:识图、图纸会审、编制施工组织设计;

(3)能进行施工现场的准备:三通一平、测量放线、临时设施搭设;

(4)能进行生产资料的准备:材料准备、施工机具准备、构配件准备;

(5)能进行现场人员的准备:项目部组建、施工队伍准备、人员教育;

(6)能进行冬雨夏季施工的准备:冬季施工准备、雨季施工准备、夏季施工准备。

素质目标

(1)学会收集资料——培养严谨认真的工匠精神;

(2)能进行识图、图纸会审——把问题消灭在萌芽状态;

(3)掌握施工现场、生产资料、人员、冬雨夏季的准备工作——不打无准备之仗。

任务 1　施工准备工作认知

任 务 描 述

本任务通过对工程施工组织设计实例中的施工准备工作进行分析,使学生了解施工准备工作的分类、内容和要求。

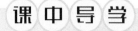

1.分组讨论"想一想"的问题,发挥团队合作精神。

2.分组进行"问一问",对施工准备工作进行分析。

施工准备(上)

```
研读施工组    →    分析施工    →    了解施工准备工作的
织设计实例         准备工作         分类、内容和要求
```

一、施工准备工作的意义

做一做

仔细研读施工组织设计实例中的施工准备工作内容。

想一想

为什么要做好施工准备工作?若不进行准备工作会出现什么样的后果?

施工准备工作是为了保证工程顺利开工和施工活动正常进行所必须事先做好的各项准备工作,它是生产经营管理的重要组成部分,是施工程序中重要的一环。做好施工准备工作具有以下意义:

(1)做好施工准备工作是全面完成施工任务的必要条件。

工程施工不仅需要消耗大量人力、物力、财力,而且会遇到各式各样的复杂技术问题、协作配合问题等。对于这样一项复杂而庞大的系统工程,若事先缺乏充分的统筹安排,必然使施工过程陷于被动,施工无法正常进行。由此可见,做好施工准备工作既可为整个工程的施工打下基础,同时可为各个分部分项工程的施工创造先决条件。

(2)做好施工准备工作是降低工程成本、提高企业经济效益的有力保证。

认真细致地做好施工准备工作,能充分发挥各方面的积极因素,合理组织各种资源,能有效加快施工进度、提高工程质量、降低工程成本、实现文明施工、保证施工安全,从而增加必要的经济效益,赢得企业的社会信誉。

(3)做好施工准备工作是取得施工主动权、降低施工风险的有力保障。

工程项目施工周期长,施工环境复杂多变,投入的生产要素多且易变,影响因素多而预见性差,可能遇到的风险也大。因此,只有充分做好施工准备工作,采取预防措施,增强应变能力,才能有效地降低风险损失。

(4)做好施工准备工作是遵循建筑施工程序的重要体现。

建筑产品的生产,有其科学的技术规律和市场经济规律,基本建设工程项目的总程序是按照规划、设计和施工等几个阶段进行的,施工阶段又分为施工准备、土建施工、设备安装和交工验收阶段。由此可见,施工准备是基本建设施工的重要阶段之一。

由于建筑产品及其生产的特点,施工准备工作的好坏将直接影响建筑产品生产的全过程。实践证明,凡是重视施工准备工作,积极为拟建工程创造一切良好施工条件的项目,其工程的施工就会顺利进行;凡是不重视施工准备工作的,将会处处被动,给工程的施工带来麻烦,甚至造成重大损失。

二、施工准备工作的分类和内容

（一）施工准备工作的分类

1）按施工准备工作的对象分类

（1）施工总准备：以整个建设项目为对象而进行的,需要统一部署的各项施工准备。其特点是施工准备工作的目的、内容是为整个建设项目的顺利施工创造有利条件,它既为全场性的施工做好准备,也兼顾单位工程施工条件的准备。

（2）单位工程施工准备：以单位工程为对象而进行的施工条件的准备工作。其特点是准备工作的目的、内容是为单位工程施工服务的。它不仅要为单位工程在开工前做好一切准备,而且要为分部分项工程做好施工准备工作。

（3）分部分项工程作业条件的准备：以某分部分项工程为对象而进行的作业条件的准备。

（4）季节性施工准备：为冬、雨、夏季施工创造条件的施工准备工作。

2）按拟建工程所处施工阶段分类

开工前施工准备：它是拟建工程正式开工之前所进行的一切施工准备工作。其目的是为工程正式开工创造必要的施工条件,它带有全局性和总体性。

工程作业条件的施工准备：它是在拟建工程开工以后,在每一个分部分项工程施工之前所进行的一切施工准备工作。其目的是为各分部分项工程的顺利施工创造必要的施工条件,它带有局部性和经常性。

综上所述,不仅在拟建工程开工之前要做好施工准备工作,而且随着工程施工的进展,在各施工阶段开工之前也要做好施工准备工作。施工准备工作既要有阶段性,又要有连续性。因此,施工准备工作必须要有计划、有步骤、分期和分阶段地进行,要贯穿拟建工程的整个建造过程。

（二）施工准备工作的内容

施工准备工作涉及的范围广、内容多,应视工程本身及其具备条件的不同而不同,一般可归纳为以下六个方面：

（1）原始资料收集；

（2）技术资料准备；

（3）施工现场准备；

（4）生产资料准备；

（5）施工现场人员准备；

（6）冬雨夏季施工准备。

问一问
施工准备很重要,那么都有哪些准备工作?

想一想
施工阶段会为哪些对象做准备?

想一想
什么时间段做准备工作?

问一问
若你在工地,你会做什么准备工作?

三、施工准备工作的要求

(一)编制施工准备工作计划

为了有步骤、有安排、有组织地全面搞好施工准备,在进行施工准备之前,应编制施工准备工作计划。其形式如表2.1.1所示。

表 2.1.1　施工准备工作计划表

序号	项目	施工准备工作内容	要求	负责单位	负责人	配合单位	起止时间		备注
							月·日	月·日	
1									
2									

施工准备工作计划是施工组织设计的重要组成部分,应依据施工方案、施工进度计划、资源需要量等进行编制。除了采用上述表格外,还可采用网络计划进行编制,以明确各项准备工作之间的关系并找出关键工作,并且可在网络计划上进行施工准备期的调整。

(二)建立严格的施工准备工作责任制

施工准备工作必须建立严格的责任制,按施工准备工作计划将责任落实到有关部门和具体人员,项目经理全权负责整个项目的施工准备工作,对准备工作进行统一布置和安排,协调各方面关系,以便按计划要求及时、全面地完成准备工作。

(三)建立施工准备工作检查制度

施工准备工作不仅要有明确的分工和责任,要有布置、有交底,在实施过程中还要定期检查。其目的在于督促和控制,通过检查发现问题和薄弱环节,并进行分析,找出原因,及时解决问题,不断协调和调整,把工作落到实处。

(四)严格遵守建设程序,执行开工报告制度

必须遵循基本建设程序,坚持没有做好施工准备不开工的原则,当施工准备工作的各项内容已完成、满足开工条件、已办理施工许可证时,项目经理部应申请开工报告(见表2.1.2),报上级批准后才能开工。实行监理的工程,还应将开工报告送监理工程师审批,由监理工程师签发开工通知书。

表 2.1.2　单位工程开工报告

申报单位:　　　　　　　　　　　　　　　　　　　　　　年　月　日　第××号

工程名称		建筑面积	
结构类型		工程造价	
建设单位		监理单位	

续表

施工单位		技术负责人	
申请开工日期	年 月 日	计划竣工日期	

序号	单位工程开工的基本条件	完成情况
1	施工图纸已会审,图纸中存在的问题和错误已得到纠正	
2	施工组织设计或施工方案已经批准并进行了交底	
3	场内场地平整和障碍物的清除已基本完成	
4	场内外交通道路、施工用水、用电、排水已能满足施工要求	
5	材料、半成品和工艺设计等,均能满足连续施工的要求	
6	生产和生活用的临建设施已搭建完毕	
7	施工机械、设备已进场,并经过检验能保证连续施工的要求	
8	施工图预算和施工预算已经编审,并已签订工作合同协议	
9	劳动力已落实,劳动组织机构已建立	
10	已办理施工许可证	

施工单位上级主管部门意见（签章） 年 月 日	建设单位意见 年 月 日	质监站意见 年 月 日	监理意见 年 月 日

（五）处理好各方面的关系

施工准备工作要顺利实施,必须统筹安排多工种、多专业的准备工作,使各专业、各工种协调配合。施工单位要取得建设单位、设计单位、监理单位及有关单位的大力支持与协作,使准备工作深入有效地实施,为此,要处理好几个方面的关系。

（1）建设单位准备与施工单位准备相结合。

为保证施工准备工作全面完成,不出现漏洞或职责推诿的情况,应明确划分建设单位和施工单位准备工作的范围、职责及完成时间,使建设单位和施工单位在实施过程中相互沟通、相互配合,保证施工准备工作顺利完成。

（2）前期准备与后期准备相结合。

施工准备工作有一些是开工前必须做的,有一些是在开工之后交叉进行的,因而既要立足于前期准备工作,又要着眼于后期准备工作,两者不可偏废。

（3）室内准备与室外准备相结合。

室内准备工作是指工程建设的各种技术经济资料的编制和汇集,室外准备工作是指对施工现场和施工活动所必需的技术、经济、物质条件的建立。室外准备与室内准备应同时进行,互相创造条件;室内准备工作对室外准备工作起指导作用,而室外准备工作对室内准备工作起促进作用。

■ 思政元素 ■
处理好各方关系,施工才能顺利进行,我们在生活和学习中也要处理好各种关系,比如同学之间要团结,互帮互助。

（4）现场准备与加工预制准备相结合。

在现场准备的同时，对大批预制加工构件应提出供应进度要求，并委托生产。对一些大型构件应进行技术经济分析，及时确定是现场预制，还是加工厂预制，构件加工还应考虑现场的存放能力及使用要求。

（5）土建工程与安装工程相结合。

土建施工单位在拟定施工准备工作规划后，要及时与其他专业工程以及供应部门联系，研究总包与分包之间综合施工、协作配合的关系，然后各自进行施工准备工作，相互提供施工条件，有问题及早提出，以便采取有效措施，促进各方面准备工作的进行。

（6）班组准备与工地总体准备相结合。

在各班组做施工准备工作时，必须与工地总体准备相结合，要结合图纸交底及施工组织设计的要求，熟悉有关的技术规范、规程，协调各工种之间衔接配合，力争连续、均衡地施工。

班组作业的准备工作包括：

①进行计划和技术交底，下达工程任务书；

②对施工机具进行保养和就位；

③施工所需的材料、构配件经质量检查合格后，将其供应到施工地点；

④具体布置操作场地，创造操作环境；

⑤检查前一工序的质量，搞好标高与轴线的控制。

课后思考

1.施工准备工作重要吗？

2.施工准备工作的内容和要求有哪些？

任务 2　原始资料收集

任务描述

本任务学习有关施工的原始资料，以及如何收集这些原始资料，要求掌握收集原始资料的方法。

课前任务

1.预习，观看教材和视频，记录不明白之处。

2.分组讨论"想一想"的问题。

课中导学

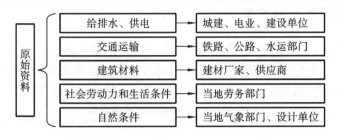

调查研究和收集有关施工资料,是施工准备工作的重要内容之一。尤其是当施工单位进入一个新的城市和地区时,此项工作显得更加重要,它关系到施工单位的全局部署与安排。通过对原始资料的收集和分析,为编制出合理的、符合客观实际的施工组织设计文件提供全面、系统、科学的依据,为图纸会审、编制施工图预算和施工预算提供依据,为施工企业管理人员进行经营管理决策提供可靠的依据。

一、给排水、供电等资料收集

水、电、蒸汽是施工不可缺少的条件,需要收集的内容如表 2.2.1 所示。资料来源主要是当地城市建设、电业等管理部门和建设单位。给排水、供电等资料调查表主要用作选用施工用水、用电的依据。

■ 思政元素 ■
认真调研,才能取得准确的资料,我们要有认真负责的工匠精神。

想一想
为什么要进行原始资料收集?

表 2.2.1　给排水、供电等资料调查表

序号	项目	调查内容	调查目的
1	给水排水	(1)工地用水与当地现有水源连接的可能性,可供水量、接管地点、管径、材料、埋深、水压、水质及水费;水源至工地距离,沿途地形地物状况。 (2)自选临时江河水源的水质、水量、取水方式,至工地距离,沿途地形地物状况;自选临时水井的位置、深度、管径、出水量和水质。 (3)利用永久性排水设施的可能性,施工排水的去向、距离和坡度;有无洪水影响,防洪设施状况	(1)确定生活、生产供水方案; (2)确定工地排水方案和防洪方案; (3)拟定给排水设施的施工进度计划
2	供电电信	(1)当地电源位置,引入的可能性,可供电的容量、电压、导线截面和电费;电源引入方向、接线地点及其至工地距离,沿途地形地物状况。 (2)建设单位和施工单位自有的发、变电设备的型号、台数和容量。 (3)利用邻近电信设施的可能性,电话、电报局等至工地的距离,可能增设电信设备、线路的情况	(1)确定供电方案; (2)确定通信方案; (3)拟定供电、通信设施的施工进度计划
3	供汽供热	(1)蒸汽来源,可供蒸汽量,接管地点、管径、埋深,至工地距离,沿途地形地物状况;蒸汽价格。 (2)建设、施工单位自有锅炉的型号、台数和能力,所需燃料及水质标准。 (3)当地或建设单位可能提供的压缩空气、氧气的能力,至工地距离	(1)确定生产、生活用汽的方案; (2)确定压缩空气、氧气的供应计划

二、交通运输资料收集

建筑施工中,常用铁路、公路和航运等三种主要交通运输方式,需要收集的内容如表 2.2.2 所示。资料来源主要是当地铁路、公路、水运和航运管理部门。交通运输资料主要用作决定材料和设备的运输方式以及组织运输业务的依据。

[问一问]

原始资料有哪些？如何收集？用什么方法收集？

表 2.2.2　交通运输条件调查表

序号	项目	调查内容	调查目的
1	铁路	(1)邻近铁路专用线、车站至工地的距离及沿途运输条件; (2)站场卸货线长度,起重能力和储存能力; (3)装卸单个货物的最大尺寸、重量的限制	选择运输方式,拟定运输计划
2	公路	(1)主要材料产地至工地的公路等级、路面构造、路宽及完好情况,允许最大载重量,途经桥涵等级、允许最大尺寸、最大载重量; (2)当地专业运输机构及附近村镇能提供的装卸、运输能力,运输工具的数量及运输效率,运费、装卸费; (3)当地有无汽车修配厂若有,其修配能力和至工地距离	
3	航运	(1)货源、工地至邻近河流码头、渡口的距离,道路情况; (2)洪水、平水、枯水期时,通航的最大船只及吨位,取得船只的可能性; (3)码头装卸能力、最大起重量,增设码头的可能性; (4)渡口的渡船能力,同时可载汽车数,每日次数,能为施工提供能力; (5)运费、渡口费、装卸费	

三、建筑材料资料收集

建筑工程要消耗大量的材料,主要有钢材、木材、水泥、地方材料(砖、砂、灰、石)、装饰材料、构件制作、商品混凝土、建筑机械等,需要收集的内容见表 2.2.3、表 2.2.4。资料来源主要是当地主管部门和建设单位及各建材生产厂家、供货商。建筑材料资料收集主要用作选择建筑材料和施工机械的依据。

[问一问]

建筑材料有哪些？到哪里调查？

表 2.2.3　地方资源调查表

序号	材料名称	产地	储藏量	质量	开采量	出厂价	供应能力	运距	单位运价
1									
2									
...									

表 2.2.4 "三材"特殊材料和主要设备调查表

序号	项目	调查内容	调查目的
1	三种材料	(1)钢材订货的规格、型号、数量和到货时间；(2)木材订货的规格、等级、数量和到货时间；(3)水泥订货的品种、标号、数量和到货时间	(1)确定临时设施和堆放场地(2)确定木材加工计划；(3)确定水泥储存方式
2	特殊材料	(1)需要的品种、规格、数量；(2)试制、加工和供应情况	(1)制订供应计划；(2)确定储存方式
3	主要设备	(1)主要工艺设备的名称、规格、数量和供货单位；(2)供应时间：分批和全部到货时间	(1)确定临时设施和堆放场地；(2)拟定防雨措施

四、社会劳动力和生活条件调查

建筑施工是劳动密集型的生产活动，社会劳动力是建筑施工劳动力的主要来源，调查内容见表 2.2.5。资料来源是当地劳动、商业、卫生和教育主管部门。社会劳动力和生活条件调查的主要作用是为编制劳动力安排计划、布置临时设施和确定施工力量提供依据。

表 2.2.5 社会劳动力和生活设施调查表

序号	项目	调查内容	调查目的
1	社会劳动力	(1)少数民族地区的风俗习惯；(2)当地能支援的劳动力人数、技术水平和来源；(3)上述人员的生活安排	(1)拟定劳动力计划；(2)安排临时设施
2	房屋设施	(1)必须在工地居住的单身人数和户数；(2)能作为施工用房的现有的房屋栋数、每栋面积、结构特征、总面积、位置、水、暖、电、卫生设备状况；(3)上述建筑物的适宜用途以及作为宿舍、食堂、办公室的可能性	(1)确定原有房屋为施工服务的可能性；(2)安排临时设施
3	生活服务	(1)主副食品供应、日用品供应、文化教育、消防治安等机构能为施工提供的支援能力；(2)邻近医疗单位至工地的距离，可能就医的情况；(3)周围是否存在有害气体污染情况，有无地方病	安排职工生活基地

想一想 为什么要进行社会劳动力调查？

五、自然条件调查

自然条件调查的主要内容有建设地点的气象、地形、地貌、工程地质、水文地质、场地周围环境及障碍物，见表 2.2.6。资料来源主要是气象部门及设计单位。自然条件

想一想 为什么要进行自然条件调查？

调查的主要作用是确定施工方法和技术措施,为编制施工进度计划和施工平面图提供依据。

表 2.2.6　自然条件调查表

序号	项目	调查内容	调查目的
(一)	气象		
1	气温	(1)年平均、最高、最低、最冷、最热月份的逐月平均温度; (2)冬、夏季室外计算温度	(1)确定防暑降温的措施; (2)确定冬季施工措施; (3)估计混凝土、砂浆强度
2	雨(雪)	(1)雨季起止时间; (2)月平均降雨(雪)量、最大降雨(雪)量、一昼夜最大降雨(雪)量; (3)全年雷暴日数	(1)确定雨季施工措施 (2)确定工地排水、防洪方案; (3)确定防雷设施
3	风	(1)主导风向及频率(风玫瑰图); (2)不小于 8 级风的全年天数、时间	(1)确定临时设施的布置方案; (2)确定高空作业及吊装的技术安全措施
(二)	工程地形、地质		
1	地形	(1)区域地形图:1/10000～1/25000; (2)工程位置地形图:1/1000～1/2000; (3)该地区城市规划图; (4)经纬坐标桩、水准基桩的位置	(1)选择施工用地; (2)布置施工总平面图; (3)场地平整及土方量计算; (4)了解障碍物及其数量
2	工程地质	(1)钻孔布置图; (2)地质剖面图:土层类别、厚度; (3)物理力学指标:天然含水率、孔隙比、塑性指数、渗透系数、压缩试验及地基土强度; (4)地层的稳定性:断层滑块、流砂; (5)最大冻结深度; (6)地基土破坏情况:枯井、古墓、防空洞及地下构筑物等	(1)土方施工方法的选择; (2)地基土的处理方法; (3)基础施工方法; (4)复核地基基础设计; (5)拟定障碍物拆除计划
3	地震	地震等级、强度大小	确定对基础的影响、注意事项
(三)	工程水文地质		
1	地下水	(1)最高、最低水位及时间; (2)水的流向、流速及流量; (3)水质分析:水的化学成分; (4)抽水试验	(1)基础施工方案选择; (2)降低地下水的方法; (3)拟定防止侵蚀性介质的措施
2	地面水	(1)邻近的江河湖泊距工地的距离; (2)洪水、平水、枯水期的水位、流量及航道深度; (3)水质分析; (4)最大、最小冻结深度及结冻时间	(1)确定临时给水方案; (2)确定运输方式; (3)确定水工工程施工方案; (4)确定防洪方案

课后思考

1.说一说原始资料收集的重要性。
2.原始资料调查的内容和渠道有哪些?

任务3 技术资料准备

任务描述

本任务学习如何进行技术资料准备。

课前任务

1.分组讨论"想一想"的问题。
2.分组进行"问一问",了解技术资料准备工作有哪些。

课中导学

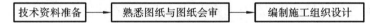

技术资料准备 → 熟悉图纸与图纸会审 → 编制施工组织设计

技术准备是施工准备工作的核心,是现场施工准备工作的基础。由于任何技术差错或隐患都可能引起人身安全和质量事故,造成生命、财产和经济的巨大损失,因此必须认真地做好技术准备工作。技术资料准备的主要内容包括熟悉与会审图纸、编制施工组织设计等。

> 问一问
>
> 为什么技术准备是准备工作的核心?

一、熟悉与会审图纸

(一)熟悉与会审图纸的目的

(1)能够在工程开工之前,使工程技术人员充分了解和掌握设计图纸的设计意图、结构与构造特点和技术要求。

(2)通过审查发现图纸中存在的问题和错误并加以改正,为工程施工提供一份准确、齐全的设计图纸。

(3)保证按设计图纸的要求顺利施工,生产出符合设计要求的建筑产品。

(二)熟悉图纸及其他设计技术资料的重点

1.基础及地下室部分

(1)核对建筑、结构、设备施工图中关于基础留口、留洞的位置及标高的相互关系

> 想一想
>
> 为什么要进行图纸会审?

是否处理恰当；

（2）给水及排水的去向，防水体系的做法及要求；

（3）特殊基础做法，变形缝及人防出口做法。

2.主体结构部分

（1）定位轴线的布置及与承重结构的位置关系；

（2）各层所用材料是否有变化；

（3）各种构配件的构造及做法；

（4）采用的标准图集有无特殊变化和要求。

3.装饰部分

（1）装修与结构施工的关系；

（2）变形缝的做法及防水处理的特殊要求；

（3）防火、保温、隔热、防尘、高级装修的类型及技术要求。

（三）审查图纸及其他设计技术资料的内容

（1）设计图纸是否符合国家有关规划、技术规范要求；

（2）设计图纸及说明书是否完整、明确，设计图纸与说明等其他组成部分之间有无矛盾和错误，内容是否一致，有无遗漏；

（3）总图的建筑物坐标位置与单位工程建筑平面图是否一致；

（4）主要轴线、几何尺寸、坐标、标高、说明等是否一致，有无错误和遗漏；

（5）基础设计与实际地质是否相符，建筑物与地下构造物及管线之间有无矛盾；

（6）主体建筑材料在各部分有无变化，各部分的构造作法；

（7）建筑施工与安装在配合上存在哪些技术问题，能否合理解决；

（8）设计中所选用的各种材料、配件、构件等能否满足设计规定的需要；

（9）工程中采用的新工艺、新结构、新材料的施工技术要求及技术措施；

（10）对设计技术资料的合理化建议及其他问题。

审查图纸的程序通常分为自审、会审和现场签证三个阶段。

自审是施工企业组织技术人员熟悉和审查图纸，自审记录包括对设计图纸的疑问和有关建议。

会审由建设单位主持，设计单位和施工单位参加，先由设计单位进行图纸技术交底，各方面提出意见，经充分协商后统一认识，形成图纸会审纪要，由建设单位正式行文，参加单位共同会签、盖章，作为设计图纸的修改文件。

现场签证是在工程施工过程中，发现施工条件与设计图纸的条件不符，或图纸仍有错误，或因材料的规格、质量不能满足设计要求等原因，需要对设计图纸及时进行修改，应遵循设计变更的签证制度，进行图纸的施工现场签证。对于一般问题，经设计单位同意，即可办理手续进行修改。对于重大问题，须经建设单位、设计单位和施工单位共同协商，由设计单位修改，向施工单位签发设计变更单，方可有效。

（四）熟悉技术规范、规程和有关技术规定

技术规范、规程是国家制定的建设法规，是实践经验的总结，在技术管理上具有法律效用。建筑施工中常用的技术规范、规程主要有：

（1）建筑安装工程质量检验评定标准；

（2）施工操作规程；

（3）建筑工程施工及验收规范；

（4）设备维护及维修规程；

（5）安全技术规程；

（6）上级技术部门颁发的其他技术规范和规定。

二、编制施工组织设计

施工组织设计是指导施工现场全部生产活动的技术经济文件。它既是施工准备工作的重要组成部分，又是做好其他施工准备工作的依据；它既要符合建设计划和设计的要求，又要符合施工活动的客观规律，对建设项目的全过程起到战略部署和战术安排的双重作用。

建筑产品的特点及建筑施工的特点，决定了建筑工程种类繁多、施工方法多变，没有一种通用的、一成不变的施工方法，每个建筑工程项目都需要分别确定施工组织方法，作为组织和指导施工的重要依据。

课后思考

1.技术资料要如何准备？

2.审查图纸的程序是什么？

任务4　施工现场准备

任务描述

本任务学习如何进行施工现场准备。

课前任务

1.分组讨论"想一想"的问题。

2.分组进行"问一问"，了解施工现场准备工作有哪些。

课中导学

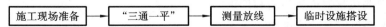

施工准备（下）

施工现场准备（又称室外准备）主要为工程施工创造有利的施工条件。施工现场的准备按施工组织设计的要求和安排进行，其主要内容为"三通一平"、测量放线、临时设施的搭设等。

一、现场"三通一平"

"三通一平"是在建筑工程的用地范围内,接通施工用水、用电、道路和平整场地的总称。而工程实际需要的往往不止水通、电通、路通,有些工地还要求"热通"(供蒸汽)、"气通"(供煤气)、"话通"(通电话)等,但最基本的还是"三通"。

1.平整施工场地

施工场地的平整工作,首先通过测量,按建筑总平面图中确定的标高,计算出挖土及填土的数量,设计土方调配方案,组织人力或机械进行平整工作;若拟建场地内有旧建筑物,则须拆迁房屋,同时要清理地面上的各种障碍物,对地下管道、电缆等要采取可靠的拆除或保护措施。

2.修通道路

施工现场的道路是组织大量物资进场的运输动脉,为了保证各种建筑材料、施工机械、生产设备和构件按计划到场,必须按施工总平面图的要求修通道路。为了节省工程费用,应尽可能利用已有道路或结合正式工程的永久性道路。为使施工时不损坏路面,可先做路基,施工完毕后再做路面。

3.通水

施工现场的通水包括给水与排水。施工用水包括生产、生活和消防用水,相关设施的布置应按施工总平面图的规划进行安排。施工用水设施尽量利用永久性给水线路,临时管线的铺设既要满足用水点的需要和使用方便,又要尽量缩短管线。施工现场要做好有组织的排水系统,否则会影响施工顺利进行。

4.通电

施工现场的通电包括生产用电和生活用电。根据生产、生活用电的电量选择配电变压器,与供电部门或建设单位联系,按施工组织要求布设线路和通电设备。当供电系统供电不足时,应考虑在现场建立发电系统,以保证施工顺利进行。

二、测量放线

测量放线的任务是把图纸上所设计好的建筑物、构筑物及管线等测设到地面或实物上,并用各种标志表现出来,作为施工的依据。在土方开挖前,按设计单位提供的总平面图及给定的永久性经纬坐标控制网和水准控制基桩,进行场区施工测量,设置场区永久性坐标、水准基桩和建立场区工程测量控制网。在进行测量放线前,应做好以下几项准备工作:

(1)了解设计意图,熟悉并校核施工图纸。

(2)对测量仪器进行检验和校正。

(3)校核红线桩与水准点。

(4)制定测量放线方案。测量放线方案主要包括平面控制、标高控制、±0.000以下施测、±0.000以上施测、沉降观测和竣工测量等项目,其方案制定依设计图纸要求

想一想
为什么施工现场要进行"三通一平"?

想一想
为什么测量放线要对测量仪器进行检验和校正?

问一问
什么是规划"交点"?如何校核红线桩和水准点?

和施工方案进行。

建筑物定位放线是确定整个工程平面位置的关键环节,施测中必须保证精度,杜绝错误,否则将出现难以处理的后果。在进行建筑物的定位放线时,一般通过设计图中的平面控制轴线来确定建筑物的轮廓位置,经自检合格后,提交有关部门和甲方(监理人员)验线,以保证定位的准确性。沿红线的建筑物,还要由规划部门验线,以防止建筑物超、压红线。

三、临时设施的搭设

现场所需临时设施,应报请规划、市政、消防、交通、环保等有关部门审查批准,按施工组织设计和审查情况实施。

对于指定的施工用地周界,应用围墙(栏)围挡起来,围挡的形式和材料应符合市容管理的有关规定和要求,并在主要出入口设置标牌,标明工程名称、施工单位、工地负责人、监理单位等。

各种生产、生活用的临时设施(仓库、混凝土搅拌站、预制构件厂、机修站、生产作业、办公室、宿舍、食堂等)严格按批准的施工组织设计规定的数量、标准、面积、位置等来组织实施,不得乱搭乱建,并尽可能做到以下几点:

(1)利用原有建筑物,减少临时设施的数量,以节省投资。

(2)适用、经济、就地取材,尽量采用移动式、装配式临时建筑。

(3)节约用地、少占农田。

问一问
为什么搭设临时设施要报请规划市政等部门?

课后思考

1.施工现场准备工作有哪些?
2.临时设施的搭设要注意什么?

任务5 生产资料准备

任务描述

本任务学习如何进行生产资料准备。

课前任务

1.分组讨论"想一想"的问题。
2.分组进行"问一问",了解生产资料准备工作有哪些。

课 中 导 学

生产资料准备 → 建筑材料准备 → 施工机具、周转材料准备 → 预制构配件加工准备

问一问

为什么要进行生产资料的准备？

生产资料准备是指对工程施工中必需的劳动手段(施工机械、机具等)和劳动对象(材料、构件、配件等)的准备。该项工作应根据施工组织设计的各种资源需要量计划，分别落实货源、组织运输和安排储备，这是工程连续施工的基本保证。

一、建筑材料的准备

问一问

为什么要编制材料需用量计划？一次性购买可不可以？

建筑材料的准备包括"三材"(钢材、木材、水泥)、地方材料(砖、瓦、石灰、砂、石等)、装饰材料(面砖、地砖等)、特殊材料(防腐、防射线、防爆材料等)的准备。为保证工程顺利施工，对建筑材料准备的要求如下。

1.编制材料需要量计划，签订供货合同

根据预算的工料分析，按施工进度计划的使用要求、材料储备定额和消耗定额，分别按材料名称、规格、使用时间进行汇总，编制材料需用量计划，同时根据不同材料的供应情况，随时注意市场行情，及时组织货源，签订定货合同，保证采购供应计划的准确可靠。

2.材料的运输和储备

说一说

袋装水泥如何堆放与保管？模板如何堆放与保管？

材料的运输和储备要按工程进度进行，使材料分期、分批进场。现场材料储备过多会增加保管费用、占用流动资金，过少则难以保证施工的连续进行。对于使用量少的材料，尽可能一次进场。

3.材料的堆放和保管

现场材料的堆放应按施工平面布置图的位置，以及材料的性质、种类，选取不同的堆放方式，合理堆放，避免材料的混淆及二次搬运；进场后的材料要依据材料的性质妥善保管，避免材料变质及损坏，以保持材料的原有数量和原有的使用价值。

二、施工机具和周转材料的准备

问一问

进场的施工机具为什么要检查完好率？完好率为什么一定要达到100%？

施工机具包括施工中所确定选用的各种土方机械、木工机械、钢筋加工机械、混凝土机械、砂浆机械、垂直与水平运输机械、吊装机械等，应根据采用的施工方案和施工进度计划，确定施工机具的数量和进场时间，以及施工机具的供应方法和进场后的存放地点和方式，并提出施工机具需要量计划，以便企业内平衡或向外租借。

周转材料的准备主要指模板和脚手架，此类材料施工现场使用量大、堆放面积大、规格多、对堆放场地的要求高，应按施工组织设计的要求分规格、型号整齐码放，以便使用和维修。

三、预制构件和配件的加工准备

工程施工中需要大量的钢筋混凝土构件、木构件、金属构件、水泥制品、塑料制品、卫生洁具等,应在图纸会审后提出预制加工单,确定加工方案、供应渠道及进场后的储备地点和方式。现场预制的大型构件,应按施工组织设计做好规划,提前加工预制。

此外,对采用商品混凝土的现浇工程,要按施工进度计划要求确定需用量计划,主要内容有商品混凝土的品种、规格、数量、需要时间、送货方式、交货地点,并提前与生产单位签订供货合同,以保证施工顺利进行。

想一想

为什么在图纸会审后就要提出预制加工单?

课后思考

生产资料准备的重要性体现在哪些方面?

任务6　施工现场人员准备

任务描述

本任务学习如何进行施工现场人员的准备。

课前任务

1. 分组讨论"想一想"的问题。
2. 分组进行"问一问",了解施工现场人员准备工作有哪些。

课中导学

施工现场人员准备 → 项目管理机构组建 → 施工队伍组建 → 施工队伍教育

一、项目管理机构组建

项目管理机构组建的原则:根据工程规模、结构特点和复杂程度,确定劳动组织领导机构的编制及人选;坚持合理分工与密切协作相结合的原则;执行因事设职、因职选人的原则,将富有经验、具有创新精神、工作效率高的人选入项目管理领导机构。对于一般单位工程,可设一名工地负责人,配一定数量的施工员、材料员、质检员、安全员等即可;对于大中型单位工程或群体工程,则要配备包括技术、计划等管理人员在内的一整套班子。

问一问

为什么要组建项目管理机构?管理机构一般有哪些部门?

二、施工队伍的准备

[问一问]
为什么要组织技术精良的施工队伍？为什么人员数量要动态管理？

施工队伍的建立要考虑工种的合理配合,技工和普工的比例要满足劳动组织的要求,建立混合施工队或专业施工队,并确定建立数量。组建施工队伍要坚持合理、精干原则,在施工过程中,依工程实际进度需求,动态管理劳动力数量。需要外部力量的,可通过签订承包合同或联合其他队伍来共同完成。

(一)建立精干的基本施工队伍

基本施工队伍应根据现有的劳动组织情况、结构特点及施工组织设计的劳动力需要量计划确定。一般有以下几种组织形式:

(1)砖混结构的建筑:该类建筑在主体施工阶段主要是砌筑工程,应以瓦工为主,配合适量的架子工、钢筋工、混凝土工、木工以及小型机械工等;装饰阶段以抹灰、油漆工为主,配合适量的木工、电工、管工等。因此以混合施工队伍为宜。

(2)框架、框剪及全现浇结构的建筑:该类建筑主体结构施工主要是钢筋混凝土工程,应以模板工、钢筋工、混凝土工为主,配合适量的瓦工;装饰阶段配备抹灰、油漆工等。因此以专业施工队伍为宜。

(3)预制装配式结构的建筑:该类建筑的主要施工工作为构件吊装,应以吊装起重工为主,配合适量的电焊工、木工、钢筋工、混凝土工、瓦工等,装饰阶段配备抹灰工、油漆工、木工等。因此以专业施工队伍为宜。

(二)确定优良的专业施工队伍

大中型的工业项目或公用工程,内部的机电安装、生产设备安装一般需要专业施工队或生产厂家进行安装和调试,某些分项工程也可能需要机械化施工公司来承担。这些需要外部施工队伍来承担的工作,需要在施工准备工作中以签订承包合同的形式予以明确,落实施工队伍。

(三)选择优势互补的外包施工队伍

随着建筑市场的开放,施工单位依靠自身的力量往往难以满足施工需要,因而需联合其他建筑队伍(外包施工队)来共同完成施工任务。可通过考察外包队伍的市场信誉、已完工程质量、资质等级、施工力量水平等进行选择,联合要充分体现优势互补的原则。

三、施工队伍的教育

[问一问]
为什么要对施工队伍进行教育？要进行哪些方面的教育？

施工前,企业要对施工队伍进行劳动纪律、施工质量和安全教育,使其牢固树立"质量第一""安全第一"的意识。平时企业应抓好职工、技术人员的培训和技术更新工作,不断提高职工、技术人员的业务技术水平,增强企业的竞争力,对于采用新工艺、新结构、新材料、新技术及使用新设备的工程,应将相关管理人员和操作人员组织起来培训,达到标准后再上岗操作;此外,应加强施工队伍平时的政治思想教育。

课后思考

1.若你是项目经理,如何选择优良的施工队伍?

2.如何对施工队伍进行安全教育?

任务 7　冬雨夏季施工准备

任务描述

本任务学习如何进行冬雨夏季施工准备。

课前任务

1.分组讨论"想一想"的问题。

2.分组进行"问一问",了解冬雨夏季施工要做哪些准备。

课中导学

冬雨夏季施工准备 → 冬季施工准备 → 雨季施工准备 → 夏季施工准备

一、冬季施工准备工作

(一)合理安排冬季施工项目

建筑产品的生产周期长且多为露天作业,冬季施工条件差、技术要求高,因此在施工组织设计中应合理安排冬季施工项目,尽可能保证工程连续施工。一般情况下尽量安排费用增加少、易保证质量、对施工条件要求低的项目在冬季施工,如吊装、打桩、室内装修等,而如土方、基础、外装修、屋面防水等不宜在冬季施工。

(二)落实各种热源的供应工作

提前落实供热渠道,准备热源设备,储备和供应冬季施工用的保温材料,做好司炉培训工作。

(三)做好保温防冻工作

(1)临时设施的保温防冻:给水管道的保温,防止管道冻裂;防止道路积水、积雪成冰,保证运输顺畅。

问一问

如何做好冬季施工准备工作?

（2）工程已成部分的保温保护：如基础完成后及时回填至基础顶面同一高度，砌完一层墙后及时将楼板安装到位等。

（3）冬季要施工部分的保温防冻：如凝结硬化尚未达到强度要求的砂浆、混凝土要及时测温，加强保温，防止遭受冻结；将要进行的室内施工项目，先完成供热系统的安装，安装好门窗玻璃等。

（四）加强安全教育

要有冬季施工的防火、安全措施，加强安全教育，做好职工培训工作，避免火灾、安全事故的发生。

二、雨季施工准备工作

（一）合理安排雨季施工项目

在施工组织设计中要充分考虑雨季对施工的影响，一般情况下，在雨季到来之多安排土方、基础、室外及屋面等不易在雨季施工的项目，多留一些室内工作在雨季进行，以避免雨季窝工。

（二）做好现场的排水工作

雨季来临前，在施工现场做好排水沟，准备好抽水设备，防止场地积水，最大限度地减少泡水造成的损失。

[问一问]

如何做好雨季施工准备工作？

（三）做好运输道路的维护和物资储备

雨季前检查道路边坡排水，适当提高路面，防止路面凹陷，保证运输道路的畅通，并多储备一些物资，减少雨季运输量，节约施工费用。

（四）做好机具设备等的保护

对现场各种机具、电器、工棚都要加强检查，特别是脚手架、塔吊、井架等，要采取防倒塌、防雷击、防漏电等一系列技术措施。

（五）加强施工管理

认真编制雨季施工的安全措施，加强对职工的教育，防止各种事故发生。

三、夏季施工准备工作

（一）做好防暑降温工作

合理调整作息时间，严格控制加班加点。

准备好防暑降温物品和药品，如感冒药、发烧药、腹泻药、消炎药等治疗药品及风油精、藿香正气水、绿豆汤、人丹等。

（二）合理安排夏季施工项目

问一问

如何做好夏季施工准备工作？

合理安排施工进度计划并做好夏季施工的准备工作,如混凝土施工,尽量避开高温施工,若避不开,要做好骨料冷却、加冰水拌和、遮阳防晒等准备措施。

（三）加强教育

加强安全教育:夏季高温条件下人易烦躁,要对施工队伍加强安全教育;天干物燥,容易起火,要对施工队伍加强防火教育;

高温易引发中暑,要对施工队伍加强防暑降温知识教育,使工人懂得防暑降温的相关知识,提高作业人员在作业中的应变能力与处理能力,懂得保护自己、救护他人。

课 后 思 考

1. 如何做好冬季施工准备?
2. 如何做好雨季施工准备?
3. 如何做好夏季施工准备?

工作手册 3

进度计划编制与优化

项目资料

某现浇楼板工程有三项施工过程：支模板、扎钢筋、浇筑混凝土。工程分三段施工，每段每个施工过程持续时间如下表所示，对此工程编制进度计划。

施工过程	分段		
	Ⅰ	Ⅱ	Ⅲ
支模板/天	3	2	3
扎钢筋/天	4	3	3
浇筑混凝土/天	1	1	1

项目描述

本项目主要通过对项目资料的分析，介绍进度计划的编制方式、流水施工横道图的绘制、网络计划的绘制；流水施工的集中组织方式、全等节拍流水施工、加快的成倍节拍流水施工、无节奏流水施工；双代号网络计划、单代号网络计划、双代号时标网络计划、网络计划的优化等。要求学生能绘制流水施工横道图、双代号网络计划和单代号网络计划，能计算时间参数，判别关键线路，并能进行网络优化。

知识链接

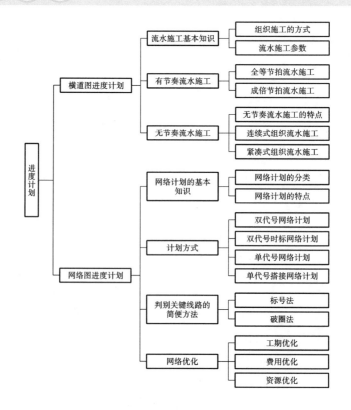

项 目 执 行

任务1　流水施工横道图进度计划
任务2　网络进度计划

学 习 目 标

知识目标

(1)能说出流水施工的参数;
(2)了解全等节拍流水施工工期计算和横道图绘制;
(3)学会加快成倍节拍流水施工的工期计算和横道图绘制;
(4)学会连续式组织流水施工的工期计算和横道图绘制;
(5)学会紧凑式组织流水施工的工期计算和横道图绘制;
(6)会进行双代号网络计划的绘制与时间参数计算;
(7)会进行单代号网络计划的绘制与时间参数计算;
(8)会进行时标网络图的绘制与时间参数计算;
(9)掌握判别关键线路的方法;
(10)掌握工期优化。

能力目标

(1)能选择合适的方法组织施工;
(2)能绘制各种流水施工横道图进度计划;
(3)能计算出各种流水施工的工期;
(4)能绘制网络进度计划;
(5)能计算网络计划时间参数和判别关键线路;
(6)能进行工期优化。

素质目标

(1)学会流水施工——掌握一技之能,总有用武之地;
(2)掌握网络计划——善于抓主要矛盾;
(3)掌握工期优化——时刻三省吾身,做优秀的自己。

任务 1 　流水施工横道图进度计划

任务描述

　　本任务通过对工程施工组织设计实例中的横道图进度计划进行分析,使学生了解组织施工的方式、流水施工的种类,以及如何绘制流水施工横道图进度计划,如何计算工期。

做一做

介绍三种施工方式的优缺点。

课前任务

　　1.分组讨论"想一想"的问题,发挥团队合作精神。
　　2.分组进行"问一问",编制流水施工计划。

做一做

依据所给的项目资料,若组织依次施工,绘制横道图进度计划。

课中导学

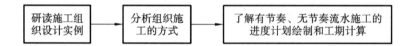

研读施工组织设计实例 → 分析组织施工的方式 → 了解有节奏、无节奏流水施工的进度计划绘制和工期计算

做一做

依据所给的项目资料,若组织平行施工,绘制横道图进度计划。

一、流水施工基本知识

(一)组织施工的方式

　　任何一个建设项目都是由许多施工过程组成的,而每一个施工过程可以组织一个或多个施工班组来进行施工。如何组织各施工班组的先后顺序或平行搭接施工,是组织施工中的一个最基本的问题。

　　组织施工一般可采用依次施工、平行施工和流水施工三种方式。下面对这三种方式进行简单介绍。

　　1.依次施工

　　依次施工也称顺序施工,是各施工段或施工过程依次开工、依次完成的一种施工组织方式。

　　依次施工的最大优点是每天投入的劳动力较少,机具设备使用不是很集中,材料供应较单一,施工现场管理简单,便于组织和安排。当工程规模较小且施工面有限时,依次施工是适用的,也是常见的。

　　依次施工的缺点也很明显:采用依次施工不但工期拖得较长,而且在组织安排上不尽合理。

　　2.平行施工

　　平行施工是全部工程任务各施工过程同时开工、同时完成的一种施工组织方式。

平行施工的优点是能够充分利用工作面,完成工作任务的时间最短,即施工工期最短。但由于施工班组数成倍增加(即投入施工人数增多),机具设备相应增加,材料供应集中,临时设施、仓库和堆场面积也要增加,从而造成组织安排和施工管理困难,增加施工管理费用。如果工期要求不紧,工程结束后又没有更多的工程任务,各施工班组在短期内完成施工任务后,就可能出现窝工现象。因此,平行施工一般适用于工期要求紧、大规模的建筑群及分期分批组织的工程任务。这种方式的应用只有在各方面的资源供应有保障的前提下,才是合理的。

3. 流水施工

流水施工是指所有施工过程按一定的时间间隔依次投入施工,各个施工过程陆续开工,使同一施工过程的施工班组保持连续、均衡施工,不同的施工过程尽可能平行搭接施工的施工组织方式。

流水施工是组织施工的一种科学方法,其意义在于使施工过程具有连续性、均衡性。流水施工的主要优点表现在以下几个方面。

(1)由于各施工过程的施工班组生产的连续性、均衡性,以及各班组较高的施工专业化程度,施工不仅能提高工人的技术操作水平和熟练程度,提高劳动生产率,而且有利于施工质量的不断提高和安全生产。

(2)流水施工能够充分、合理地利用工作面,减少或避免"窝工"现象,在不增加施工班组和施工工人的情况下,能比较合理地利用施工时间和空间,缩短施工工期,为施工工程早日投入使用创造条件。

(3)相对平行施工来说,流水施工投入人力、物力、财力较为均衡,不仅各专业施工班组能保持连续生产,而且作业时间具有一定规律性。这种规律性对组织施工十分有利,并能带来良好的工作秩序,从而取得比较可观的经济效益。

工程施工中,可以采用依次施工、平行施工和流水施工等组织方式。对于相同的施工对象,当采用不同的作业组织方法时,其效果也各不相同。

(二)流水施工参数

组织流水施工时,为了表示各施工过程在时间和空间上的相互依存关系,特引入一些描述施工进度计划图表特征和各种数量关系的参数,称之为"流水参数"。

流水施工参数根据性质的不同,一般可分为工艺参数、空间参数和时间参数三种。只有对流水施工的主要参数进行认真的、有针对性的、有预见性的研究、分析与计算,才能较成功地组织流水施工作业。

1. 工艺参数

流水施工的工艺参数主要包括施工过程数和流水强度。

1)施工过程数(n)

施工过程数是指参与一组流水的施工过程(工序)的个数,通常以符号"n"表示。

在组织工程流水施工时,首先应将施工对象划分为若干施工过程。施工过程的数目多少和粗细程度一般与下列因素有关。

(1)施工计划的性质和作用。

对于长期计划的建筑群体以及规模大、工期长的工程项目的施工控制性进度计划,其施工过程的划分可以粗一些、综合性强一些。对于中小型单位工程及工期较短

想一想
若你是项目经理,如何选择施工方式?

想一想
为什么叫流水施工?生活中有哪些类似的例子?试着去观察日常生活中的流水式工作。

■ 思政元素 ■
专业化——我们每个人要有一技之长,掌握一项技能总有用武之地。

想一想
如何划分施工过程?

流水施工
参数

的工程实施性计划,其施工过程的划分可以细一些、具体一些,一般可划分至分项工程。对于月度作业计划,有些施工过程还可以分解为工序,如刮腻子、油漆等工序。

(2)施工方案的不同。

对于一些相同或相近的施工工艺,根据施工方案的要求,可以将它们合并为一个施工过程,也可以根据施工的先后分为两个施工过程。不同的施工方案,其施工顺序和施工方法也不同,例如框架主体结构采用的模板不同,其施工过程划分的个数就不同。

(3)工程量大小与劳动力组织。

施工过程的划分与施工班组及施工习惯有一定关系。例如,安装玻璃、涂刷油漆的施工,可以将它们合并为一个施工过程,即玻璃油漆施工过程,它的施工班组就成为一个混合班组;也可以将它们分为两个施工过程,即安装施工过程和油漆施工过程,这时它们的施工班组为单一工种的施工班组。

同时,施工过程的划分还与工程量大小有关。对于工程量较小的施工过程,当组织流水施工有困难时,可以与其他施工过程合并在一起。例如,对于基础施工,如果垫层的工程量较小,可以与混凝土面层相结合,合并为一个施工过程,这样就可以使各个施工过程的工程量大致相等,便于组织流水施工。

2)流水强度(V)

流水强度是指每一个施工过程在单位时间内所完成的工作量。根据施工过程的主导因素不同,可以将施工过程分为机械施工过程和手工操作施工过程两种,相应也有两种施工过程流水强度。

(1)机械施工过程流水强度的计算公式。

对于机械施工过程,其流水强度计算公式为

$$V = \sum_{i=1}^{x} N_i P_i \qquad (3.1.1)$$

式中:V——某机械施工过程的流水强度;

N_i——某种施工机械的台数;

P_i——某种施工机械的台班生产率;

x——用于同一种施工过程的主导施工机械的种类。

(2)手工操作施工过程流水强度的计算公式。

对于手工操作施工过程,其流水强度计算公式为

$$V = NP \qquad (3.1.2)$$

式中:N——每一工作队工人人数(N 应小于工作面上允许容纳的最多人数);

P——每一个工人的每班产量定额。

2. 空间参数

流水施工的空间参数主要包括施工段数和工作面。

1)施工段数(m)

在组织流水施工时,通常把施工对象划分为劳动量相等或大致相等的若干段,称为施工流水段,简称流水段或施工段。每一个施工段在某一段时间内,只能供一个施工过程的工作队使用。

划分施工段的目的是更好地组织流水施工,保证不同的施工班组能在不同的施工

段上同时进行施工,从而使各施工班组按照一定的时间间隔,从一个施工段转移到另一个施工段进行连续施工。这样,既能消除等待、停歇现象,又互不干扰,同时能缩短施工工期。

施工段的划分一般有两种情况:一种是施工段固定;一种是施工段不固定。在施工段固定的情况下,所有施工过程都采用同样的施工段;同样,施工段的分界对与所有施工过程都是固定不变的。在施工段不固定的情况下,对不同的施工过程要分别规定出一种施工段划分方法,施工段的分界对于不同的施工过程是不同的。在通常情况下,固定的施工段便于组织流水施工,应用范围较广泛;而不固定的施工段较少采用。

划分施工段的基本要求如下:

(1) 施工段的数目及分界要合理。施工段数目如果划分过多,有时会引起劳动力、机械、材料供应的过分集中,有时会造成供应不足的现象。施工段数目如果划分过少,则会增加施工持续总时间,而且不能充分利用工作面。划分施工段时应保证结构不受施工缝的影响,施工段的分界要同施工对象的结构界限相一致,尽可能利用单元、伸缩缝、沉降缝等自然分界线。

(2) 各施工段上所消耗的劳动量相等或大致相等(差值宜在 15% 之内),以保证各施工班组施工的连续性和均衡性。

(3) 划分的施工段必须为后面的施工提供足够的工作面,尽量使主导施工过程的施工班组能连续施工。由于各施工过程的工程量不同,所需要的最小工作面不同,以及施工工艺上的不同要求等原因,要求所有工作队都能连续施工,所有施工段上都连续有工作队在工作往往是不可能的,因此应主要组织主导施工过程能连续施工。例如,在锅炉和附属设备及管道安装过程中,应以锅炉安装为主导施工过程来划分施工段,以此组织施工。

当组织流水施工对象有层间关系时,应使各工作队能够连续施工,即各施工过程的工作队做完第一段,能立即转入第二段;做完第一层的最后一段,能立即转入第二层的第一段。因此每层最少施工段数目 m 应大于或等于其施工过程数 n,即 $m \geq n$。

当 $m = n$ 时,工作队连续施工,施工段上始终有施工班组,工作面能充分利用,无停歇现象,也不会产生工人窝工现象,是理想的流水施工。

当 $m > n$ 时,工作队仍能连续施工,虽然有停歇的工作面,但不一定是不利的,有时还是必要的,如利用这些停歇时间做养护、备料、弹线等工作。

当 $m < n$ 时,工作队不能连续施工,会出现窝工现象,这对一个建筑物组织流水施工是不适用的。

2)工作面(A)

工作面又称为工作线,是指在施工对象上可能安置的操作工人的人数或布置施工机械的地段,它用来反映施工过程(工人操作、机械布置)在空间上布置的可能性。工作面的大小可以采用不同的计量单位来计量,例如,门窗的油漆面积以 m^2 为单位,靠墙扶手长度以 m 为单位。

对于某些工程,在施工一开始就已经在整个长度或广度上形成了工作面。这种工作面在工程上称为"完整的工作面"(如挖土工程);对于有些工程,其工作面是随着施工过程的进展逐步(逐层、逐段)形成的,这种工作面在工程上称为"部分的工作面"(如砌墙)。不论在哪一个工作面上,通常前一个施工过程的结束,就为后面的施工过程提

想一想
划分施工段有限制吗?

想一想
施工段一经划分,就固定不变吗?

想一想
为什么最少施工段数 m 要大于等于施工过程数 n?若 m 小于 n,应如何做?

■ 思政元素 ■
流水施工的最高境界是人机地三不闲,我们的人生最高境界是有修养有思想有见地,实现理想,走好每一步。

做一做
试着查一查不同的工作人员和机械需要多大的工作面来工作?

供了工作面。

在确定一个施工过程必要的工作面时,不但要考虑前一施工过程为这一施工过程可能提供的工作面大小,还必须严格遵守施工规范和安全技术的有关规定,因此,工作面的形成直接影响到流水施工组织。

3. 时间参数

流水施工的时间参数主要包括流水节拍、流水步距、间歇时间、施工过程持续时间、流水展开期、流水施工工期。

1)流水节拍(t)

流水节拍是指从事某一施工过程的专业施工班组,在施工段上进行作业的持续时间,用"t"来表示。流水节拍的大小关系到所需投入的劳动力、机械及材料用量的多少,决定着施工的速度和节奏。因此,确定流水节拍对于组织流水施工具有重要的意义。

通常,流水节拍的确定方法有三种:一是根据工期的要求来确定;二是根据能够投入的劳动力、机械台数和材料供应量(即能够投入的各种资源)来确定;三是通过经验估算确定。

(1)根据工期要求确定流水节拍。

对于有工期要求的施工工程,尽量满足工期要求,可根据对施工任务规定的完成日期,采用倒排进度法来确定流水节拍。

根据工期要求来确定流水节拍,可用下式计算

$$t_i = \frac{T}{m} \tag{3.1.3}$$

式中:t_i——某工程在某施工段上的流水节拍;

T——某工程的要求工期;

m——某工程划分的流水段数。

(2)根据能够投入的各种资源来确定流水节拍,可用下式计算,即

$$t_i = Q_i / S_i R_i N_i \tag{3.1.4}$$

式中:t_i——某工程在某施工段上的流水节拍;

Q_i——某工程在某施工段上的工程量;

S_i——某施工过程的产量定额;

R_i——施工人数或机械台数;

N_i——某专业班组或机械的工作班次。

(3)经验估算法。

$$t_i = \frac{a + 4c + b}{6} \tag{3.1.5}$$

式中:t_i——某施工过程在某施工段上的流水节拍;

a——某施工过程在某施工段上的最短估算时间;

b——某施工过程在某施工段上的最长估算时间;

c——某施工过程在某施工段上的可能估算时间。

这种方法多适用于采用新工艺、新方法和新材料等没有定额可循的工程。

当按工期要求确定流水节拍时,首先根据工期要求计算出流水节拍,再按式

(3.1.4)计算出需要的施工人数或机械台数,然后检查劳动力、机械是否满足需要。

当施工段数确定之后,流水节拍的长短对总工期有一定影响,流水节拍长则相应的工期也长。因此,流水节拍越短越好。但实际上由于工作面的限制,流水节拍也有一定的限制,流水节拍的确定应充分考虑劳动力、材料和施工机械供应的可能性,以及劳动组织和工作面的使用合理性。

在确定流水节拍时,应考虑以下因素:

(1) 施工班组的人数要适宜,既要满足最小劳动组合人数的要求,又要满足最小工作面的要求。

所谓最小劳动组合,是指某一施工过程进行正常施工所必需的最低限度的班组人数及其合理组合。例如,模板安装就要按技工和普工的最少人数及合理比例组成施工班组,人数过少或比例不当,都将引起劳动生产率的下降。

所谓最小工作面,是指施工组织为保证安全生产和有效操作所必需的工作面。它决定了最大限度可安排多少工人。不能为了缩短工期而无限制地增加施工人员,否则将造成工作面不足,从而产生窝工或施工不安全。

(2)工作班制要恰当。工作班制要根据要求工期而定。当要求工期不太紧迫,工艺也无连续施工要求时,一般可采用一班制;当组织流水施工时为了给第二天连续施工创造条件,某些施工过程可考虑在夜间进行,即采用两班制;当要求工期较紧或工艺上要求连续施工,或为了提高施工中机械的使用率时,某些项目可考虑采用三班制施工。

(3)以主导施工过程流水节拍为依据,确定其他施工过程的流水节拍。主导施工过程的流水节拍应比其他施工过程的流水节拍大,且应尽可能做到有节奏,以便组织节奏流水。

(4)在确定流水节拍时,应考虑机械设备的实际负荷能力和可能提供的机械设备的数量,也要考虑机械设备操作安全和质量要求。

(5)流水节拍一般应取半天的整数倍。

例 3.1.1:某工程考虑到工作面的要求,将其划分为两个施工段,其基础挖土劳动量为 384 工日,施工班组人数 20 人,采用两班制。试计算流水节拍。

解:

每段上所需劳动量

$$Q = 384/2 \text{ 工日} = 192 \text{ 工日}$$

计算流水节拍

$$t = \frac{192}{20 \times 2} \text{天} = 4.8 \text{ 天}$$

流水节拍一般应取半天的整数倍,故流水节拍取 5 天。

2)流水步距(K)

流水步距是指在流水施工过程中,相邻的两个专业班组在保持其工艺先后顺序、满足连续施工要求和时间上最大搭接的条件下相继投入流水施工的时间间隔,用"K"表示。

流水步距的大小反映了流水作业的紧凑程度,对施工工期的长短起着很大的影响。在流水段不变的情况下,流水步距越大,施工工期越长;流水步距越小,施工工期

想一想
流水节拍的大小与哪些因素有关?怎样确定合理的流水节拍?

想一想
为什么流水节拍要取半天的整数倍?

想一想
流水步距定义的关键词是哪两个词?

越短。

流水步距的数目取决于参与流水施工的施工过程数。如果施工过程数为 n,则流水步距的总数为 $n-1$。

确定流水步距的基本原则如下:

(1)始终保持两个相邻施工过程的先后工艺顺序。

(2)保证主要施工过程能连续、均衡地进行。

(3)做到前后两个施工过程时间的最大搭接。

(4)保证施工过程之间有足够的技术、组织间歇时间。

3)间歇时间(t_j)

间歇时间有组织间歇时间和技术间歇时间。

在流水施工过程中,由于施工工艺的要求,某施工过程在某施工段上必须停歇的时间称为技术间歇时间。例如,混凝土浇筑后,必须经过必要的养护时间,使其达到一定的强度,才能进行下一道工序;门窗底漆涂刷后,必须经过必要的干燥时间,才能涂刷面漆等,这些都是施工工艺要求的必要间歇时间,都属于技术间歇时间。

由于施工组织的需要,同一施工段的相邻两个施工过程之间必须留有的间隔时间称为组织间歇时间,如基础工程的验收等。

4)施工过程持续时间(T_i)

施工过程持续时间是指某施工过程在各施工段上作业时间的总和,用下式表示:

$$T_i = \sum_{i=1}^{m} t_i \tag{3.1.6}$$

式中:T_i——施工过程持续时间;

　　　m——施工段数;

　　　t_i——某施工过程的流水节拍。

5)流水展开期($\sum K$)

流水展开期是指从第一个施工专业班组开始作业起到最后一个施工专业班组开始作业止的时间间隔,用 $\sum K$ 表示。

6)流水施工工期(T)

流水施工工期是指完成一项工程任务或一个流水组施工所需的时间,用下式表示:

$$T = \sum_{1}^{n-1} K_{i,i+1} + T_n \tag{3.1.7}$$

式中:T——流水施工工期;

　　　T_n——最后一个施工过程的流水持续时间;

　　　$\sum_{1}^{n-1} K_{i,i+1}$ ——流水步距之和,即流水展开期。

根据以上流水施工参数的基本概念,可以把流水施工的组织要点归纳如下。

(1)将拟建工程(如一个单位工程或分部分项工程)的全部施工活动划分为若干施工过程,每一个施工过程交给按专业分工组成的施工班组或混合施工班组来完成。确定施工班组的人数时要考虑每个工人所需的最小工作面和流水施工组织的需要。

(2)将拟建工程在每层的平面上划分为若干施工段,每个施工段在同一时间内只供一个施工班组开展作业。

（3）确定各施工班组在每个施工段上的作业时间,并尽量使其连续、均衡地施工。

（4）按照各施工过程的先后顺序,确定相邻施工过程之间的流水步距,并使其在连续作业的条件下最大限度地搭接起来,形成分部工程施工的专业流水组。

（5）搭接各分部工程的流水组,组成单位工程的流水施工。

（6）绘制流水施工横道图进度计划。

二、有节奏流水施工

流水施工要有一定的节拍才能步调和谐、配合得当,而流水施工的节奏是由流水节拍决定的。要想使所有流水施工形成统一的流水节拍是很困难的,在大多数情况下,各施工过程的流水节拍不一定相等,甚至同一个施工过程本身在不同施工段上的流水节拍也不相等,这样就形成了具有不同节奏特征的流水施工。

下面介绍有节奏流水施工中的两种流水施工方法:固定节拍流水施工和成倍节拍流水施工。

有节奏流水施工

（一）固定节拍流水施工（全等节拍流水施工）

1.固定节拍流水施工的概念

固定节拍流水施工是在一个流水组合内,各个施工过程的流水节拍均为相等常数的一种流水施工方式。

2.固定节拍流水施工的特点

固定节拍流水施工是一种最理想的流水施工方式,其特点如下:

（1）所有施工过程在各个施工段上的流水节拍均相等;

（2）相邻施工过程的流水步距相等,且等于流水节拍;

（3）专业施工班组数等于施工过程数,即每一个施工过程成立一个专业施工班组,由该班组完成相应施工过程所有施工段上的任务;

（4）各个专业施工班组在各施工段上能够连续作业,施工段之间没有空闲时间。

3.固定节拍流水施工工期

（1）无间歇时间的固定节拍流水施工。

$$T = (m+n-1)t_i \qquad (3.1.8)$$

（2）有间歇时间的固定节拍流水施工。

对于有间歇时间的固定节拍流水施工,其流水施工工期 T 可按下式计算:

$$T=(n-1)t+\sum t_j + mt = (m+n-1)t+\sum t_j \qquad (3.1.9)$$

式中: $\sum t_j$ —— 间歇时间总和,其余符号如前所述。

（3）有提前插入时间的固定节拍流水施工。

所谓提前插入时间,是指相邻两个专业施工班组在同一施工段上共同作业的时间。在工作面允许和资源有保证的前提下,专业施工班组提前插入施工,可以缩短流水施工工期。对于有提前插入时间的固定节拍流水施工,其流水施工工期 T 可按下式计算:

想一想

在施工过程中会不会均使用固定节拍流水施工?

■ 思政元素

最理想的流水施工方式却最难实现,因为干扰因素多。而在我们的人生路上干扰因素也多,遇到的挫折也多,我们不要怕挫折,面对挫折要有正确的人生观、价值观。

想一想

在有间歇时间也有提前插入时间的情况下,固定节拍流水施工工期的计算公式如何写?

$$T=(m+n-1)t-\sum C \hspace{3cm} (3.1.10)$$

式中：$\sum C$——提前插入时间总和，其余符号如前所述。

例 3.1.2：某分部工程流水施工划分为 4 个施工段，施工过程分为Ⅰ、Ⅱ、Ⅲ、Ⅳ 4 个，流水节拍为 2 天，其中，Ⅱ与Ⅲ之间有 1 天的时间间歇。试计算此计划工期，并绘制进度计划图。

解：

在该计划中，施工过程数目 $n=4$，施工段数目 $m=4$，流水节拍 $t=2$，流水步距 $K=2$ 和 3，间歇时间 $t_j=1$。

其流水施工工期为：

$$T=(m+n-1)t+\sum t_j=[(4+4-1)\times2+1]\text{天}=15\text{ 天}$$

绘制流水进度计划图，如图 3.1.1 所示。

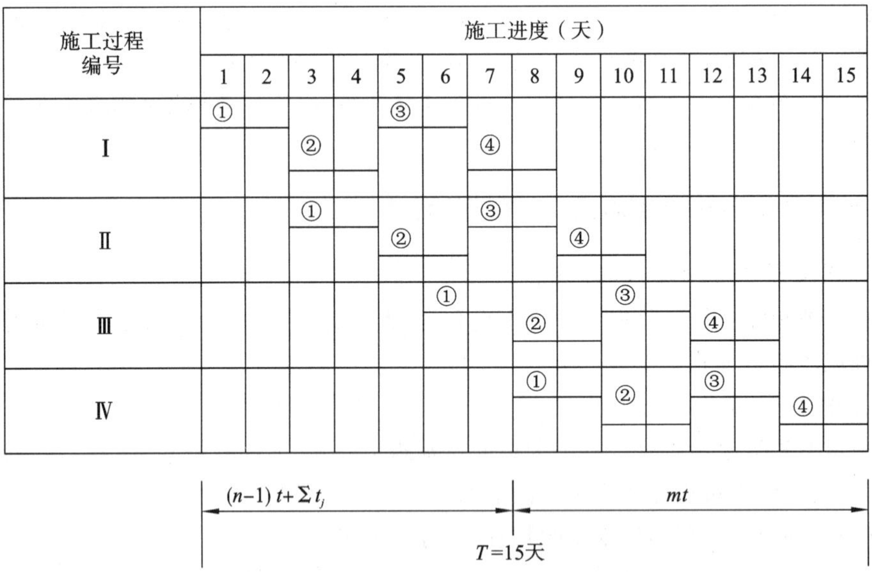

施工过程编号	施工进度（天）														
	1	2	3	4	5	6	7	8	9	10	11	12	13	14	15
Ⅰ	①		②		③		④								
Ⅱ			①		②		③		④						
Ⅲ							①		②	③		④			
Ⅳ									①		②		③		④

图 3.1.1 固定节拍流水进度计划横道图

（二）成倍节拍流水施工

在通常情况下，组织固定节拍的流水施工是比较困难的，因为在任一施工段上，不同施工过程的复杂程度不同，影响流水节拍的因素也各不相同，很难使得各个施工过程的流水节拍都彼此相等。但是，如果施工段划分得合适，保持同一施工过程各施工段的流水节拍相等是不难实现的。保持同一施工过程各施工段的流水节拍相等，并使某些施工过程的流水节拍成为其他施工过程流水节拍的倍数，即形成成倍节拍流水施工。成倍节拍流水施工包括一般的成倍节拍流水施工和加快的成倍节拍流水施工。为了缩短流水施工工期，一般采用加快的成倍节拍流水施工方式。

1.加快的成倍节拍流水施工的特点

(1)同一施工过程在各个施工段上的流水节拍均相等；不同施工过程的流水节拍不等，但其值为倍数关系；

(2)相邻施工过程的流水步距相等，且等于流水节拍的最大公约数(K)；

（3）专业施工班组数大于施工过程数，而对于流水节拍大的施工过程，可按下式增加相应专业施工班组数目：

$$b_i = t_i / K \qquad\qquad (3.1.11)$$

（4）各个专业施工班组在施工段上能够连续作业，施工段之间没有空闲时间。

2. 加快的成倍节拍流水施工工期

加快的成倍节拍流水施工工期 T 可按下式计算：

$$T = (m+n'-1)t + \sum t_j - \sum C \qquad\qquad (3.1.12)$$

式中：n'——专业施工班组数目总和，等于 $\sum b_i$，其余符号如前所述。

做一做

列表比较固定节拍流水施工与加快的成倍节拍流水施工的优缺点。

例 3.1.3：某工程流水施工划分为 6 个施工段，施工过程分为 Ⅰ、Ⅱ、Ⅲ 3 个，流水节拍 Ⅰ 为 3 天，Ⅱ 为 2 天，Ⅲ 为 1 天，没有间歇时间和搭接时间。试按加快的成倍节拍流水施工计算此计划工期，并绘制进度计划横道图。

解：

（1）在该计划中，施工过程数目 $n=3$，由于不同施工过程的流水节拍之间成倍数，可按加快的成倍节拍组织流水施工。

（2）计算流水步距：流水步距等于流水节拍的最大公约数，即 $K=$ 最大公约数 $[3,2,1]=1$。

（3）确定专业施工班组数目。

每个施工过程成立的专业施工班组数目可按式（3.1.11）计算。

各施工过程的专业施工班组数目分别为：

Ⅰ 施工过程：$b_Ⅰ = 3/1 = 3$，可组织 3 个专业施工班组；

Ⅱ 施工过程：$b_Ⅱ = 2/1 = 2$，可组织 2 个专业施工班组；

Ⅲ 施工过程：$b_Ⅲ = 1/1 = 1$，可组织 1 个专业施工班组。

所以，专业施工班组数目总和 $n' = 6$；施工段数目 $m = 6$；流水步距 $K = 1$；$\sum t_j = 0$；$\sum C = 0$。

（4）其流水施工工期为

$$T = (m+n'-1)t + \sum t_j - \sum C = [(6+6-1) \times 1 + 0 - 0] 天 = 11 天$$

（5）绘制流水施工进度计划横道图，如图 3.1.2 所示。

例 3.1.4：某建设工程由 4 幢楼房组成，每幢楼房为 1 个施工段，施工过程划分为基础工程、结构安装、室内装修和室外工程 4 项，其一般的成倍节拍流水施工进度计划如图 3.1.3 所示。若按加快的成倍节拍组织流水施工，工期缩短多少？试回答并绘制进度计划图。

解：

（1）由图 3.1.3 可知，如果按 4 个施工过程成立 4 个专业施工班组组织流水施工，其总工期为 $T = [(5+10+25) + 4 \times 5] = 60$ 周；为加快施工进度，增加专业施工班组，组织加快的成倍节拍流水施工。

（2）计算流水步距：

流水步距等于流水节拍的最大公约数，即 $K =$ 最大公约数 $[5,10,10,5] = 5$。

（3）确定专业施工班组数目：

每个施工过程成立的专业施工班组数目可按式（3.1.11）计算。

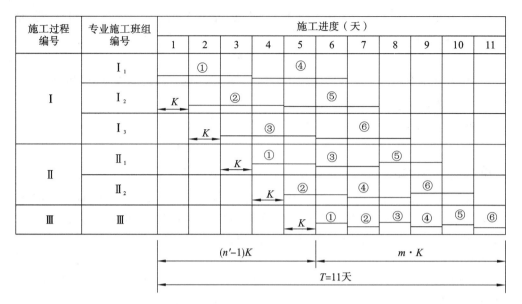

施工过程编号	专业施工班组编号	施工进度（天）										
		1	2	3	4	5	6	7	8	9	10	11
Ⅰ	Ⅰ₁		①			④						
	Ⅰ₂	*K*		②			⑤					
	Ⅰ₃		*K*		③			⑥				
Ⅱ	Ⅱ₁			*K*	①		③		⑤			
	Ⅱ₂				*K*	②		④		⑥		
Ⅲ	Ⅲ					*K*	①	②	③	④	⑤	⑥

$(n'-1)K$　　　　　$m \cdot K$

$T=11$天

图 3.1.2　加快的成倍节拍流水施工进度计划图

施工过程	施工进度（周）											
	5	10	15	20	25	30	35	40	45	50	55	60
基础工程	①	②	③	④								
结构安装	$K_{Ⅰ,Ⅱ}$ ①			②		③		④				
室内装修		$K_{Ⅱ,Ⅲ}$		①		②		③		④		
室外工程					$K_{Ⅲ,Ⅳ}$				①	②	③	④

$\sum K=5+10+25=40$　　　　$m \cdot t=4 \times 5=20$

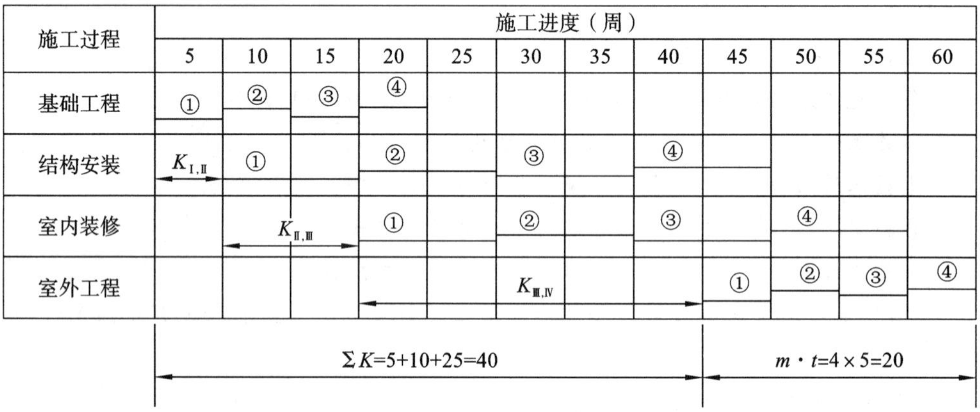

图 3.1.3　某工程的一般成倍节拍流水施工进度计划

注：Ⅰ—基础工程；Ⅱ—结构安装；Ⅲ—室内装修；Ⅳ—室外工程。

各施工过程的专业施工班组数目分别为：

Ⅰ——基础工程：$b_Ⅰ=5/5=1$；

Ⅱ——结构安装：$b_Ⅱ=10/5=2$；

Ⅲ——室内装修：$b_Ⅲ=10/5=2$；

Ⅳ——室外工程：$b_Ⅳ=5/5=1$。

所以，参与该工程流水施工的专业施工班组总数为 $n'=(1+2+2+1)=6$。

(4)计算工期：

$$T=(m+n'-1)t+\sum t_j-\sum C=[(4+6-1)\times 5]周=45 周$$

(5)绘制加快的成倍节拍流水施工进度计划图。

根据图 3.1.3 所示的进度计划编制的加快的成倍节拍流水施工进度计划图如图 3.1.4 所示。

(6)比较结论。

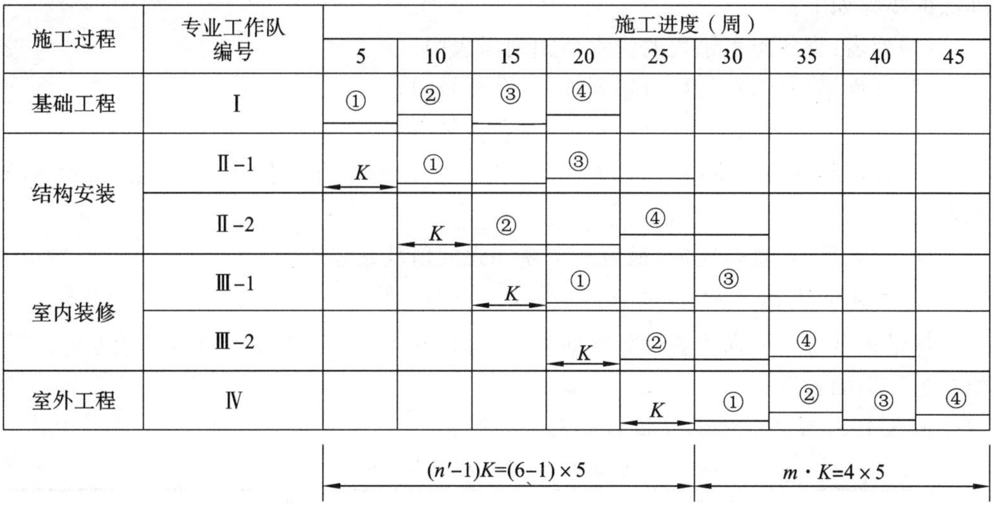

施工过程	专业工作队编号	施工进度（周）								
		5	10	15	20	25	30	35	40	45
基础工程	I	①	②	③	④					
结构安装	II-1	K	①		③					
	II-2		K	②		④				
室内装修	III-1			K	①		③			
	III-2				K	②	④			
室外工程	IV					K	①	②	③	④

$$(n'-1)K=(6-1)\times 5 \qquad m\cdot K=4\times 5$$

图 3.1.4　加快的成倍节拍流水施工进度计划图

与一般的成倍节拍流水施工进度计划相比较,该工程组织加快的成倍节拍流水施工使得总工期缩短了 15 周。

三、无节奏流水施工

在组织流水施工时,经常由于工程结构形式、施工条件不同等原因,各施工过程在各施工段上的工程量有较大差异,或专业工作队的生产效率相差较大,导致各施工过程的流水节拍随施工段的不同而不同,且不同施工过程之间的流水节拍又有很大差异。这时,流水节拍虽无任何规律,但仍可利用流水施工原理组织流水施工,使各专业工作队在满足连续施工的条件下,实现最大搭接。这种无节奏流水施工方式是建设工程流水施工的普遍方式。

无节奏流水施工

（一）无节奏流水施工的特点

无节奏流水施工具有以下特点:
(1)各施工过程在各施工段的流水节拍不完全相等;
(2)相邻施工过程的流水步距不尽相等;
(3)专业工作队数等于施工过程数;
(4)按紧凑式组织施工,这时工期可能缩短,但工作过程不能都连续;
(5)按连续式组织施工,这时所有工作过程都连续,但工期较紧凑式可能有所延长。

（二）紧凑式组织施工

1.定义
紧凑式组织施工是指只要具备开工条件就开工,这样可以缩短工期。
2.直接编阵法计算工期
直接编阵法是一种不必作图就能求出紧凑式组织施工的总工期的方法。直接编

阵法的步骤如下:

(1)列表:将各施工过程的流水节拍列于表中。

(2)计算第一行新元素(直接累加,写在括号内)。

(3)计算第一列新元素(直接累加,写在括号内)。

(4)计算其他新元素(用旧元素加上左边或上边两个新元素中的较大值,得到该新元素)。

(5)以此类推,直至完成,最后一个新元素的值就是总工期。

3.作图法计算工期

尽量将所排工序向作业开始方向靠拢,具备开工条件就开工。计划图绘制好后就能知道工期的长度。

例3.1.5:某工程流水节拍如表3.1.1所示。

表3.1.1　某工程流水节拍

施工过程	施工段			
	A	B	C	D
①	2	3	3	2
②	2	2	3	3
③	3	3	3	3

试用直接编阵法计算此流水施工的工期,并绘制紧凑式流水施工进度计划图。

解:

(1)计算第一行新元素(直接累加,写在括号内),如表3.1.2所示;

(2)计算第一列新元素(直接累加,写在括号内),如表3.1.2所示;

(3)计算其他新元素(用旧元素加上左边或上边两个新元素中的较大值,得到该新元素),如表3.1.2所示;

(4)以此类推,计算其他新元素,如表3.1.2所示,得到总工期为17天;

(5)绘制紧凑式流水施工进度计划图,如图3.1.5所示。

想一想

为什么紧凑式组织施工可以缩短工期?

表3.1.2　直接编阵法计算工期

施工过程	施工段			
	A	B	C	D
①	2	3(5)	3(8)	2(10)
②	2(4)	2(7)	3(11)	3(14)
③	3(7)	3(10)	3(14)	3(17)

(三)连续式组织施工

1.定义

连续式组织施工是指使各施工过程连续作业,避免停工待料和干干停停。

2.累加数列错位相减取大差法计算流水工期

由于这种方法是由潘特考夫斯基首先提出的,故又称为潘特考夫斯基法。这种方法简捷、准确,便于掌握,具体步骤如下:

(1)列表,将各施工过程的流水节拍列于表中;

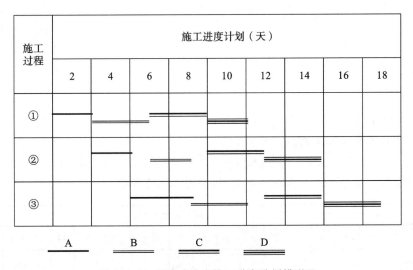

图 3.1.5　紧凑式流水施工进度计划横道图

（2）将每一个施工过程在各施工段上的流水节拍依次累加，求得各施工过程流水节拍的累加数列；

（3）将相邻施工过程流水节拍累加数列中的后者错后一位，相减后求得一个差数列；

（4）在差数列中取最大值，即这两个相邻施工过程的流水步距；

（5）求总工期，用式（3.1.7）；

（6）绘制流水作业图。

例 3.1.6： 某工厂需要修建 4 台设备的基础工程，施工过程包括基础开挖、基础处理和基础混凝土浇筑。因设备型号与基础条件等不同，4 台设备的各施工过程有着不同的流水节拍，见表 3.1.3。按累加数列错位相减取大差法计算流水工期并绘制流水施工进度计划图。

表 3.1.3　流水节拍表　　　　　　　　单位：周

施工过程	施工段			
	基础 A	基础 B	基础 C	基础 D
基础开挖	2	3	2	2
基础处理	4	4	2	3
基础混凝土浇筑	2	3	2	3

解：

（1）确定施工流向为基础 A—基础 B—基础 C—基础 D，施工段数 $m=4$。

（2）确定施工过程数 $n=3$，包括基础开挖、基础处理和浇筑混凝土。

（3）采用"累加数列错位相减取大差法"求流水步距。

做一做

依据所给的项目资料，若组织流水施工，绘制横道图进度计划。

$$2, \quad 5, \quad 7, \quad 9$$
$$- \qquad 4, \quad 8, \quad 10, \quad 13$$

$$K_1 = \max \ [2, \quad 1, \quad -1 \quad -1, \quad -13] = 2$$

$$4 \quad 8, \quad 10, \quad 13$$
$$- \qquad 2, \quad 5, \quad 7, \quad 10$$

$$K_2 = \max \ [4, \quad 6, \quad 5, \quad 6, \quad -10] = 6$$

(4)计算流水施工工期。

$$T = \sum K + T_n = [(2+6)+(2+3+2+3)] \text{周} = 18 \text{周}$$

做一做

拓展知识——纸条串法绘制连续式流水施工横道图。绘制例 3.1.6 的流水施工横道图。

(5)绘制非节奏流水施工进度计划图,如图 3.1.6 所示。

施工过程	施工进度(周)																	
	1	2	3	4	5	6	7	8	9	10	11	12	13	14	15	16	17	18
基础开挖	A			B		C			D									
基础处理					A			B			C			D				
浇筑混凝土									A			B			C		D	

$\sum K = 2+6 = 8$　　　　　$T_n = (2+3+2+3) = 10$

图 3.1.6　非节奏流水施工进度计划图

例 3.1.7:某建筑工程组织流水施工,经施工设计确定的施工方案规定为四个施工过程,划分为五个施工段,各施工过程在不同施工段的流水节拍见表 3.1.4。按累加数列错位相减取大差法计算流水工期并绘制流水施工进度计划图。用直接编阵法计算紧凑式流水施工的工期,并与连续式进行比较。

表 3.1.4　某建筑工程流水节拍　　　　　单位:天

施工段	施工过程			
	甲	乙	丙	丁
A	4	2	6	5
B	3	3	5	6
C	6	5	4	3
D	2	4	6	2
E	2	6	4	3

解:

(1)求各施工过程的累加数列。

甲:4,7,13,15,17。

乙:2,5,10,14,20。

丙:6,11,15,21,25。

丁:5,11,14,16,19。

(2)错位相减。

$$\begin{array}{cccccc}
4, & 7, & 13, & 15, & 17 & \\
\end{array}$$

甲与乙：

$$\begin{array}{ccccccc}
- & 2, & 5, & 10, & 14, & 20 \\
\hline
4, & 5, & 8, & 5, & 3, & -20
\end{array}$$

$$\begin{array}{cccccc}
2, & 5, & 10, & 14, & 20 & \\
\end{array}$$

乙与丙：

$$\begin{array}{ccccccc}
- & 6, & 11, & 15, & 21, & 25 \\
\hline
2, & -1, & -1, & -1, & -1, & -25
\end{array}$$

$$\begin{array}{cccccc}
6, & 11, & 15, & 21, & 25 & \\
\end{array}$$

丙与丁：

$$\begin{array}{ccccccc}
- & 5, & 11, & 14, & 16, & 19 \\
\hline
6, & 6, & 4, & 7, & 9, & -19
\end{array}$$

（3）求流水步距。

$$K_{甲,乙}=\max[4,5,8,5,3,-20]=8$$
$$K_{乙,丙}=\max[2,-1,-1,-1,-1,-25]=2$$
$$K_{丙,丁}=\max[6,6,4,7,9,-19]=9$$

（4）求施工工期。

$$T=\sum_{1}^{n-1}K+T_丁=(8+2+9+19)\text{天}=38\text{天}$$

（5）绘制流水施工进度计划图，如图 3.1.7 所示。

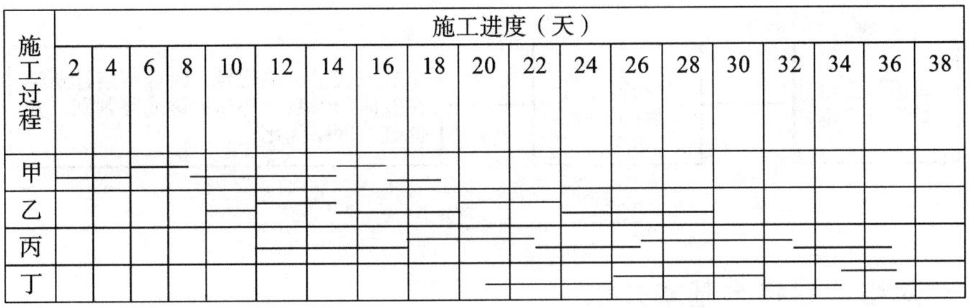

施工过程	施工进度（天）																		
	2	4	6	8	10	12	14	16	18	20	22	24	26	28	30	32	34	36	38
甲																			
乙																			
丙																			
丁																			

图 3.1.7　连续式流水施工进度计划图

（6）用直接编阵法计算紧凑式组织施工工期，见表 3.1.5，总工期为 35 天。

表 3.1.5　直接编阵法计算工期表

施工段	施工过程			
	甲	乙	丙	丁
A	4	2(6)	6(8)	5(13)
B	3(7)	3(10)	5(15)	6(21)
C	6(13)	5(18)	4(22)	3(25)
D	2(15)	4(22)	6(28)	2(30)
E	2(17)	6(28)	4(32)	3(35)

（7）从以上计算可看出：紧凑式组织施工比连续式提前了 3 天，在工期要求紧时，可用紧凑式，工期要求不紧时，可用连续式。

想一想

若你是项目经理，何时用紧凑式组织施工？何时用连续式组织施工？

做一做

拓展知识——跳跃式组织流水施工。不费一兵一卒，只是改变一下施工段的次序就可以节约工期。

思政元素

无论做任何事，都要多动脑筋，想办法把工作做好。

任务 2 网络进度计划

任 务 描 述

本任务通过对工程施工组织设计实例中的网络图进度计划进行分析,使学生了解网络计划的形式、网络计划图的绘制、网络计划时间参数的计算,以及关键线路的判别,并能进行网络优化。

课 前 任 务

1.分组讨论"想一想"的问题,发挥团队合作精神。

2.分组进行"问一问",对网络进度计划有所了解。

课 中 导 学

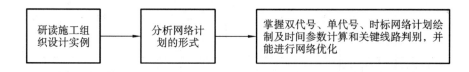

研读施工组织设计实例 → 分析网络计划的形式 → 掌握双代号、单代号、时标网络计划绘制及时间参数计算和关键线路判别,并能进行网络优化

一、网络计划技术基本知识

网络计划概述与双代号网络计划的组成

网络计划技术是利用网络计划进行生产组织与管理的一种方法,在工业发达国家被广泛应用于工业、农业、国防等各个领域,它具有模型直观、重点突出,有利于计划的控制、调整、优化和便于采用计算机处理的特点。这种方法主要用于进行规划、计划和实施控制,是国外发达国家建筑业公认的目前最先进的计划管理方法之一。

我国建筑企业自 20 世纪 60 年代开始应用这种方法来安排施工进度计划,在提高企业管理水平、缩短工期、提高劳动生产率和降低成本等方面,都取得了显著效果。

(一)网络计划技术基本原理

网络计划技术是用网络图的形式来反映和表达计划的安排。网络图是一种表示整个计划(施工计划)中各项工作实施的先后顺序和所需时间,并表示工作流程的有向、有序的网状图形。它由工作、节点和线路三个基本要素组成。

工作是计划任务按需要的粗细程度划分而成的一个消耗时间与资源的子项目或子任务,可以是一道工序、一个施工过程、一个施工段、一个分项工程或一个单位工程。

节点是网络图中用封闭图形或圆圈表示的箭线之间的连接点。节点按其在网络图中的位置可分为以下几种:起始节点——第一个节点,表示一项计划的开始;终止节点——最后一个节点,表示一项计划的完成;中间节点——除起始节点和终点节点外的所有节点,具有承上启下的作用。

网络图中从起始节点开始,沿箭线方向顺序通过一系列箭线与节点,最终到达终点节点的若干条通道称为线路。

网络图按画图符号和表达方式不同可分为单代号网络图、双代号网络图、流水网络图和时标网络图等。

1.单代号网络图

以一个节点代表一项工作,然后按照某种工艺或组织要求,将各节点用箭线连接成网状图,称单代号网络图。其表现形式如图 3.2.1 所示。

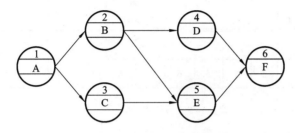

图 3.2.1　单代号网络图表现形式

2.双代号网络图

用两个节点和一根箭线代表一项工作,然后按照某种工艺或组织要求连接而成的网状图,称双代号网络图。其表现形式如图 3.2.2 所示。

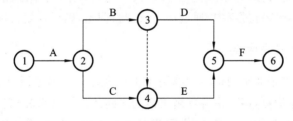

图 3.2.2　双代号网络图表现形式

问一问

双代号网络图中是以箭线表示工作吗?单代号网络图中是以节点表示工作吗?

3.流水网络图

吸取横道图的基本优点,运用流水施工原理和网络计划技术而形成的一种新的网络图称为流水网络图。其表现形式如图 3.2.3 所示。

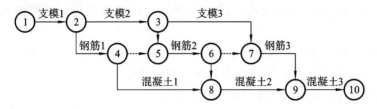

图 3.2.3　流水网络图表现形式

4.时标网络图

时标网络图是在横道图的基础上引进网络图中各工作之间的逻辑关系并以时间

问一问

双代号时标网络计划与时标网络计划有何区别?

为坐标而形成的一种网状图。它既克服了横道图不能显示各工作之间逻辑关系的缺点,又解决了一般网络图的时间表示不直观的问题,如图 3.2.4 所示。

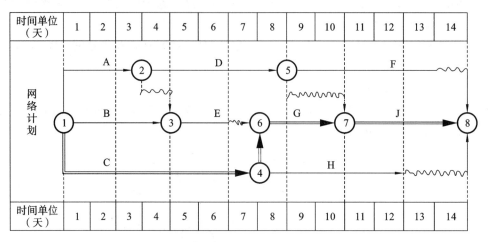

图 3.2.4　时标网络图表现形式

在建筑工程计划管理中,网络计划技术的基本原理可归纳为:

(1)把一项工作计划分解为若干个分项工作,并按其开展顺序和相互逻辑关系,绘制出网络图;

(2)通过对网络图时间参数的计算,找出计划中决定工期的关键工作和关键线路;

(3)按一定优化目标,利用最优化原理,改进初始方案,寻求最优网络计划方案;

做一做

列表比较横道图与网络图的优缺点。

(4)在网络计划执行过程中,通过检查、控制、调整,确保计划目标的实现。

(二)网络计划的优点

长期以来,建筑企业常用横道图编制施工进度计划。横道图具有编制简单、直观易懂和使用方便等优点,但其中各项施工活动之间的内在联系和相互依赖的关系不明确,关键线路和关键工作无法表达,不便于调整和优化。随着管理科学的发展和计算机在建筑施工中的广泛应用,网络计划得到了进一步普及和发展,其主要优点如下。

(1)网络图把施工过程中的各有关工作组成了一个有机整体,能全面而明确地表达出各项工作开展的先后顺序和它们之间相互制约、相互依赖的关系。

(2)能进行各种时间参数的计算,通过对网络图时间参数的计算,可以对网络计划进行调整和优化,更好地调配人力、物力和财力,达到降低材料消耗和工程成本的目的。

(3)可以反映出整个工程和任务的全貌,明确对全局有影响的关键工作和关键线路,便于管理者抓住主要矛盾,确保工程按计划工期完成。

(4)能够从许多可行方案中选出最优方案。

(5)在计划实施中,某一工作由于某种原因推迟或提前时,可以预见到它对整个计划的影响程度,并能根据变化的情况迅速进行调整,保证计划始终受到控制和监督。

(6)能利用计算机绘制和调整网络图,并能从网络计划中获得更多的信息,这是横道图法所不能达到的。

网络计划技术可以为施工管理者提供许多信息,有利于加强施工管理,它既是一种编制计划的方法,又是一种科学的管理方法。它有助于管理人员全面了解、重点掌握、灵活安排、合理组织各项工作,经济有效地完成计划任务,不断提高管理水平。

二、双代号网络计划

(一)双代号网络图的组成

双代号网络图主要由箭线、节点和线路三个基本要素组成。

1. 箭线

双代号网络图中,箭线即工作,一条箭线代表一项工作。箭线的方向表示工作的开展方向,箭尾表示工作的开始,箭头表示工作的结束,如图 3.2.5 所示。

1)双代号网络图中工作的性质

双代号网络图中的工作可分为实工作和虚工作。

(1)实工作。一项实际存在的、消耗了一定的资源和时间的工作称为实工作。对于只消耗时间而不消耗资源的工作,如混凝土的养护,也作为实工作考虑。实工作用实箭线表示,将工作的名称标注于箭线上方,工作持续的时间标注于箭线的下方,如图 3.2.5(a)所示。

(2)虚工作。在双代号网络图中,既不消耗时间也不消耗资源,只表示工作之间逻辑关系的工作称为虚工作。虚工作用虚箭线表示,如图 3.2.5(b)所示。

(a)实工作　　　　　　　　(b)虚工作

图 3.2.5　双代号网络图中一项工作的表达形式

2)双代号网络图中工作间的关系

按照双代号网络图中工作之间的相互关系可将工作分为以下几种类型:

(1)紧前工作——紧排在本工作之前的工作;

(2)紧后工作——紧排在本工作之后的工作;

(3)平行工作——可与本工作同时进行的工作;

(4)起始工作——没有紧前工作的工作;

(5)结束工作——没有紧后工作的工作;

(6)先行工作——自起始工作开始至本工作之前的所有工作;

(7)后续工作——本工作之后至整个工程完工为止的所有工作。

其中,紧前工作、紧后工作和平行工作用图形表达,如图 3.2.6 所示。

2. 节点

在双代号网络图中,圆圈"○"代表节点。节点表示一项工作的开始时刻或结束时刻,它同时是工作的连接点,如图 3.2.7 所示。

问一问 双代号网络计划的三要素是什么?

问一问 工作代号和工作的意思一样吗?

做一做 双代号网络计划工作的名字有哪些?

做一做 双代号网络计划节点的名字有哪些?

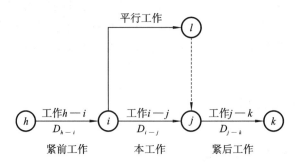

图 3.2.6　双代号网络图工作的关系

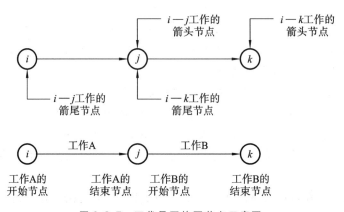

图 3.2.7　双代号网络图节点示意图

1)节点的分类

一项工作,箭线指向的节点是工作的结束节点,引出箭线的节点是工作的开始节点。一项网络计划的第一个节点,称为该项网络计划的起始节点,它是整个项目计划的开始节点;一项网络计划的最后一个节点,称为终点节点,表示一项计划的结束。其余节点称为中间节点,如图 3.2.7 所示。

想一想

双代号网络计划节点的编号原则是什么?

2)节点的编号

为了便于网络图的检查和计算,需要对网络图各节点进行编号。编号由起始节点顺箭线方向至终点节点由小到大进行编制。要求每一项工作的开始节点号码小于结束节点号码,以不同的编码代表不同的工作,不重号,不漏编。可采用不连续编号方法,以备网络图调整时留出备用节点号。

3.线路

网络图中,由起始节点沿箭线方向经过一系列箭线与节点至终点节点所形成的通路,称为线路。图 3.2.8 所示的网络图中共有 3 条线路。

想一想

为什么要判别关键线路? 一个网络图只有一条关键线路吗?

1)关键线路与非关键线路

在一项计划的所有线路中,持续时间最长的线路对整个工程的完工起着决定性作用,称为关键线路,其余线路称为非关键线路。关键线路的持续时间即为该项计划的工期。在网络图中一般以双箭线、粗箭线或其他颜色箭线表示关键线路。

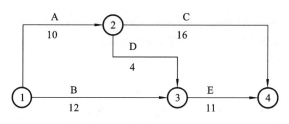

图 3.2.8　某双代号网络图

2)关键工作与非关键工作

位于关键线路上的工作称为关键工作,非关键线路上的工作,除关键工作外均为非关键工作。关键工作完成的快慢直接影响整个计划工期的实现。非关键工作有机动时间可利用,拖延了某些非关键工作的持续时间,非关键线路有可能转化为关键线路。同样,如果缩短了某些关键工作的持续时间,关键线路有可能转化为非关键线路。

图 3.2.8 中共有 3 条线路:①→②→③→④、①→②→④、①→③→④。根据各工作持续时间可知,线路①→②→④持续时间最长,为关键线路,这条线路上的各项工作均为关键工作。

(二)双代号网络图的绘制

1.双代号网络图逻辑关系的表达方法

1)逻辑关系

网络图中的逻辑关系是指一项工作与其他有关工作之间相互联系与制约的关系,即各个工作在工艺上、组织管理上所要求的先后顺序关系。项目之间的逻辑关系取决于工程项目的性质和轻重缓急、施工组织、施工技术等许多因素。逻辑关系包括工艺关系和组织关系。

(1)工艺关系。

工艺关系是由施工工艺决定的施工顺序关系,这种关系是不能随意更改的。例如,土坝坝面作业的工序为铺土、平土、晾晒或洒水、压实、刨毛等。这些工序之间在施工工艺上都有必须遵循的逻辑关系,是不能违反的。

(2)组织关系。

组织关系是由施工组织安排的施工顺序关系,即工艺上没有明确规定先后顺序关系的工作,由于考虑到其他因素的影响而人为安排的施工顺序关系。例如,将地基与基础工程在平面上分为三个施工段,先进行第一段还是先进行第二段,或者先进行第三段,是由组织施工的人员在制定实施方案时确定的,通常可以改变。

2)逻辑关系的正确表达方法

表 3.2.1 是双代号网络图中常见的工作间的逻辑关系表达方法。

双代号网络图的绘制

想一想

一个简单的混凝土基础工程应该包含什么样的工艺关系?

表 3.2.1　双代号网络图中常见的工作间的逻辑关系表达方法

序号	工作间的逻辑关系	网络图中的表达方法	说明
1	A 工作完成后进行 B 工作	○—A→○—B→○	A 工作的结束节点是 B 工作的开始节点

续表

序号	工作间的逻辑关系	网络图中的表达方法	说明
2	A、B、C 三项工作同时开始	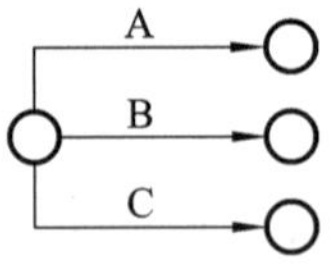	三项工作具有同样的开始节点
3	A、B、C 三项工作同时结束	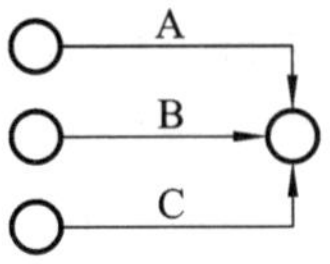	三项工作具有同样的结束节点
4	A 工作完成后进行 B 和 C 工作	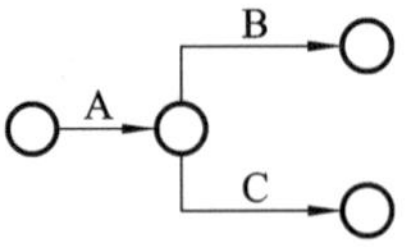	A 工作的结束节点是 B、C 工作的开始节点
5	A、B 工作完成后进行 C 工作	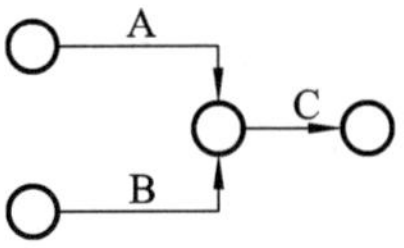	A、B 工作的结束节点是 C 工作的开始节点
6	A、B 工作完成后进行 C、D 工作	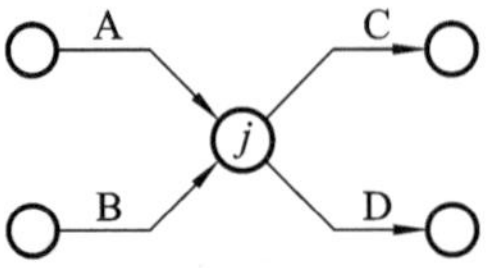	A、B 工作的结束节点是 C、D 工作的开始节点
7	A 工作完成后进行 C 工作；A、B 工作完成后进行 D 工作	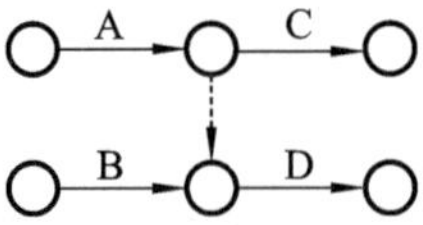	引入虚箭线,使 A 工作成为 D 工作的紧前工作
8	A、B 工作完成后进行 D 工作；B、C 工作完成后进行 E 工作	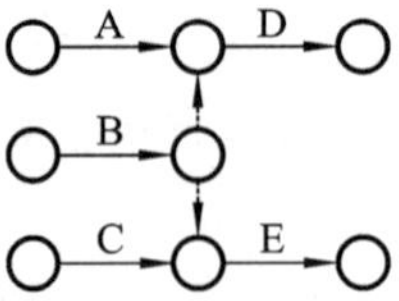	引入两道虚箭线,使 B 工作成为 D、E 工作的紧前工作
9	A、B、C 工作完成后进行 D 工作；B、C 工作完成后进行 E 工作	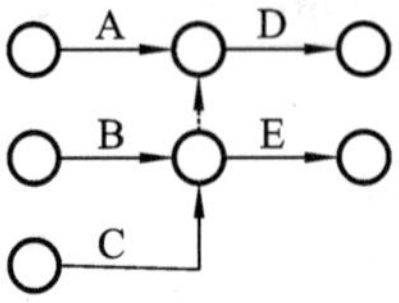	引入虚箭线,使 B、C 工作成为 D 工作的紧前工作

续表

序号	工作间的逻辑关系	网络图中的表达方法	说明
10	A、B两个施工过程按三个施工段流水施工	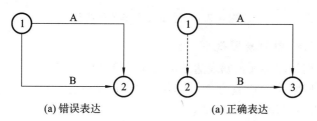	引入虚箭线，B_2工作的开始受到A_2和B_1两项工作的制约

2. 双代号网络图中虚工作的作用

在双代号网络图中，虚工作一般起着联系、区分和断路的作用。

1）联系作用

引入虚工作，将有组织联系或工艺联系的相关工作用虚箭线连接起来，确保逻辑关系的正确。如表3.2.1第10项所列，从组织联系上讲，B_2工作须在B_1工作完成后才能进行；从工艺联系上讲，B_2工作须在A_2工作结束后进行，引入虚箭线，表达这一工艺联系。

2）区分作用

双代号网络图中以两个代号表示一项工作，对于同时开始、同时结束的两个平行工作的表达，需引入虚工作以示区别，如图3.2.9所示。

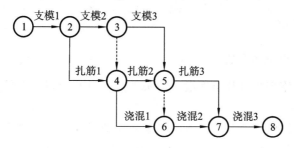

图3.2.9 虚工作的区分作用

3）断路作用

引入虚工作，在线路上隔断无逻辑关系的各项工作。在同时有多条内向和外向箭线的节点处容易产生错误。

例3.2.1：某现浇楼板工程有三项施工过程（支模板、扎钢筋、浇筑混凝土），分三段施工，绘制了图3.2.10所示的双代号网络图。

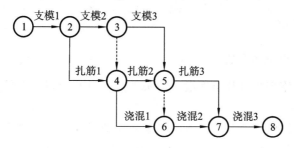

图3.2.10 存在错误的双代号网络图

想一想

网络图和横道图都能表达各工作之间的逻辑和制约关系吗？

问一问

什么样的情况下要使用虚工作？

试找出图 3.2.10 所示网络图中的错误,并绘制出正确的网络图。

解:

1.存在错误

第一施工段的浇筑混凝土与第二施工段的支模板没有逻辑上的关系,同样,第二施工段的浇筑混凝土与第三施工段的支模板也没有逻辑上的关系,但在图中都连起来了,这是网络图中原则性的错误。

2.错误原因

把前后具有不同工作性质、不同关系的工作用一个节点连接起来所致。

3.解决方法

引入虚工作。

4.正确画法

正确的网络图如图 3.2.11 所示。

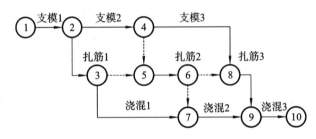

图 3.2.11　修改后正确的网络图

想一想

循环回路会造成什么后果?

■ 思政元素 ■

生活的道路一旦选定了,就要勇敢地走下去,绝不走回头路。

3.双代号网络图的绘图规则

(1)双代号网络图必须正确表达已确定的逻辑关系。

(2)双代号网络图中应只有一个起始节点和一个终点节点(多目标网络计划除外);而其他所有节点均应是中间节点。

(3)双代号网络图中严禁出现循环回路。所谓循环回路,是指从网络图中的某一个节点出发,顺着箭线方向又回到了原来出发点的线路,如图 3.2.12 所示。

(4)双代号网络图中,在节点之间严禁出现带双向箭头或无箭头的连线。如图 3.2.13所示。

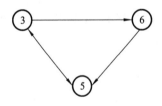

图 3.2.12　错误的循环回路

图 3.2.13　错误的箭线画法

(5)双代号网络图中严禁出现没有箭头节点或没有箭尾节点的箭线,如图3.2.14所示。

(6)当双代号网络图的某些节点有多条外向箭线或多条内向箭线时,为使图形简洁,可使用母线法绘制(但应满足一项工作用一条箭线和相应的一对节点表示),如图3.2.15所示。

图 3.2.14　没有箭头或箭尾节点的箭线

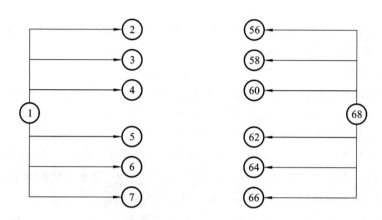

图 3.2.15　母线表示方法

(7)绘制网络图时,箭线尽量避免交叉;当交叉不可避免时,可用过桥法或指向法或断线法,如图 3.2.16 所示。

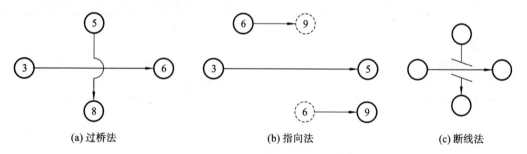

(a) 过桥法　　　　　　　　(b) 指向法　　　　　　　　(c) 断线法

图 3.2.16　箭线交叉的表示方法

(8)一对节点之间只能有一条箭线,如图 3.2.17 所示。

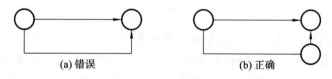

(a)错误　　　　　　　　　　(b)正确

图 3.2.17　两节点之间箭线的表示方法

(9)网络图中,不允许出现编号相同的节点或工作。

(10)正确应用虚箭线,力求减少不必要的虚箭线。

4.双代号网络图的绘制方法与步骤

1)绘制方法

为使双代号网络图简洁、美观,宜用水平箭线和垂直箭线表示。在绘制之前,先确定每个节点的位置号,再按照节点位置及逻辑关系绘制网络图。

节点位置号确定方法如下:

做一做

知识拓展:查阅资料,除了这种辅助绘图的方法后还能用什么方法绘制网络计划?

(1)无紧前工作的工作,开始节点位置号为 0;

(2)有紧前工作的工作,开始节点位置号等于其紧前工作的开始节点位置号的最大值加 1;

(3)有紧后工作的工作,结束节点位置号等于其紧后工作的开始节点位置号的最小值;

(4)无紧后工作的工作,结束节点位置号等于网络图中除无紧后工作的工作外,其他工作的结束节点位置号的最大值加 1。

2)绘制步骤

(1)根据已知的紧前工作确定紧后工作;

(2)确定各工作的开始节点位置号和结束节点位置号;

(3)根据节点位置号和逻辑关系绘制网络图。

在绘制时,若没有工作之间出现相同的紧后工作或者工作之间只有相同的紧后工作,则肯定没有虚箭线;若工作之间既有相同的紧后工作,又有不同的紧后工作,则肯定有虚箭线;到相同的紧后工作用虚箭线,到不同的紧后工作则无虚箭线。

例 3.2.2:某工程项目的各工作之间的逻辑关系如表 3.2.2 所示,画出网络图。

表 3.2.2　某工程各工作之间的逻辑关系

工作	A	B	C	D	E	F	G	H	I
紧前工作	无	A	B	B	B	C、D	C、E	C	F、G、H

解:

(1)列出关系表,确定紧后工作和各工作之间的节点位置号,如表 3.2.3 所示。

表 3.2.3　各工作之间的关系表

工作	A	B	C	D	E	F	G	H	I
紧前工作	无	A	B	B	B	C、D	C、E	C	F、G、H
紧后工作	B	C、D、E	F、G、H	F	G	I	I	I	无
开始节点位置号	0	1	2	2	2	3	3	3	4
结束节点位置号	1	2	3	3	3	4	4	4	5

(2)根据逻辑关系和节点位置号绘制网络图,如图 3.2.18 所示。

由表 3.2.3 可知,显然 C 和 D 有共同的紧后工作 F 和不同的紧后工作 G、H,所以有虚箭线;C 和 E 有共同的紧后工作 G 和不同的紧后工作 F、H,所以也有虚箭线。其他工作之间均无虚箭线。

(三) 双代号网络计划时间参数的计算

双代号网络计划时间参数的计算

双代号网络计划时间参数计算的目的在于确定网络计划的关键工作、关键线路和计算工期,为网络计划的优化、调整和执行提供明确的时间参数。双代号网络计划时间参数的计算方法很多,常用的有按工作计算法和按节点计算法,在计算方式上又有分析计算法、表上计算法、图上计算法、矩阵计算法和电算法等。下面只介绍按工作计算法在图上进行计算的方法(图上计算法)。

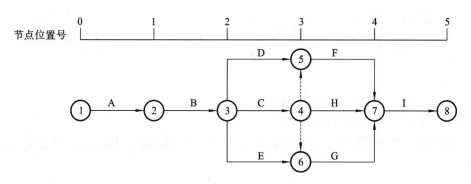

图 3.2.18　双代号网络图

1.时间参数的概念及其符号

1)工作持续时间(D_{i-j})

工作持续时间是对一项工作规定的从开始到完成的时间。在双代号网络计划中,工作 $i-j$ 的持续时间用 D_{i-j} 表示。

2)工期(T)

工期泛指完成任务所需要的时间,一般有以下三种。

(1)计算工期:根据网络计划时间参数计算出来的工期,用 T_c 表示。

(2)要求工期:任务委托人所要求的工期,用 T_r 表示。

(3)计划工期:在要求工期和计算工期的基础上综合考虑需要和可能而确定的工期,用 T_p 表示。网络计划的计划工期 T_p 应按下列情况分别确定。

①当已规定了要求工期 T_r 时,则

$$T_p \leqslant T_r$$

②当未规定要求工期时,可令计划工期等于计算工期,即

$$T_p = T_c$$

3)节点最早时间和最迟时间

ET ——节点最早时间,表示以该节点为开始节点的各项工作的最早开始时间。

LT ——节点最迟时间,表示以该节点为完成节点的各项工作的最迟完成时间。

4)网络计划中工作的六个时间参数

(1)最早开始时间(ES_{i-j})。

最早开始时间是指在各紧前工作全部完成后,本工作有可能开始的最早时刻。工作 $i-j$ 的最早开始时间用 ES_{i-j} 表示。

(2)最早完成时间(EF_{i-j})。

最早完成时间是指在各紧前工作全部完成后,本工作有可能完成的最早时刻。工作 $i-j$ 的最早完成时间用 EF_{i-j} 表示。

(3)最迟开始时间(LS_{i-j})。

最迟开始时间是指在不影响整个任务按期完成的前提下,工作必须开始的最迟时刻。工作 $i-j$ 的最迟开始时间用 LS_{i-j} 表示。

(4)最迟完成时间(LF_{i-j})。

最迟完成时间是指在不影响整个任务按期完成的前提下,工作必须完成的最迟时刻。工作 $i-j$ 的最迟完成时间用 LF_{i-j} 表示。

(5)总时差(TF_{i-j})。

总时差是指在不影响总工期的前提下,本工作可以利用的机动时间。工作 $i-j$ 的总时差用 TF_{i-j} 表示。

(6)自由时差(FF_{i-j})。

想一想
时差是什么?

自由时差是指在不影响其紧后工作最早开始时间的前提下,本工作可以利用的机动时间。工作 $i-j$ 的自由时差用 FF_{i-j} 表示。

按工作计算法计算网络计划中各时间参数,其计算结果应标注在箭线之上,如图 3.2.19 所示。

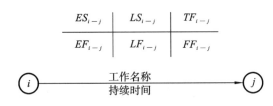

图 3.2.19　工作时间参数标注形式

2. 双代号网络计划时间参数计算

按工作计算法在网络图上计算六个工作时间参数,必须在清楚计算顺序和计算步骤的基础上,列出必要的公式,以加深对时间参数计算的理解。时间参数的计算步骤如下。

1)节点时间参数

(1)计算节点最早时间 ET 。

节点是指某个瞬时或时点,节点最早时间的含义是该节点之前的所有工作最早在此时刻都能结束,该节点之后的工作最早在此时刻才能开始。

节点最早时间的计算规则是:从网络图的起始节点开始,沿箭头方向逐点向后计算,直至终点节点。方法是"顺着箭头方向相加,逢箭头相碰的节点取最大值"。

计算公式如下:

开始节点的最早时间

$$ET_i = 0 \tag{3.2.1}$$

中间节点的最早时间

$$ET_j = \max[ET_i + D_{i-j}] \tag{3.2.2}$$

(2)计算节点最迟时间 LT 。

节点最迟时间的含义是该节点之前的工作最迟在此时刻必须结束,该节点之后的工作最迟在此时刻必须开始。

节点最迟时间的计算规则是:从网络图终点节点 n 开始,逆箭头方向逐点向前计算,直至起始节点。方法是"逆着箭线方向相减,逢箭尾相碰的节点取最小值"。

计算公式如下:

结束节点的最迟时间

$$LT_n = ET_n （或规定工期） \tag{3.2.3}$$

中间节点的最迟时间

$$LT_i = \min[LT_j - D_{i-j}] \tag{3.2.4}$$

2)工作时间参数

(1)最早开始时间(ES)。

工作最早开始时间的含义是该工作最早此时刻才能开始。它受该工作开始节点最早时间控制,即等于该工作开始节点的最早时间。

计算公式是:

$$ES_{i-j} = ET_i \qquad (3.2.5)$$

(2)最早完成时间(EF)。

工作最早完成时间的含义是该工作最早此时刻才能结束。它受该工作开始节点最早时间控制,即等于该工作开始节点最早时间加上该项工作的持续时间。

计算公式是:

$$EF_{i-j} = ET_i + D_{i-j} = ES_{i-j} + D_{i-j} \qquad (3.2.6)$$

(3)最迟完成时间(LF)。

工作最迟完成时间的含义是该工作此时刻必须完成。它受该工作结束节点最迟时间控制,即等于该项工作结束节点的最迟时间。

计算公式是:

$$LF_{i-j} = LT_j \qquad (3.2.7)$$

(4)最迟开始时间(LS)。

工作最迟开始时间的含义是该工作最迟此时刻必须开始。它受该工作结束节点最迟时间控制,即等于该工作结束节点的最迟时间减去该工作持续时间。

计算公式是:

$$LS_{i-j} = LT_j - D_{i-j} = LF_{i-j} - D_{i-j} \qquad (3.2.8)$$

工作的时间参数也可直接计算,计算方法与公式见例3.2.3。

3)工作时差参数

(1)工作总时差(TF)。

工作总时差的含义是该工作可能利用的最大机动时间,在这个时间范围内若延长或推迟本工作时间,不会影响总工期。求出节点或工作的开始和完成时间参数后,即可计算该工作总时差。工作总时差的数值等于该工作结束节点的最迟时间减去该工作开始节点的最早时间,再减去该工作的持续时间。

计算公式为:

$$TF_{i-j} = LT_j - ET_i - D_{i-j} = LF_{i-j} - EF_{i-j} = LS_{i-j} - ES_{i-j} \qquad (3.2.9)$$

总时差主要用于控制计划总工期和判断关键工作。总时差最小的工作就是关键工作(一般总时差为零),其余工作为非关键工作。

(2)工作自由时差(FF)。

工作自由时差的含义是在不影响紧后工作按最早可能开始时间开始的前提下,该工作能够自由支配的机动时间。其数值等于该工作结束节点的最早时间减去该工作开始节点的最早时间,再减去该工作的持续时间。

计算公式是:

$$FF_{i-j} = ET_j - ET_i - D_{i-j} = ES_{j-k} - ES_{i-j} - D_{i-j} = ES_{j-k} - EF_{i-j}$$
$$(3.2.10)$$

例3.2.3：计算图3.2.20所示网络的时间参数并用六时标注法标在图上。

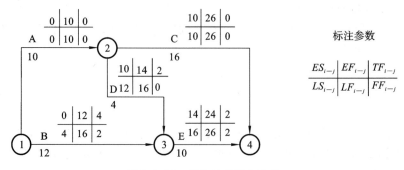

图3.2.20　网络计划时间参数

解：

(1)计算 ET_i 。

$$ET_1 = 0$$

$$ET_2 = ET_1 + D_{1-2} = 0 + 10 = 10$$

$$ET_3 = \max \begin{cases} ET_2 + D_{2-3} = 10 + 4 = 14 \\ ET_1 + D_{1-3} = 0 + 12 = 12 \end{cases} = 14$$

$$ET_4 = \max \begin{cases} ET_2 + D_{2-4} = 10 + 16 = 26 \\ ET_3 + D_{3-4} = 14 + 10 = 24 \end{cases} = 26$$

(2)计算 LT_i 。

$$LT_4 = ET_4 = 26$$

$$LT_3 = LT_4 - D_{3-4} = 26 - 10 = 16$$

$$LT_2 = \min \begin{cases} LT_4 - D_{2-4} = 26 - 16 = 10 \\ LT_3 - D_{2-3} = 16 - 4 = 12 \end{cases} = 10$$

$$LT_1 = \min \begin{cases} LT_3 - D_{1-3} = 16 - 12 = 4 \\ LT_2 - D_{1-2} = 10 - 10 = 0 \end{cases} = 0$$

(3)计算 ES_{i-j} 。

$$ES_{1-2} = ET_1 = 0 \quad ES_{1-3} = ET_1 = 0 \quad ES_{2-3} = ET_2 = 10$$

$$ES_{2-4} = ET_2 = 10 \quad ES_{3-4} = ET_3 = 14$$

(4)计算 EF_{i-j} 。

$$EF_{1-2} = ES_{1-2} + D_{1-2} = 0 + 10 = 10$$

$$EF_{1-3} = ES_{1-3} + D_{1-3} = 0 + 12 = 12$$

$$EF_{2-3} = ES_{2-3} + D_{2-3} = 10 + 4 = 14$$

$$EF_{2-4} = ES_{2-4} + D_{2-4} = 10 + 16 = 26$$

$$EF_{3-4} = ES_{3-4} + D_{3-4} = 14 + 10 = 24$$

(5)计算 LF_{i-j} 。

$$LF_{1-2} = LT_2 = 10 \quad LF_{1-3} = LT_3 = 16 \quad LF_{2-3} = LT_3 = 16$$

$$LF_{2-4} = LT_4 = 26 \quad LF_{3-4} = LT_4 = 26$$

(6)计算 LS_{i-j} 。

$$LS_{1-2} = LF_{1-2} - D_{1-2} = 10 - 10 = 0$$

$$LS_{1-3} = LF_{1-3} - D_{1-3} = 16 - 12 = 4$$
$$LS_{2-3} = LF_{2-3} - D_{2-3} = 16 - 4 = 12$$
$$LS_{2-4} = LF_{2-4} - D_{2-4} = 26 - 16 = 10$$
$$LS_{3-4} = LF_{3-4} - D_{3-4} = 26 - 10 = 16$$

(7)计算 TF_{i-j}。

$$TF_{1-2} = LS_{1-2} - ES_{1-2} = 0 - 0 = 0$$
$$TF_{1-3} = LS_{1-3} - ES_{1-3} = 4 - 0 = 4$$
$$TF_{2-3} = LS_{2-3} - ES_{2-3} = 12 - 10 = 2$$
$$TF_{2-4} = LS_{2-4} - ES_{2-4} = 10 - 10 = 0$$
$$TF_{3-4} = LS_{3-4} - ES_{3-4} = 16 - 14 = 2$$

(8)计算 FF_{i-j}。

$$FF_{1-2} = ET_2 - ET_1 - D_{1-2} = 10 - 0 - 10 = 0$$
$$FF_{1-3} = ET_3 - ET_1 - D_{1-3} = 14 - 0 - 12 = 2$$
$$FF_{2-3} = ET_3 - ET_2 - D_{2-3} = 14 - 10 - 4 = 0$$
$$FF_{2-4} = ET_4 - ET_2 - D_{2-4} = 26 - 10 - 16 = 0$$
$$FF_{3-4} = ET_4 - ET_3 - D_{3-4} = 26 - 14 - 10 = 2$$

把计算出的时间参数标注在网络图上,如图3.2.20所示。

3.关键工作和关键线路的确定

1)关键工作

总时差最小的工作是关键工作。

2)关键线路

自始至终全部由关键工作组成的线路为关键线路,或线路上总的工作持续时间最长的线路为关键线路。

3)确定关键线路的方法

(1)直接法:总的工作持续时间最长的线路为关键线路。

(2)总时差最小法:总时差最小的工作相连的线路为关键线路。

(3)节点参数法:节点的两个时间参数相等且 $ET_i + D_{i-j} = ET_j$,则此工作为关键工作,关键工作连起来的线路为关键线路。

(4)标号法。

标号法是一种可以快速确定计算工期和关键线路的方法。它利用节点计算法的基本原理,对网络计划中的每一个节点进行标号,然后利用标号值(节点的最早时间)确定网络计划的计算工期和关键线路。

步骤如下:

①确定节点标号值并标注。

设网络计划起始节点的标号值为零,即 $b_1 = 0$,其他节点的标号值等于以该节点为结束节点的各个工作的开始节点标号值加其持续时间之和的最大值,即

$$b_j = \max[b_i + D_{i-j}] \tag{3.2.11}$$

用双标号法进行标注,即用源节点(得出标号值的节点)作为第一标号,用标号值作为第二标号,标注在节点的上方。

②计算工期:网络计划终点节点的标号值即为计算工期。

关键线路的
确定

问一问
到目前为止,你学了多少种判别关键线路的方法?你认为哪种方法最简便?

■思政元素
学习要多总结,学而不思则罔,思而不学则殆。

③确定关键线路。从终点节点出发,依源节点号反跟踪到起始节点的线路即为关键线路。

(5)破圈法。

在一个网络中有许多节点和线路,这些节点和线路形成了许多封闭的"圈"。这里所谓的"圈",是指在两个节点之间由两条线路连通这两个节点所形成的最小圈。破圈法是将网络中各个封闭圈的两条线路按各自所含工作的持续时间来进行比较,逐个"破圈",直至圆圈不可破时为止,最后剩下的线路即为网络图的关键线路。

步骤:从起始节点到终点节点进行观察,凡遇到节点有两个及以上的内向箭线时,按线路工作时间长短,把较短线路流进的一个箭头去掉(注意只去掉一个),便可把较短线路断开。能从起始节点顺箭头方向走到终点节点的线路便是关键线路。

例3.2.4:某工程的网络计划资料如表3.2.4所示。

表3.2.4　某工程的网络计划资料

工作	A	B	C	D	E	F	H	G
紧前工作	—	—	B	B	A、C	A、C	D、F	D、E、F
持续时间/天	4	2	3	3	5	6	5	3

试绘制双代号网络图,若计划工期等于计算工期,计算各项工作的六个时间参数并确定关键线路,标注在网络图上。

解:

1.绘制双代号网络图

根据表3.2.4中网络计划的有关资料,按照网络图的绘制步骤和规则绘制双代号网络图,如图3.2.21所示。

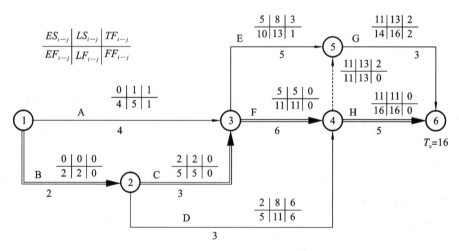

图3.2.21　双代号网络图绘图实例

2.计算时间参数

计算各项工作的时间参数,并将计算结果标注在箭线上方相应的位置。

(1)计算各项工作的最早开始时间和最早完成时间。

从起始节点(①节点)开始顺着箭线方向依次逐项计算到终点节点(⑥节点)。

a.以网络计划起始节点为开始节点的各工作的最早开始时间为零:

$$ES_{1-2} = ES_{1-3} = 0$$

b. 计算各项工作的最早开始时间和最早完成时间：

$$EF_{1-2} = ES_{1-2} + D_{1-2} = 0 + 2 = 2$$

$$EF_{1-3} = ES_{1-3} + D_{1-3} = 0 + 4 = 4$$

$$ES_{2-3} = ES_{2-4} = EF_{1-2} = 2$$

$$EF_{2-3} = ES_{2-3} + D_{2-3} = 2 + 3 = 5$$

$$EF_{2-4} = ES_{2-4} + D_{2-4} = 2 + 3 = 5$$

$$ES_{3-4} = ES_{3-5} = \max[EF_{1-3}, EF_{2-3}] = \max[4, 5] = 5$$

$$EF_{3-4} = ES_{3-4} + D_{3-4} = 5 + 6 = 11$$

$$EF_{3-5} = ES_{3-5} + D_{3-5} = 5 + 5 = 10$$

$$ES_{4-6} = ES_{4-5} = \max[EF_{3-4}, EF_{2-4}] = \max[11, 5] = 11$$

$$EF_{4-6} = ES_{4-6} + D_{4-6} = 11 + 5 = 16$$

$$EF_{4-5} = 11 + 0 = 11$$

$$ES_{5-6} = \max[EF_{3-5}, EF_{4-5}] = \max[10, 11] = 11$$

$$EF_{5-6} = 11 + 3 = 14$$

将以上计算结果标注在图 3.2.21 中的相应位置。

(2)确定计算工期 T_c 及计划工期 T_p。

计算工期 $T_c = \max[EF_{5-6}, EF_{4-6}] = \max[14, 16] = 16$。

已知计划工期等于计算工期,则 $T_p = T_c = 16$。

(3)计算各项工作的最迟开始时间和最迟完成时间。

从终点节点(⑥节点)开始,逆着箭线方向依次逐项计算到起始节点(①节点)。

a. 以网络计划终点节点为箭头节点的工作的最迟完成时间等于计划工期：

$$LF_{4-6} = LF_{5-6} = 16$$

b. 计算各项工作的最迟开始和最迟完成时间：

$$LS_{4-6} = LF_{4-6} - D_{4-6} = 16 - 5 = 11$$

$$LS_{5-6} = LF_{5-6} - D_{5-6} = 16 - 3 = 13$$

$$LF_{3-5} = LF_{4-5} = LS_{5-6} = 13$$

$$LS_{3-5} = LF_{3-5} - D_{3-5} = 13 - 5 = 8$$

$$LS_{4-5} = LF_{4-5} - D_{4-5} = 13 - 0 = 13$$

$$LF_{2-4} = LF_{3-4} = \min[LS_{4-5}, LS_{4-6}] = \min[13, 11] = 11$$

$$LS_{2-4} = LF_{2-4} - D_{2-4} = 11 - 3 = 8$$

$$LS_{3-4} = LF_{3-4} - D_{3-4} = 11 - 6 = 5$$

$$LF_{1-3} = LF_{2-3} = \min[LS_{3-4}, LS_{3-5}] = \min[5, 8] = 5$$

$$LS_{1-3} = LF_{1-3} - D_{1-3} = 5 - 4 = 1$$

$$LS_{2-3} = LF_{2-3} - D_{2-3} = 5 - 3 = 2$$

$$LF_{1-2} = \min[LS_{2-3}, LS_{2-4}] = \min[2, 8] = 2$$

$$LS_{1-2} = LF_{1-2} - D_{1-2} = 2 - 2 = 0$$

(4)计算各项工作的总时差。

可以用工作的最迟开始时间减去最早开始时间或用工作的最迟完成时间减去最早完成时间：

$$TF_{1-2} = LS_{1-2} - ES_{1-2} = 0 - 0 = 0$$

或

$$TF_{1-2} = LF_{1-2} - EF_{1-2} = 2 - 2 = 0$$
$$TF_{1-3} = LS_{1-3} - ES_{1-3} = 1 - 0 = 1$$
$$TF_{2-3} = LS_{2-3} - ES_{2-3} = 2 - 2 = 0$$
$$TF_{2-4} = LS_{2-4} - ES_{2-4} = 8 - 2 = 6$$
$$TF_{3-4} = LS_{3-4} - ES_{3-4} = 5 - 5 = 0$$
$$TF_{3-5} = LS_{3-5} - ES_{3-5} = 8 - 5 = 3$$
$$TF_{4-6} = LS_{4-6} - ES_{4-6} = 11 - 11 = 0$$
$$TF_{5-6} = LS_{5-6} - ES_{5-6} = 13 - 11 = 2$$

将以上计算结果标注在图3.2.21中的相应位置。

(5)计算各项工作的自由时差。

自由时差等于紧后工作的最早开始时间减去本工作的最早完成时间:

$$FF_{1-2} = ES_{2-3} - EF_{1-2} = 2 - 2 = 0$$
$$FF_{1-3} = ES_{3-4} - EF_{1-3} = 5 - 4 = 1$$
$$FF_{2-3} = ES_{3-5} - EF_{2-3} = 5 - 5 = 0$$
$$FF_{2-4} = ES_{4-6} - EF_{2-4} = 11 - 5 = 6$$
$$FF_{3-4} = ES_{4-6} - EF_{3-4} = 11 - 11 = 0$$
$$FF_{3-5} = ES_{5-6} - EF_{3-5} = 11 - 10 = 1$$
$$FF_{4-6} = T_p - EF_{4-6} = 16 - 16 = 0$$
$$FF_{5-6} = T_p - EF_{5-6} = 16 - 14 = 2$$

将以上计算结果标注在图3.2.21中的相应位置。

(6)确定关键工作及关键线路。

在图3.2.21中,最小的总时差是0,所以,凡是总时差为0的工作均为关键工作。该例中的关键工作是①—②,②—③,③—④,④—⑥(或关键工作B、C、F、H)。

在图3.2.21中,自始至终全由关键工作组成的关键线路是:①—②—③—④—⑥。关键线路用双箭线进行标注。

例3.2.5:已知某工程项目双代号网络计划如图3.2.22所示,试用标号法确定其计算工期和关键线路。

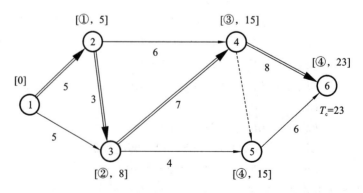

图3.2.22　某工程项目双代号网络计划图(例3.2.5)

解：

(1)对网络计划进行标号,各节点的标号值计算如下,并标注在图上。

$b_1 = 0$；

$b_2 = b_1 + D_{1-2} = 0 + 5 = 5$；

$b_3 = \max[(b_1 + D_{1-3}),(b_2 + D_{2-3})] = \max[(0+5),(5+3)] = 8$；

$b_4 = \max[(b_2 + D_{2-4}),(b_3 + D_{3-4})] = \max[(5+6),(8+7)] = 15$；

$b_5 = \max[(b_4 + D_{4-5}),(b_3 + D_{3-5})] = \max[(15+0),(8+4)] = 15$；

$b_6 = \max[(b_4 + D_{4-6}),(b_5 + D_{5-6})] = \max[(15+8),(15+6)] = 23$。

(2)确定关键线路：从终点节点出发,依源节点号反跟踪到起始节点的线路为关键线路。如图 3.2.22 所示,①→②→③→④→⑥为关键线路。

例 3.2.6：已知某工程项目双代号网络计划如图 3.2.23 所示。

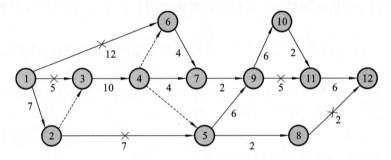

图 3.2.23 某工程项目双代号网络计划图(例 3.2.6)

试用破圈法确定其计算工期和关键线路。

解：

(1)从节点①开始,节点①、②、③形成了第一个圈,即到节点③有两条线路,一条是①→③,一条是①→②→③。①→③需要的时间是 5,①→②→③需要的时间是 7,因 7>5,所以切断①→③。

(2)从节点②开始,节点②、③、④、⑤形成了第二个圈,即到节点⑤有两条线路,一条是②→③→④→⑤,一条是②→⑤。②→③→④→⑤需要的时间是 10,②→⑤需要的时间是 7,因 10>7,所以切断②→⑤。

(3)同理,可切断①→⑥、⑤→⑧→⑫、⑨→⑪,详见图 3.2.23 中所示×。

(4)剩下的线路即为网络图的关键线路,如图 3.2.24 所示。关键线路有 3 条：①→②→③→④→⑦→⑨→⑩→⑪→⑫；①→②→③→④→⑥→⑦→⑨→⑩→⑪→⑫；①→②→③→④→⑤→⑨→⑩→⑪→⑫。

想一想
破圈法能不能逆向破圈?能的话,试着把此题逆向破圈。

三、双代号时标网络计划

(一)时标网络计划的坐标体系

时间坐标网络计划简称时标网络计划,是以水平时间坐标为尺度而编制的双代号网络计划。

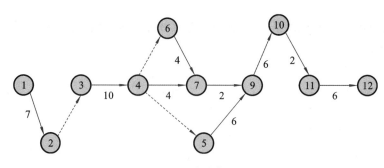

图 3.2.24　破圈法确定的关键线路

1.双代号时标网络计划的一般规定

(1)时间坐标的时间单位应根据需要在编制网络计划之前确定,可为季、月、周、天等;

(2)时标网络计划应以实箭线表示实工作,以虚箭线表示虚工作,以波形线表示工作的自由时差;

(3)时标网络计划中所有符号在时间坐标上的水平投影位置都必须与其时间参数相对应,节点中心必须对准相应的时标位置;

(4)虚工作必须以垂直方向的虚箭线表示,有自由时差时加水平波形线表示。

2.双代号时标网络计划的特点

想一想
时标网络计划和之前学的网络计划有什么不一样?

(1)时标网络计划兼有网络计划与横道计划的优点,它能够清楚地表明计划的时间进程,使用方便;

(2)时标网络计划能在图上直接显示出各项工作的开始与完成时间、工作的自由时差及关键线路;

(3)在时标网络计划中可以统计每一个单位时间对资源的需要量,以便进行资源优化和调整;

(4)由于箭线受到时间坐标的限制,当情况发生变化时,对网络计划的修改比较麻烦,往往要重新绘图,但在使用计算机以后,这一问题较容易解决。

双代号时标网络计划的编制

（二）双代号时标网络计划的编制

时标网络计划宜按各个工作的最早开始时间编制。在编制时标网络计划之前,应先按已确定的时间单位绘制出时标计划表,如表 3.2.5 所示。

表 3.2.5　时标计划表

日历																
(时间单位)	1	2	3	4	5	6	7	8	9	10	11	12	13	14	15	16
网络计划																
(时间单位)	1	2	3	4	5	6	7	8	9	10	11	12	13	14	15	16

双代号时标网络计划的编制方法有两种。

1.间接法编制

先绘制出时标网络图,计算各工作的最早时间参数,再根据最早时间参数在时标计划表上确定节点位置,连线完成,某些工作箭线长度不足以到达该工作的完成节点时,用波形线补足。

2.直接法编制

根据网络计划中工作之间的逻辑关系及各工作的持续时间,直接在时标计划表上绘制时标网络计划。绘制步骤如下:

(1)将起始节点定位在时标计划表的起始刻度线上;

(2)按工作持续时间在时标计划表上绘制起始节点的外向箭线;

(3)其他工作的开始节点必须在其所有紧前工作都绘出以后,定位在这些紧前工作最早完成时间最大值的时间刻度上,某些工作的箭线长度不足以到达该节点时,用波形线补足,箭头画在波形线与节点连接处;

(4)用上述方法从左至右依次确定其他节点位置,直至网络计划终点节点定位,绘图完成。

（三）双代号时标网络计划时间参数计算

1.关键线路和计算工期的确定

1)时标网络计划关键线路的确定

时标网络计划关键线路的确定,应自终点节点逆箭线方向朝起始节点逐次进行判定,从终点到起点不出现波形线的线路即为关键线路。如图3.2.25所示,关键线路是①—④—⑥—⑦—⑧,用双箭线表示。

2)时标网络计划的计算工期

时标网络计划的计算工期应是终点节点与起始节点所在位置之差。如图3.2.25所示,计算工期 $T_c = (14-0)$ 天 = 14 天。

想一想
直接法和间接法哪个更好一些？

双代号时标网络计划时间参数计算

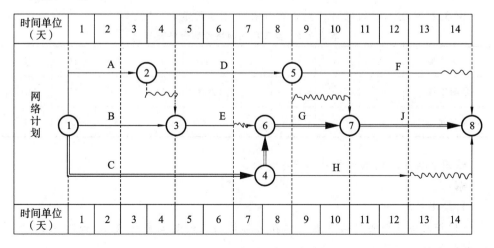

时间单位 （天）	1	2	3	4	5	6	7	8	9	10	11	12	13	14

图3.2.25　双代号时标网络计划

2.时标网络计划时间参数的确定

时标网络计划中,六个工作时间参数的确定步骤如下。

1)最早时间参数的确定

按最早开始时间绘制时标网络计划,最早时间参数可以从图上直接确定:

(1)最早开始时间 ES_{i-j}。

每条实箭线左端箭尾节点(i 节点)中心所对应的时标值,即为该工作的最早开始时间。

(2)最早完成时间 EF_{i-j}。

若箭线右端无波形线,则该箭线右端节点(j 节点)中心所对应的时标值为该工作的最早完成时间;若箭线右端有波形线,则实箭线右端末所对应的时标值为该工作的最早完成时间。

2)自由时差的确定

时标网络计划中各工作的自由时差值应为表示该工作的箭线中波形线部分在坐标轴上的水平投影长度。但当某工作之后只紧接虚工作时,则该工作箭线上一定不存在波形线,而其紧接的虚箭线中波形线水平投影长度的最短者为该工作的自由时差。

3)总时差的确定

时标网络计划中工作的总时差的计算应自右向左进行,且符合下列规定。

(1)以终点节点($j = n$)为箭头节点的工作的总时差 TF_{i-n} 应按网络计划的计划工期 T_p 计算确定,即

$$TF_{i-n} = T_p - EF_{i-n} \tag{3.2.12}$$

(2)其他工作的总时差等于其紧后工作 $j - k$ 总时差的最小值与本工作的自由时差之和,即

$$TF_{i-j} = \min[TF_{j-k}] + FF_{i-j} \tag{3.2.13}$$

4)最迟时间参数的确定

时标网络计划中工作的最迟开始时间和最迟完成时间可按下式计算:

$$LS_{i-j} = ES_{i-j} + TF_{i-j} \tag{3.2.14}$$

$$LF_{i-j} = EF_{i-j} + TF_{i-j} \tag{3.2.15}$$

例 3.2.7:某工程的网络计划资料如表 3.2.6 所示。

表 3.2.6　某工程的网络计划资料表

工作名称	A	B	C	D	E	F	G	H	J
紧前工作	—	—	—	A	A、B	D	C、E	C	D、G
持续时间(天)	3	4	7	5	2	5	3	5	4

试用直接法绘制双代号时标网络计划。

解:

1.绘图步骤

(1)将网络计划的起始节点定位在时标计划表的起始刻度线上,如图 3.2.26 所示,起始节点的编号为①。

(2)画节点①的外向箭线,即按各工作的持续时间,画出无紧前工作的 A、B、C 工作,并确定节点②、③、④的位置。

（3）依次画出节点②、③、④的外向箭线工作 D、E、H，并确定节点⑤、⑥的位置。节点⑥的位置定位在其两条内向箭线的最早完成时间的最大值处，即定位在时标值为 7 的位置，工作 E 的箭线长度达不到节点⑥，则用波形线补足。

（4）按上述步骤，直到画出全部工作，确定终点节点⑧的位置，时标网络计划绘制完毕，如图 3.2.26 所示。

2. 按步骤绘图

用直接法绘制双代号时标网络计划，如图 3.2.26 所示。

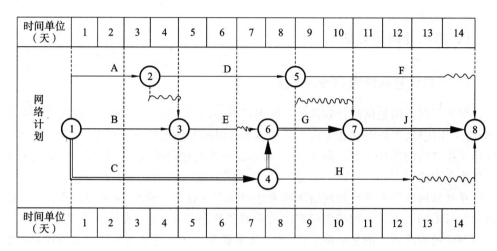

图 3.2.26　双代号时标网络计划绘制实例

例 3.2.8：试确定图 3.2.26 所示的双代号时标网络计划的六个工作时间参数。

解：

1. 最早开始时间和最早完成时间的确定

$ES_{1-3}=0$，$EF_{1-3}=4$；$ES_{3-6}=4$，$EF_{3-6}=6$。以此类推确定。

2. 自由时差的确定

工作 E、H、F 的自由时差分别为 $FF_{3-6}=1$，$FF_{4-8}=2$，$FF_{5-8}=1$。

3. 总时差的确定

（1）如图 3.2.26 可知，工作 F、J、H、的总时差分别为：

$$TF_{5-8}=T_p-EF_{5-8}=14-13=1$$
$$TF_{7-8}=T_p-EF_{7-8}=14-14=0$$
$$TF_{4-8}=T_p-EF_{4-8}=14-12=2$$

（2）如图 3.2.26 可知，各项工作的总时差计算如下：

$$TF_{6-7}=TF_{7-8}+FF_{6-7}=0+0=0$$
$$TF_{3-6}=TF_{6-7}+FF_{3-6}=0+1=1$$
$$TF_{2-5}=\min[\,TF_{5-7},TF_{5-8}\,]+FF_{2-5}=\min[2,1]+0=1+0=1$$
$$TF_{1-4}=\min[\,TF_{4-6},TF_{4-8}\,]+FF_{1-4}=\min[0,2]+0=0+0=0$$
$$TF_{1-3}=TF_{3-6}+FF_{1-3}=1+0=1$$
$$TF_{1-2}=\min[\,TF_{2-3},TF_{2-5}\,]+FF_{1-2}=\min[2,1]+0=1+0=1$$

4.最迟时间参数的确定

$$LS_{1-2} = ES_{1-2} + TF_{1-2} = 0 + 1 = 1$$
$$LF_{1-2} = EF_{1-2} + TF_{1-2} = 3 + 1 = 4$$
$$LS_{1-3} = ES_{1-3} + TF_{1-3} = 0 + 1 = 1$$
$$LF_{1-3} = EF_{1-3} + TF_{1-3} = 4 + 1 = 5$$

由此类推,可计算出各项工作的最迟开始时间和最迟完成时间。由于所有工作的最早开始时间、最早完成时间和总时差均为已知,故计算容易,此处不再一一列举。

四、单代号网络计划

(一)单代号网络图的表示方法

单代号网络图的组成与绘制

单代号网络图是网络计划的另一种表示方法,它是用一个圆圈或方框代表一项工作,将工作代号、工作名称和完成工作所需要的时间写在圆圈或方框里面,箭线仅用来表示工作之间的顺序关系。图 3.2.27 所示是一个简单的单代号网络图及其常见的单代号表示方法。

单代号网络图和双代号网络图所表达的计划内容是一致的,两者的区别仅在于绘图的符号不同。单代号网络图的箭线表示的是顺序关系,节点表示一项工作;而双代号网络图的箭线表示的是一项工作,节点表示联系。在双代号网络图中出现较多的虚工作,而单代号网络图没有虚工作。

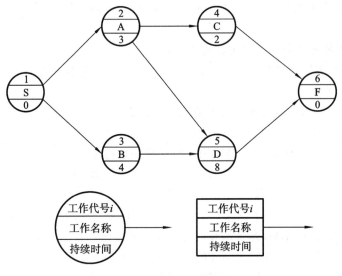

想一想
单代号网络图与双代号网络图的区别是什么?

图 3.2.27　单代号网络图

(二)单代号网络图的绘制

绘制单代号网络图需遵循以下规则:

(1)箭线应画成水平直线、折线或斜线。单代号网络图中不设虚箭线,箭线的箭尾节点的编号应小于箭头节点的编号。箭线水平投影的方向应自左向右,表达工作的进行方向。

(2)节点必须编号,严禁重复。一项工作只能有唯一的一个节点和唯一的一个编号。

(3)严禁出现循环回路。

(4)严禁出现双向箭头或无箭头的连线;严禁出现没有箭尾节点的箭线和没有箭头节点的箭线。

(5)箭线不宜交叉,当交叉不可避免时,可采用过桥法、断线法和指向法绘制。

(6)只应有一个起始节点和一个终点节点。当网络图中有多项起始节点或多项终点节点时,应在网络图的两端分别设置一项虚工作,作为该网络图的起始节点和终点节点。

(三)单代号网络图时间参数的计算

单代号网络图时间参数 ES、LS、EF、LF、TF、FF 的计算与双代号网络图基本相同,只需把参数脚码由双代号改为单代号即可。由于单代号网络图中紧后工作的最早开始时间可能不相等,因而在计算自由时差时,需用紧后工作的最小值作为被减数。

单代号网络图时间参数的计算

1)计算最早开始时间和最早完成时间

$$ES_1 = 0$$
$$EF_i = ES_i + D_i \tag{3.2.16}$$
$$ES_j = \max[ES_i + D_i] = \max EF_i \tag{3.2.17}$$

2)计算相邻两项工作之间的时间间隔 $LAG_{i,j}$

想一想

单代号网络图为什么要引入虚拟的起始节点和终点节点?

相邻两项工作 i 和 j 之间的时间间隔 $LAG_{i,j}$ 等于紧后工作 j 的最早开始时间 ES_j 和本工作的最早完成时间 EF_i 之差,即

$$LAG_{i,j} = ES_j - EF_i \tag{3.2.18}$$

3)计算工作总时差 TF_i

(1)终点节点的总时差 TF_n,如计划工期等于计算工期,其值为零,即

$$TF_n = 0 \tag{3.2.19}$$

(2)其他工作 i 的总时差为:

$$TF_i = \min[TF_j + LAG_{i,j}] \tag{3.2.20}$$

4)计算工作自由时差 FF_i

(1)工作 i 若无紧后工作(即 $i=n$),其自由时差 FF_n 等于计划工期 T_p 减该工作的最早完成时间 EF_n,即

$$FF_n = T_p - EF_n \tag{3.2.21}$$

(2)当工作 i 有紧后工作 j 时,自由时差为:

$$FF_i = \min[LAG_{i,j}] \tag{3.2.22}$$

5)计算工作的最迟开始时间和最迟完成时间

$$LS_i = ES_i + TF_i \tag{3.2.23}$$
$$LF_i = EF_i + TF_i \tag{3.2.24}$$

式中: D_i ——工作 i 的延续时间;

　　　ES_j ——工作 j 的最早开始时间;

EF_i——工作 i 的最早完成时间；

LS_i——工作 i 的最迟开始时间；

LF_i——工作 i 的最迟完成时间；

TF_i——工作 i 的总时差；

FF_i——工作 i 的自由时差；

T_p——计划工期。

例 3.2.9：已知某工程项目的各工作之间的逻辑关系如表 3.2.7 所示。

表 3.2.7　各工作之间的逻辑关系表

工作	A	B	C	D	E	G
紧前工作	—	—	—	B	B	C、D

试绘制该工程的单代号网络图。

解：

本案例中 A、B、C 均无紧前工作，故应设虚拟工作 S。同时，有多项结束工作 A、E、G，应增设一项虚拟工作 F。

该工程的单代号网络图如图 3.2.28 所示。

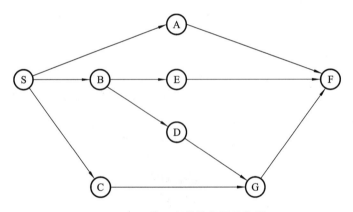

图 3.2.28　该工程的单代号网络图

例 3.2.10：已知某工程项目单代号网络计划如图 3.2.29 所示，计划工期等于计算工期。试计算单代号网络计划的时间参数并确定关键线路，并用双箭线在图上示出。

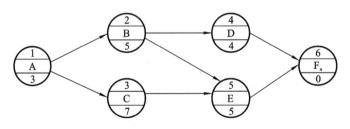

图 3.2.29　某工程项目单代号网络计划图

解：

1. 时间参数计算

（1）计算最早开始时间和最早完成时间：网络计划中各项工作的最早开始时间和最早完成时间的计算应从网络计划的起始节点开始，顺着箭线方向依次逐项计算。

$$ES_1 = 0 \quad EF_1 = ES_1 + D_1 = 0 + 3 = 3$$
$$ES_2 = EF_1 = 3 \quad EF_2 = ES_2 + D_2 = 3 + 5 = 8$$
$$ES_3 = EF_1 = 3 \quad EF_3 = ES_3 + D_3 = 3 + 7 = 10$$
$$ES_4 = EF_2 = 8 \quad EF_4 = ES_4 + D_4 = 8 + 4 = 12$$
$$ES_5 = \max[EF_2, EF_3] = \max[8,10] = 10 \quad EF_5 = ES_5 + D_5 = 10 + 5 = 15$$
$$ES_6 = \max[EF_4, EF_5] = \max[12,15] = 15 \quad EF_6 = ES_6 + D_6 = 15 + 0 = 15$$

（2）计算相邻两项工作之间的时间间隔 $LAG_{i,j}$：相邻两项工作 i 和 j 之间的时间间隔等于紧后工作 j 的最早开始时间 ES_j 和本工作的最早完成时间 EF_i 之差。

$$LAG_{1,2} = ES_2 - EF_1 = 3 - 3 = 0$$
$$LAG_{1,3} = ES_3 - EF_1 = 3 - 3 = 0$$
$$LAG_{2,4} = ES_4 - EF_2 = 8 - 8 = 0$$
$$LAG_{2,5} = ES_5 - EF_2 = 10 - 8 = 2$$
$$LAG_{3,5} = ES_5 - EF_3 = 10 - 10 = 0$$
$$LAG_{4,6} = ES_6 - EF_4 = 15 - 12 = 3$$
$$LAG_{5,6} = ES_6 - EF_5 = 15 - 15 = 0$$

（3）计算工作的总时差 TF_i：因计划工期等于计算工期，故终点节点总时差为零，其他工作 i 的总时差 TF_i 应从网络计划的终点节点开始，逆着箭线方向依次逐项计算。

$$TF_6 = 0$$
$$TF_5 = TF_6 + LAG_{5,6} = 0 + 0 = 0$$
$$TF_4 = TF_6 + LAG_{4,6} = 0 + 3 = 3$$
$$TF_3 = TF_5 + LAG_{3,5} = 0 + 0 = 0$$
$$TF_2 = \min[(TF_4 + LAG_{2,4}), (TF_5 + LAG_{2,5})] = \min[(3+0), (0+2)] = 2$$
$$TF_1 = \min[(TF_2 + LAG_{1,2}), (TF_3 + LAG_{1,3})] = \min[(2+0), (0+0)] = 0$$

（4）计算工作的自由时差 FF_i。

$$FF_6 = T_p - EF_6 = 15 - 15 = 0$$
$$FF_5 = LAG_{5,6} = 0$$
$$FF_4 = LAG_{4,6} = 3$$
$$FF_3 = LAG_{3,5} = 0$$
$$FF_2 = \min[LAG_{2,4}, LAG_{2,5}] = \min[0,2] = 0$$
$$FF_1 = \min[LAG_{1,2}, LAG_{1,3}] = \min[0,0] = 0$$

（5）计算工作的最迟开始时间 LS_i 和最迟完成时间 LF_i。

$$LS_1 = ES_1 + TF_1 = 0 + 0 = 0 \quad LF_1 = EF_1 + TF_1 = 3 + 0 = 3$$
$$LS_2 = ES_2 + TF_2 = 3 + 2 = 5 \quad LF_2 = EF_2 + TF_2 = 8 + 2 = 10$$
$$LS_3 = ES_3 + TF_3 = 3 + 0 = 3 \quad LF_3 = EF_3 + TF_3 = 10 + 0 = 10$$
$$LS_4 = ES_4 + TF_4 = 8 + 3 = 11 \quad LF_4 = EF_4 + TF_4 = 12 + 3 = 15$$

$$LS_5 = ES_5 + TF_5 = 10 + 0 = 10 \qquad LF_5 = EF_5 + TF_5 = 15 + 0 = 15$$
$$LS_6 = ES_6 + TF_6 = 15 + 0 = 15 \qquad LF_6 = EF_6 + TF_6 = 15 + 0 = 15$$

将时间参数计算结果标注在图 3.2.30 上。

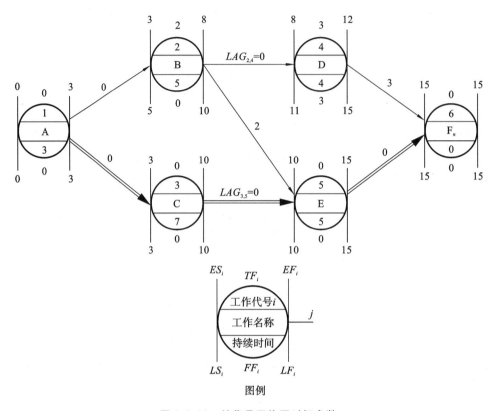

图 3.2.30　单代号网络图时间参数

2.关键线路确定

所有工作的时间间隔为零的线路为关键线路,即①—③—⑤—⑥为关键线路,用双箭线标示在图 3.2.30 中;也可用总时差为零(A、C、E)来判断关键线路。

(四)单代号搭接网络计划

前面介绍的网络计划,工作之间的逻辑关系是紧前工作全部完成之后本工作才能开始。但是在工程建设实践中,有许多工作的开始并不是以其紧前工作的完成为条件,可进行搭接施工。为了简单、直接地表达工作之间的搭接关系,使网络计划的编制得到简化,便出现了搭接网络计划。

搭接网络计划一般采用单代号网络图的表示方法,即以节点表示工作,以节点之间的箭线表示工作之间的逻辑顺序和搭接关系。

1.搭接关系的种类及表达方式

在搭接网络计划中,工作之间的搭接关系是由相邻两项工作之间的不同时距所决定的。所谓时距,就是搭接网络图中相邻两项工作之间的时间差值,如图 3.2.31 所示。

单代号搭接
网络计划

问一问
单代号搭接网络计划与单代号网络计划的区别是什么?

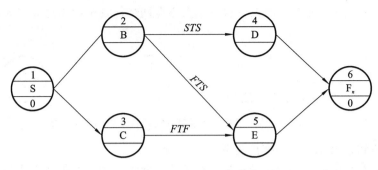

图 3.2.31　单代号搭接网络图

1)结束到开始(FTS)的搭接关系

在修堤坝时,一定要等土堤自然沉降后才能修护坡,筑土堤与修护坡之间的等待时间就是 FTS 时距。

从结束到开始的搭接关系及这种搭接关系在网络计划中的表达方式如图 3.2.32 所示。

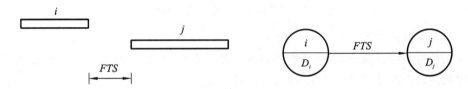

图 3.2.32　FTS 搭接关系及其在网络计划中的表达方式

当 FTS 时距为零时,就说明本工作与其紧后工作之间紧密衔接。当网络计划中所有相邻工作只有 FTS 一种搭接关系且其时距均为零时,整个搭接网络计划就成为前述的单代号网络计划。

2)开始到开始(STS)的搭接关系

在道路工程中,当路基铺设工作开始一段时间,为路面浇筑工作创造一定条件之后路面浇筑工作才开始,路基铺设工作的开始时间与路面浇筑工作的开始时间之间的差值就是 STS 时距。

从开始到开始的搭接关系及这种搭接关系在网络计划中的表达方式如图 3.2.33 所示。

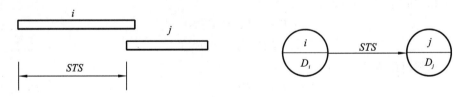

图 3.2.33　STS 搭接关系及其在网络计划中的表达方式

3)结束到结束(FTF)的搭接关系

在道路工程中,如果路基铺设工作的进展速度小于路面浇筑工作的进展速度时,须考虑为路面浇筑工作留有充分的工作面。否则,路面浇筑工作就将因没有工作面而无法进行。路基铺设工作的完成时间与路面浇筑工作的完成时间之间的差值就是 FTF 时距。

从结束到结束的搭接关系及这种搭接关系在网络计划中的表达方式如图 3.2.34 所示。

图 3.2.34　FTF 搭接关系及其在网络计划中的表达方式

4)开始到结束(STF)的搭接关系

从开始到结束的搭接关系及这种搭接关系在网络计划中的表达方式如图 3.2.35 所示。

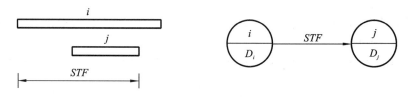

图 3.2.35　STF 搭接关系及其在网络计划中的表达方式

5)混合搭接关系

在搭接网络计划中,除上述四种基本搭接关系外,相邻两项工作之间有时会同时出现两种以上的基本搭接关系,称为混合搭接关系。

2.搭接网络计划时间参数的计算

1)计算工作的最早开始时间和最早完成时间

单代号搭接网络计划时间参数的计算与前述单代号网络计划和双代号网络计划时间参数的计算原理基本相同。工作最早开始时间和最早完成时间的计算应从网络计划起始节点开始,顺着箭线方向依次进行。

(1)由于单代号搭接网络计划中的起始节点一般代表虚拟工作,故其最早开始时间和最早完成时间均为零。

凡是与网络计划起始节点相联系的工作,其最早开始时间为零,其最早完成时间应等于其持续时间。

(2)其他工作的最早开始时间和最早完成时间。

①相邻时距为 FTS 时,

$$ES_j = EF_i + FTS_{i,j} \tag{3.2.25}$$

$$EF_j = ES_j + D_j \tag{3.2.26}$$

②相邻时距为 STS 时,

$$ES_j = ES_i + STS_{i,j} \tag{3.2.27}$$

$$EF_j = ES_j + D_j \tag{3.2.28}$$

③相邻时距为 FTF 时,

$$EF_j = EF_i + FTF_{i,j} \tag{3.2.29}$$

$$ES_j = EF_j - D_j \tag{3.2.30}$$

④相邻时距为 STF 时,

$$EF_j = ES_i + STF_{i,j} \tag{3.2.31}$$

想一想

单代号搭接网络计划时间参数计算公式有什么样的规律?帮助大家记住公式。

想一想

什么情况下要用虚箭线连接虚拟的起始节点?什么情况下要用虚箭线连接虚拟的终点节点?

$$ES_j = EF_j - D_j \qquad (3.2.32)$$

式中：ES_i——工作 i 的最早开始时间；

　　ES_j——工作 i 的紧后工作 j 的最早开始时间；

　　EF_i——工作 i 的最早完成时间；

　　EF_j——工作 i 的紧后工作 j 的最早完成时间；

　　$FTS_{i,j}$——工作 i 与工作 j 之间完成到开始的时距；

　　$STS_{i,j}$——工作 i 与工作 j 之间开始到开始的时距；

　　$FTF_{i,j}$——工作 i 与工作 j 之间完成到完成的时距；

　　$STF_{i,j}$——工作 i 与工作 j 之间开始到完成的时距。

注意：

①当最早开始时间为负值时，应将该工作与起点用虚箭线相连，并确定其 STS 为零。

②当有两种以上时距（有两项或以上紧前工作）限制工作间的逻辑关系时，应分别进行最早时间的计算，取其最大值。

③有最早完成时间的最大值的工作应与终点节点用虚箭线相连，并确定其 FTF 为零。

④由于在搭接网络计划中，终点节点一般表示虚拟工作（其持续时间为零），故其最早完成时间与最早开始时间相等，且一般为网络计划的计算工期。但是，由于在搭接网络计划中，决定工期的工作不一定是最后进行的工作，因此，在用上述方法完成计算之后，还应检查网络计划中其他工作的最早完成时间是否超过已算出的计算工期。如其他工作的最早完成时间超过已算出的计算工期，则工期应由其他工作的最早完成时间决定；同时，应将该工作与虚拟工作（终点节点）用虚箭线相连。

2）计算相邻两项工作之间的时间间隔

（1）搭接关系为结束到开始（FTS）时的时间间隔为：

$$LAG_{i,j} = ES_j - EF_i - FTS_{i,j} \qquad (3.2.33)$$

（2）搭接关系为开始到开始（STS）时的时间间隔为：

$$LAG_{i,j} = ES_j - ES_i - STS_{i,j} \qquad (3.2.34)$$

（3）搭接关系为结束到结束（FTF）时的时间间隔为：

$$LAG_{i,j} = EF_j - EF_i - FTF_{i,j} \qquad (3.2.35)$$

（4）搭接关系为开始到结束（STF）时的时间间隔为：

$$LAG_{i,j} = EF_j - ES_i - STF_{i,j} \qquad (3.2.36)$$

（5）搭接关系为混合搭接时，应分别计算时间间隔，然后取其中的最小值。

3）计算工作的总时差和自由时差

搭接网络计划中工作的总时差和自由时差仍用单代号网络计划中的求总时差和自由时差公式，即

$$TF_n = T_p - T_c \qquad (3.2.37)$$

$$TF_i = \min[LAG_{i,j} + TF_j] \qquad (3.2.38)$$

$$FF_n = T_p - EF_n \qquad (3.2.39)$$

$$FF_i = \min[LAG_{i,j}] \qquad (3.2.40)$$

4)计算工作的最迟完成时间和最迟开始时间

计算工作的最迟完成时间和最迟开始时间仍用单代号网络计划中的求最迟完成时间和最迟开始时间公式,即

$$LF_i = EF_i + TF_i \tag{3.2.41}$$

$$LS_i = ES_i + TF_i \tag{3.2.42}$$

5)确定关键线路

同单代号网络计划一样,可以利用相邻两项工作之间的时间间隔来判定关键线路,即从搭接网络计划的终点节点开始,逆着箭线方向依次找出相邻两项工作之间的时间间隔为零的线路,此线路就是关键线路。

例 3.2.11:工程项目单代号搭接网络计划如图 3.2.36 所示,节点中下方数字为该工作的持续时间。

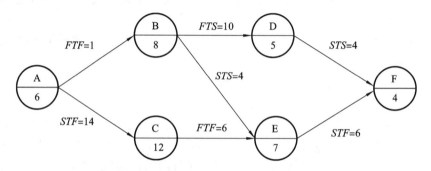

图 3.2.36　工程项目单代号搭接网络计划图

试计算单代号搭接网络计划的时间参数并确定关键线路。

解:

对于这道题,要先根据已知条件,算出各工作的最早开始时间和最早完成时间,再计算相邻两项工作之间的时间间隔,最后利用相邻两项工作之间的时间间隔来判定关键线路。

1.参数计算

(1)计算各工作的最早开始时间和最早完成时间。

①$ES_A = 0$,$EF_A = 6$。

②根据 $FTF_{A,B} = 1$,$EF_B = EF_A + FTF_{A,B} = 6 + 1 = 7$,可得 $ES_B = EF_B - D_B = 7 - 8 = -1$,显然不合理。为此,应将工作 B 与虚拟工作 S(起始节点)相连,重新计算工作 B 的最早开始时间和最早完成时间,得 $ES_B = 0$,$EF_B = 8$。

③根据 $STF_{A,C} = 14$,可得 $EF_C = ES_A + STF_{A,C} = 0 + 14 = 14$,$ES_C = EF_C - D_C = 14 - 12 = 2$。

④根据 $FTS_{B,D} = 10$,可得 $ES_D = EF_B + FTS_{B,D} = 8 + 10 = 18$,$EF_D = ES_D + D_D = 18 + 5 = 23$。

⑤根据 $FTF_{C,E} = 6$,可得 $EF_E = EF_C + FTF_{C,E} = 14 + 6 = 20$,$ES_E = 20 - 7 = 13$;

此外,根据 $STS_{B,E} = 4$,可得 $ES_E = ES_B + STS_{B,E} = 0 + 4 = 4$,$EF_E = 11$;

所以取大值,可得 $ES_E = 13$,$EF_E = 20$。

⑥根据 $STS_{D,F} = 4$,可得 $ES_F = ES_D + STS_{D,F} = 18 + 4 = 22$,$EF_F = 26$;

此外,根据 $STF_{E,F} = 6$,可得 $EF_F = ES_E + STF_{E,F} = 13 + 6 = 19$,$ES_F = 19 - 4 = 15$;

所以取大值,可得 $ES_F = 22$,$EF_F = 26$,工期为 26。

(2)计算相邻两项工作之间的时间间隔。

$$LAG_{A,B} = EF_B - EF_A - 1 = 8 - 6 - 1 = 1$$
$$LAG_{B,D} = ES_D - EF_B - 10 = 18 - 8 - 10 = 0$$
$$LAG_{D,F} = ES_F - ES_D - 4 = 22 - 18 - 4 = 0$$

因为 B 工作是和 S 虚工作相连的,所以 SBDF 是一条关键线路。

$$LAG_{B,E} = ES_E - ES_B - 4 = 13 - 0 - 4 = 9$$
$$LAG_{A,C} = EF_C - ES_A - 14 = 14 - 0 - 14 = 0$$
$$LAG_{C,E} = EF_E - EF_C - 6 = 20 - 14 - 6 = 0$$
$$LAG_{E,F} = EF_F - ES_E - 6 = 26 - 13 - 6 = 7$$

2. 线路确定

工作 B 的最早开始时间为 0,所以它也是一个起始工作。根据从搭接网络计划的终点开始,逆着箭线方向依次找出相邻两项工作之间时间间隔为零的线路就是关键线路,其关键线路为 SBDF,如图 3.2.37 所示。

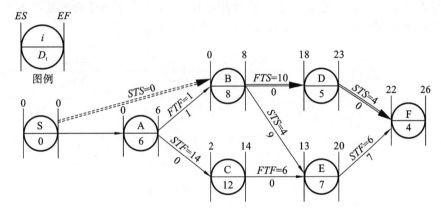

图 3.2.37　单代号搭接网络计划时间参数计算结果

五、网络计划的优化

网络计划的优化,是在满足既定约束条件下,按某一目标,通过不断改进网络计划寻求满意方案。网络计划优化包括工期优化、费用优化和资源优化。

工期优化

(一) 工期优化

1. 概念

所谓工期优化,是指当网络计划的计算工期不满足要求工期时,通过压缩关键工作的持续时间以满足要求工期的过程,若仍不能满足要求,需调整方案或重新审定要求工期。

2. 优化原理

(1)压缩关键工作的持续时间,压缩时应注意保持其关键工作地位;

(2)选择压缩的关键工作应为压缩以后增加的投资费用少,既不影响工程质量,又

不造成资源供应紧张,并能保证安全施工的关键工作;

(3)多条关键线路要同时、同步压缩。

3.优化步骤

(1)计算网络图,找出关键线路,将计算工期 T_c 与要求工期 T_r 进行比较,当 $T_c > T_r$ 时,应压缩的时间:

$$\Delta T = T_c - T_r \tag{3.2.43}$$

(2)将所选择的关键工作的持续时间压缩到最短。

(3)重新计算网络图,检查关键工作是否超压(失去关键工作的位置),如超压则反弹,并重新确定关键线路。

(4)比较 T_{c1} 与 T_r,如 $T_{c1} > T_r$,则重复步骤(1)、(2)、(3)。

(5)如所有关键工作或部分关键工作都已压缩至最短持续时间,仍不能满足要求,应对计划的原技术组织方案进行调整,或重新审定要求工期。

例 3.2.12:已知某工程项目分部工程的初始网络计划如图 3.2.38 所示,箭线下方括号外为正常持续时间,括号内为最短持续时间,箭线上方括号内的数字为优选系数。优选系数最小的工作应优先压缩。假定要求工期为 15 天。

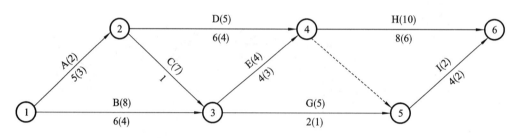

图 3.2.38　某分部工程的初始网络计划

试对该分部工程的网络计划进行工期优化。

解:

(1)确定关键线路及计算工期,如图 3.2.39 所示。

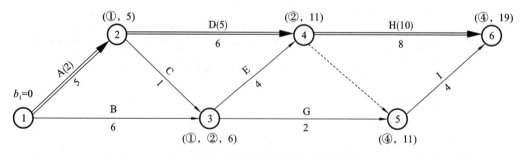

图 3.2.39　初始网络计划的关键线路

(2)应缩短时间为:

$$\Delta T = T_c - T_r = (19 - 15) \text{天} = 4 \text{天}$$

(3)压缩关键线路上的关键工作持续时间。

第一次压缩:关键线路 A、D、H 上 A 优选系数最小,先将 A 的持续时间压缩至 3

网络计划优化的目标有哪些?

在进行网络计划工期优化时,要压缩哪些工作的时间才能缩短工期?

思政元素
工作生活中,我们要找准目标再行动,不然会做无用功。

天,计算网络图,找出关键线路为 B、E、H(如图 3.2.40(a)),故关键工作 A 超压。反弹 A 的持续时间至 4 天,使之仍为关键工作(如图 3.2.40(b)),关键线路为 A、D、H 和 B、E、H。

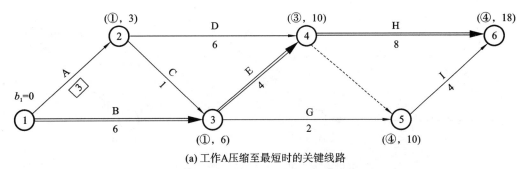

(a) 工作A压缩至最短时的关键线路

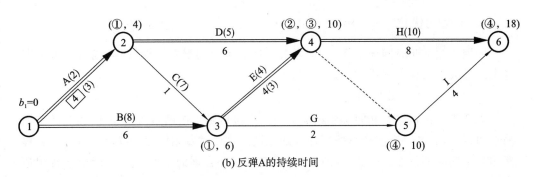

(b) 反弹A的持续时间

图 3.2.40　第一次压缩后的网络计划

第二次压缩:因仍需要压缩 3 天,有以下 5 个压缩方案。①同时压缩工作 A 和 B,组合优选系数为 2+8=10;②同时压缩工作 A 和 E,组合优选系数为 2+4=6;③同时压缩工作 B 和 D,组合优选系数为 8+5=13;④同时压缩工作 D 和 E,组合优选系数为 5+4=9;⑤压缩工作 H,优选系数为 10。由于压缩工作 A 和 E 时组合优选系数最小,故应选择压缩工作 A 和 E。将这两项工作的持续时间各压缩 1 天,再用标号法计算工期和确定关键线路。

由于工作 A 和 E 持续时间已达最短,不能再压缩,它们的优选系数变为无穷大。第二次压缩后的网络计划如图 3.2.41 所示。

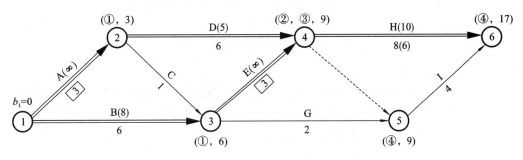

图 3.2.41　第二次压缩后的网络计划

第三次压缩:因仍需要压缩 2 天,由于工作 A 和 E 已不能再压缩,有两个压缩方案。①同时压缩工作 B 和 D,组合优选系数为 8+5=13;②压缩工作 H,优选系数为

10。由于压缩工作 H 优选系数最小,故应选择压缩工作 H。将此工作的持续时间压缩 2 天,再用标号法计算工期和确定关键线路。此时计算工期已等于要求工期。工期优化后的网络计划如图 3.2.42 所示。

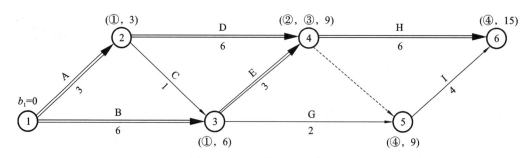

图 3.2.42   第三次压缩后的网络计划

(二) 费用优化

费用优化又叫时间成本优化,是寻求最低成本时的最短工期安排,或按要求工期寻求最低成本的计划安排过程。

1. 工程费用与工期的关系

工程成本由直接费和间接费组成。由于直接费随工期缩短而增加,间接费随工期缩短而减少,故必定有一个总费用最少的工期。这便是费用优化所寻求的目标。工程费用与工期的关系如图 3.2.43 所示,只要确定一个合理的工期 T_0,就能使总费用达到最小。

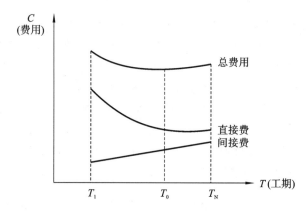

图 3.2.43   工程费用与工期的关系

2. 费用优化的基本思路

不断地在网络计划中找出直接费率(或组合直接费率)最小的关键工作,缩短其持续时间,同时考虑间接费随工期缩短而减少的数值,最后求得工程总成本最低时的最优工期安排或按要求工期求得最低成本的计划安排。

工作 $i-j$ 的直接费率 a_{i-j}^D 用以下公式计算:

$$a_{i-j}^D = \frac{CC_{i-j} - CN_{i-j}}{DN_{i-j} - DC_{i-j}} \qquad (3.2.44)$$

式中：DN_{i-j}——工作 $i-j$ 的正常持续时间，即在合理的组织条件下，完成一项工作所需的时间；

DC_{i-j}——工作 $i-j$ 的最短持续时间，即不可能进一步缩短的工作持续时间，又称临界时间；

CN_{i-j}——工作 $i-j$ 的正常持续时间直接费，即按正常持续时间完成一项工作所需的直接费；

CC_{i-j}——工作的最短持续时间直接费，即按最短持续时间完成一项工作所需的直接费。

3. 费用优化步骤

(1)算出工程总直接费 $\sum C_{i-j}^D$；

(2)计算各项工作的直接费率 a_{i-j}^D；

(3)按工作的正常持续时间确定计算工期和关键线路；

(4)算出计算工期为 t 的网络计划的总费用：

$$C_t^T = \sum c_{i-j}^D + a^{ID}t \qquad (3.2.45)$$

式中：a^{ID}——工程间接费率，即缩短或延长工期每一单位时间所需减少或增加的费用。

(5)选择缩短持续时间的对象。

当只有一条关键线路时，应找出直接费率最小的一项关键工作，作为缩短持续时间的对象；当有多条关键线路时，应找出组合直接费率最小的一组关键工作，作为缩短持续时间的对象。

当需要缩短关键工作的持续时间时，其缩短值的确定必须符合下列两条原则：①缩短后工作的持续时间不能小于其最短持续时间。②缩短持续时间的工作不能变成非关键工作。若被压缩工作变成了非关键工作，则应将其持续时间延长，使之仍为关键工作。

(6)压缩所选定的压缩对象(一项关键工作或一组关键工作)。

检查被压缩的工作的直接费率或组合直接费率是否等于、小于或大于间接费率；如等于间接费率，则已得到优化方案；如小于间接费率，则需继续按上述方法进行压缩；如大于间接费率，则在此前一次的小于间接费率的方案即为优化方案。

在压缩过程中，关键工作可以被动地(即未经压缩)变成非关键工作，关键线路也可以因此变成非关键线路。

(7)计算优化后的工程总费用。

　　优化后的总费用＝初始网络计划的总费用－费用变化合计的绝对值

(8)绘出优化网络计划。

在箭线上方注明直接费，箭线下方注明持续时间。

例 3.2.13：已知某工程网络计划如图 3.2.44 所示，图中箭线下方括号外为正常持续时间，括号内为最短持续时间；箭线上方括号外为正常直接费(千元)，括号内为最短时间直接费(千元)，间接费率为 0.8 千元/天。

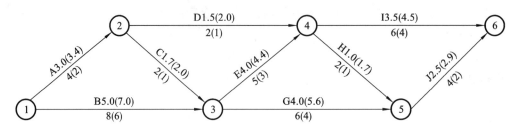

图 3.2.44　某工程初始网络计划

试对该工程的网络计划进行费用优化。

解:

(1)算出工程总直接费:

$$\sum C_{i-j}^D = (3.0+5.0+1.5+1.7+4.0+4.0+1.0+3.5+2.5)\text{千元} = 26.2\text{千元}$$

(2)算出各项工作的直接费率(单位为千元/天):

$$a_{1-2}^D = \frac{CC_{1-2}-CN_{1-2}}{DN_{1-2}-DC_{1-2}} = \frac{3.4-3.0}{4-2} = 0.2$$

$$a_{1-3}^D = \frac{7.0-5.0}{8-6} = 1.0$$

同理得 $a_{2-3}^D = 0.3, a_{2-4}^D = 0.5, a_{3-4}^D = 0.2, a_{3-5}^D = 0.8, a_{4-5}^D = 0.7, a_{4-6}^D = 0.5,$ $a_{5-6}^D = 0.2$。

(3)用标号法找出网络计划中的关键线路并求出计算工期。如图 3.2.45 所示,有两条关键线路 BEI 和 BEHJ,计算工期为 19 天。图中箭线上方括号内为直接费率。

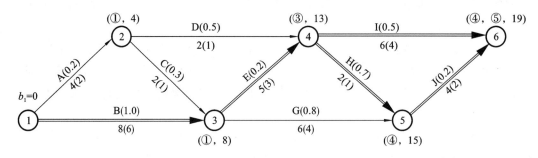

图 3.2.45　初始网络计划的关键线路

(4)算出工程总费用:

$$C_{19}^T = (26.2+0.8\times19)\text{千元} = (26.2+15.2)\text{千元} = 41.4\text{千元}$$

(5)进行压缩。

进行第一次压缩:两条关键线路 BEI 和 BEHJ 上,直接费率最低的关键工作为 E,其直接费率为 0.2 千元/天(以下单位省去不写),小于间接费率 0.8,故需将其压缩。现将 E 的持续时间压至 4(若压至最短持续时间 3,E 将成为非关键工作),BEHJ 和 BEI 仍为关键线路。第一次压缩后的网络计划如图 3.2.46 所示。

进行第二次压缩:有三条关键线路 BEI、BEHJ、BGJ,共有 5 个压缩方案。①压 B,直接费率为 1.0;②压缩 E、G,组合直接费率为 0.2+0.8=1.0;③压缩 E、J,组合直接费率为 0.2+0.2=0.4;④压缩 I、J,组合直接费率为 0.5+0.2=0.7;⑤压缩 I、H、G,组合直接费率为 0.5+0.7+0.8=2.0。决定采用诸方案中直接费率或组合直接费率

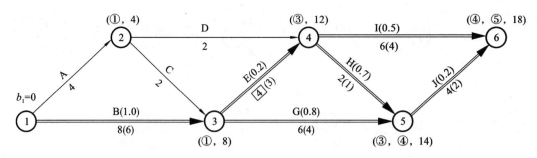

图 3.2.46　第一次压缩后的网络计划

最小的方案,即压缩 E、J,组合直接费率为 0.4,小于间接费率 0.8。

由于 E 只能压缩 1 天,J 随之只可压缩 1 天。压缩后,用标号法找出关键线路,此时只有两条关键线路 BEI、BGJ,H 未经压缩而被动地变成了非关键工作。第二次压缩后的网络计划如图 3.2.47 所示。

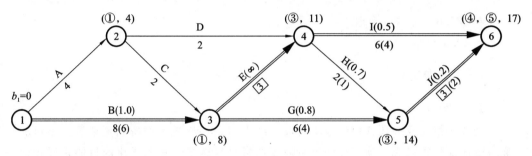

图 3.2.47　第二次压缩后的网络计划

进行第三次压缩:由于 E 已压缩至最短持续时间,经分析知可压缩 I、J,组合直接费率为 0.5+0.2=0.7,小于间接费率 0.8。

由于 J 只能压缩 1 天,I 随之只可压缩 1 天。压缩后用标号法判断关键线路,关键线路未发生变化。第三次压缩后的网络计划如图 3.2.48 所示。

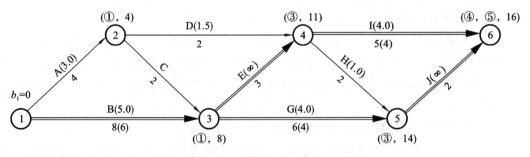

图 3.2.48　第三次压缩后的网络计划

进行第四次压缩:因 E、J 不能再缩短,故只能压缩 B。由于 B 的直接费率 1.0 大于间接费率 0.8,故已出现优化点。优化网络计划即为第三次压缩后的网络计划,如图 3.2.49 所示。

(6)计算优化后的总费用。

图中被压缩工作压缩后的直接费确定如下:①工作 E 已压缩至最短持续时间,直接费为 4.4 千元;②工作 I 压缩 1 天,直接费为 3.5+0.5×1=4.0 千元;③工作 J 已压

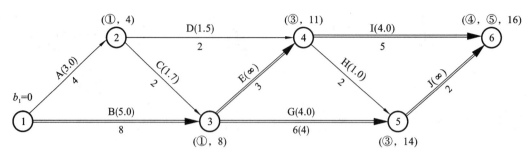

图 3.2.49 费用优化后的网络计划

缩至最短持续时间,直接费为 2.9 千元。

优化后的总费用为:

$$C_{16}^T = \sum C_{i-j}^D + a^{ID}t$$

$$= [(3.0+5.0+1.7+1.5+4.4+4.0+1.0+4.0+2.9)+0.8\times16] 千元$$

$$= (27.5+12.8) 千元$$

$$= 40.3 千元$$

资源优化

(三) 资源优化

1. 概念

资源是指完成一项计划任务所需投入的人力、材料、机械设备和资金等。不可能通过资源优化将完成一项工程任务所需要的资源量减少。资源优化的目的是通过改变工作的开始时间和完成时间,使资源按照时间分布符合优化目标。

2. 资源优化的前提条件

在优化过程中,除规定可中断的工作外,一般不允许中断工作,应保持工作的连续性;不改变网络计划中各项工作之间的逻辑关系,也不改变各项工作的持续时间;网络计划中各项工作的资源强度(单位时间所需资源数量)为常数,而且是合理的。

想一想

为什么要进行资源优化?

3. 资源优化的分类

在通常情况下,网络计划的资源优化分为两种,即"资源有限、工期最短"的优化和"工期固定、资源均衡"的优化。前者是通过调整计划安排,在满足资源限制的条件下,使工期延长最少,后者是通过调整计划安排,在工期保持不变的条件下,使资源需用量尽可能均衡。

4. 资源有限、工期最短的优化步骤

(1)按照各项工作的最早开始时间安排进度计划,并计算网络计划每个时间单位的资源需用量。

(2)从计划开始日期起,逐个检查每个时段(每个时间单位资源需用量相同的时间段)的资源需用量 R_t 是否超过所能供应的资源限量 R_a。如果在整个工期范围内每个时段的资源需用量均能满足资源限量的要求,则该网络计划符合优化要求;如果发现 $R_t > R_a$,就应停止检查而进行调整。

(3)$R_t > R_a$ 处的工作调整:方法是将该处的一项工作移在该处的另一项工作之后,以减少该处的资源需用量。如该处有两项工作 α、β,则有 α 移 β 后和 β 移 α 后两个

调整方案。

计算调整后的工期增量。调整后的工期增量等于前面工作的最早完成时间减移在后面的工作的最早开始时间，再减移在后面的工作的总时差。

如 β 移 α 后，其工期增量 $\Delta T_{\alpha,\beta}$ 为：

$$\Delta T_{\alpha,\beta} = EF_{\alpha} - ES_{\beta} - TF_{\beta} \tag{3.2.46}$$

式中：EF_{α}——工作 α 的最早完成时间；

ES_{β}——工作 β 的最早开始时间；

TF_{β}——工作 β 的总时差。

这样，在有资源冲突的时段中，对平行作业的工作进行两两排序，即可得出若干个 $\Delta T_{\alpha,\beta}$，选择其中最小的 $\Delta T_{\alpha,\beta}$，将相应的工作 β 安排在工作 α 之后进行，既可降低该时段的资源需用量，又可使网络计划的工期延长最少。

(4)对于调整后的网络计划，重新计算每个时间单位的资源需用量。

(5)重复以上步骤，直至出现优化方案为止。

5. 工期固定、资源均衡的优化

安排建设工程进度计划时，需要使资源需用量尽可能地均衡，使整个工程每单位时间的资源需用量不出现过多的高峰和低谷，这样不仅有利于工程建设的组织与管理，而且可以降低工程费用。

1)衡量资源均衡的三种指标

(1)不均衡系数 K。

$$K = \frac{R_{\max}}{R_{m}} \tag{3.2.47}$$

式中：$R_{\max}$——最大的资源需用量；

R_{m}——资源需用量的平均值，计算式为

$$R_{m} = \frac{1}{T}(R_1 + R_2 + \cdots + R_t) = \frac{1}{T}\sum_{t=1}^{T} R_t$$

不均衡系数 K 愈接近1，资源需用量均衡性愈好。

(2)极差值 ΔR。

$$\Delta R = \max[\,|R_t - R_m|\,] \tag{3.2.48}$$

资源需用量极差值愈小，资源需用量均衡性愈好。

(3)均方差值 σ^2。

$$\sigma^2 = \frac{1}{T}\sum_{t=1}^{T}(R_t - R_m)^2 \tag{3.2.49}$$

将上式展开，由于工期 T 和资源需用量的平均值 R_m 均为常数，得均方差另一表达式：

$$\sigma^2 = \frac{1}{T}\sum_{t=1}^{T} R_t^2 - R_m^2 \tag{3.2.50}$$

均方差愈小，资源需用量均衡性愈好。

2)方差值最小的优化方法

利用非关键工作的自由时差，逐日调整非关键工作的开始时间，使调整后计划的资源需要量动态曲线能削峰填谷，达到降低方差的目的。

设有 $i-j$ 工作,从 m 天开始,第 n 天结束,日资源需要量为 $r_{i,j}$ 。将 $i-j$ 工作向右移动一天,则该计划第 m 天的资源需要量 R_m 将减少 $r_{i,j}$,第 $(n+1)$ 天的资源需要量 R_{n+1} 将增加 $r_{i,j}$ 。若第 $(n+1)$ 天新的资源量值小于等于第 m 天的调整前的资源量值 R_m ,则调整有效。即要求

$$R_{n+1} + r_{i,j} \leqslant R_m \tag{3.2.51}$$

3)方差值最小的优化步骤

(1)按照各项工作的最早开始时间安排进度计划,确定计划的关键线路、非关键工作的总时差和自由时差。

(2)确保工期固定,关键线路不做变动,对非关键工作由终点节点开始,按工作完成节点编号值从大到小的顺序依次进行调整。每次调整1天,判断其右移的有效性,直至不能右移为止。若右移1天不能满足式(3.2.51),可在自由时差范围内一次向右移动2天或3天,直至自由时差用完为止。当某一节点同时作为多项工作的完成节点时,应先调整开始时间较迟的工作。

(3)所有非关键工作都做了调整后,在新的网络计划中,再按上述步骤进行第二次调整,以使方差进一步减小,直至所有工作不能再移动为止。

当所有工作均按上述顺序自右向左调整了一次之后,为使资源需用量更加均衡,再按上述顺序自右向左进行多次调整,直至所有工作既不能右移也不能左移为止。

例 3.2.14:已知某工程初始网络计划如图 3.2.50 所示。图中箭线上方为资源强度,箭线下方为持续时间,资源限量 $R_a = 12$ 。

试对该工程的网络计划进行资源有限、工期最短的优化。

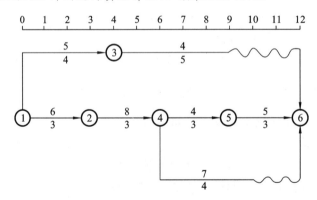

图 3.2.50 某工程初始网络计划

解:

(1)计算资源需用量,如图 3.2.51 所示。

至第 4 天,$R_4 = 13 > R_a = 12$,故需进行调整。

(2)第一次调整。

方案一:1-3 移 2-4 后,$EF_{2-4} = 6$,$ES_{1-3} = 0$,$TF_{1-3} = 3$,则 $\Delta T_{2-4,1-3} = 6 - 0 - 3 = 3$。

方案二:2-4 移 1-3 后,$EF_{1-3} = 4$;$ES_{2-4} = 3$,$TF_{2-4} = 0$,则 $\Delta T_{1-3,2-4} = 4 - 3 - 0 = 1$。

选择工期增量较小的第二方案,绘出调整后的网络计划,如图 3.2.52 所示。

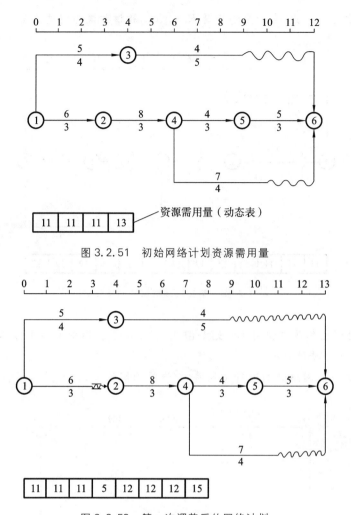

图 3.2.51 初始网络计划资源需用量

图 3.2.52 第一次调整后的网络计划

（3）再次计算资源需用量至第 8 天：$R_8 = 15 > R_a = 12$，故需进行第二次调整。

（4）第二次调整：被考虑调整的工作有 3—6、4—5、4—6 三项，现列出表 3.2.8，进行选择方案调整。

表 3.2.8 第二次调整计算表

方案编号	前面工作 α②	后面工作 β③	EF_α④	ES_β⑤	TF_β⑥	$\Delta T_{\alpha,\beta}$ ⑦=④-⑤-⑥	T⑧
1	3—6	4—5	9	7	0	2	15
2	3—6	4—6	9	7	2	0	13
3	4—5	3—6	10	4	4	2	15
4	4—5	4—6	10	7	2	1	14
5	4—6	3—6	11	4	4	3	16
6	4—6	4—5	11	7	0	4	17

（5）决定选择工期增量最少的方案 2，绘出第二次调整的网络计划，如图 3.2.53

所示。从图中可以看出,自始至终皆是 $R_t \leqslant R_a$,故该方案为优选方案。

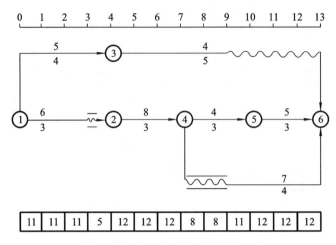

图 3.2.53 第二次调整后的网络计划

例 3.2.15:已知某工程网络计划如图 3.2.54 所示。图中箭线上方为每日资源需要量,箭线下方为持续时间。

试对该工程的网络计划进行工期固定、资源均衡的优化。

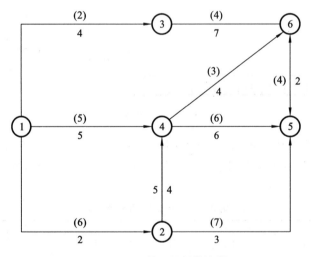

图 3.2.54 某工程网络计划

解:

1.绘制网络计划时标图

绘制初始网络计划时标图,如图 3.2.55 所示。计算每日资源需要量,确定计划的关键线路、非关键工作的总时差和自由时差。

对照网络计划时标图,可算出每日资源需要量,见表 3.2.9。

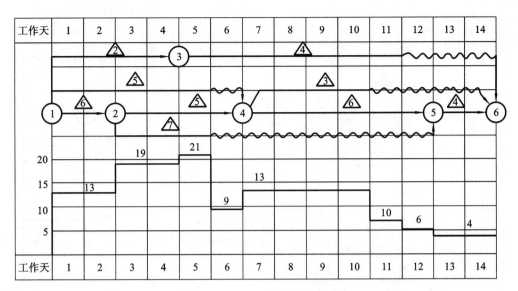

图 3.2.55　初始网络计划时标图

表 3.2.9　每日资源需要量表

1	2	3	4	5	6	7	8	9	10	11	12	13	14
13	13	19	19	21	9	13	13	13	13	10	6	4	4

不均衡系数 K 为：

$$K = \frac{R_{max}}{R_m} = \frac{R_5}{R_m} = \frac{21}{\dfrac{13\times2+19\times2+21+9+13\times4+10+6+4\times2}{14}} = 1.7$$

2.对初始网络计划进行第一次调整

(1)逆箭线调整以⑥节点为结束节点的④→⑥工作和③→⑥工作,由于④→⑥工作开始较晚,先调整此工作。

将④→⑥工作向右移动 1 天,则 $R_{11}=13$,原第 7 天资源量为 13,故可移动 1 天;将④→⑥工作再向右移动 1 天,则 $R_{12}=6+3=9<R_8=13$,故可移动 1 天;同理,④→⑥工作再向右移动 2 天,故④→⑥工作可持续向右移动 4 天。④→⑥工作调整后的时标图如图 3.2.56 所示。

将③→⑥工作向右移动 1 天,则 $R_{12}=9+4=13<R_5=21$,可移动 1 天;将③→⑥工作再向右移动 1 天,则 $R_{13}=7+4=11>R_6=9$,右移无效,故③→⑥工作可持续向右移动 1 天。③→⑥工作调整后的时标图如图 3.2.57 所示。

(2)调整以⑤节点为结束节点的工作。

将②→⑤工作向右移动 1 天,则 $R_6=9+7=16<R_3=19$,可移动 1 天;将②→⑤工作再向右移动 1 天,则 $R_7=10+7=17<R_4=19$,可移动 1 天;同理考察得②→⑤工作可持续向右移动 3 天。②→⑤工作调整后的时标图如图 3.2.58 所示。

(3)调整以④节点为结束节点的工作。将①→④工作向右移动 1 天,则 $R_6=16+5=21>R_1=13$,右移无效。

3.进行第二次调整

(1)再对以⑥节点为结束节点的工作进行调整。

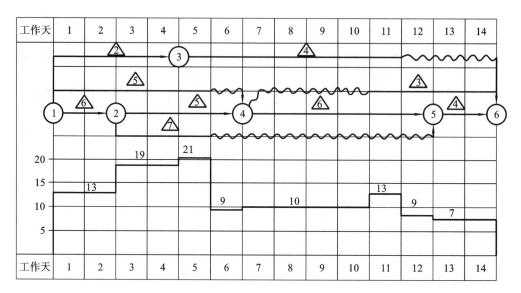

图 3.2.56　④→⑥工作调整后的时标图

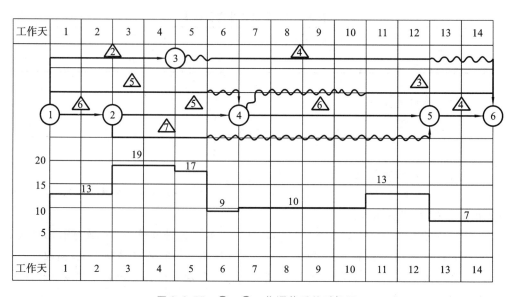

图 3.2.57　③→⑥工作调整后的时标图

调整③→⑥工作,将③→⑥工作向右移动 1 天,则 $R_{13}=7+4=11<R_6=16$,可移动 1 天;将③→⑥工作再向右移动 1 天,则 $R_{14}=7+4=11<R_7=17$,可移动 1 天,故③→⑥工作可持续向右移动 2 天。③→⑥工作调整后的时标图如图 3.2.59 所示。

(2)再调整以⑤节点为结束节点的工作。

将②→⑤工作向右移动 1 天,则 $R_9=10+7=17>R_6=16$,右移无效;经考察,在保证②→⑤工作连续作业的条件下,②→⑤工作不能移动。同样,其他工作也不能移动,则图 3.2.59 所示时标图为资源优化后的网络计划。

优化后的网络计划,其资源不均衡系数 K 降低为:

$$K=\cfrac{17}{\cfrac{13\times2+12\times2+10+12+13+17+10\times2+13\times2+11\times2}{14}}=1.4$$

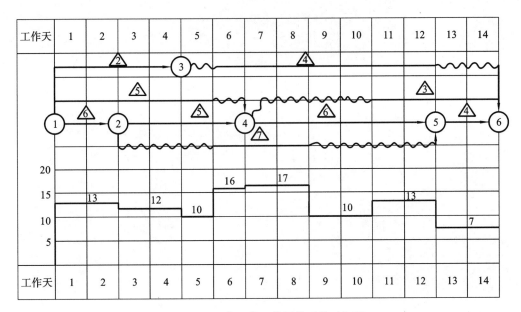

图 3.2.58 ②→⑤工作调整后的时标图

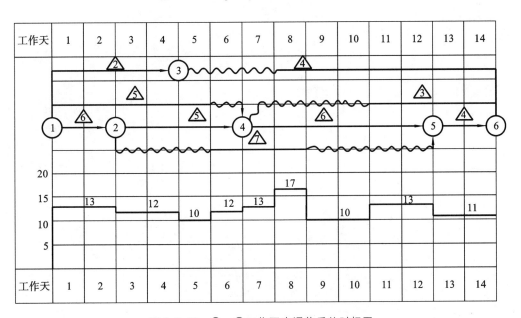

图 3.2.59 ③→⑥工作再次调整后的时标图

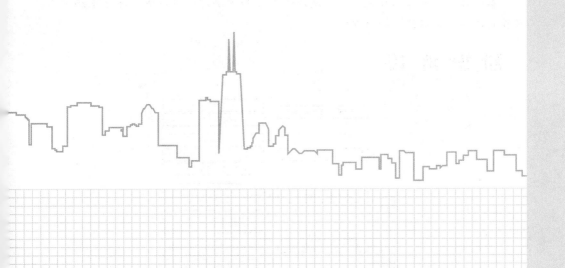

工作手册 4

单位工程施工组织设计

项目资料

　　某职业学院教学楼工程位于该学院内,总建筑面积 16 701 m²,总长 123 m,宽 25.30 m,占地面积 2578.86 m²,建筑层数 7 层、局部 8 层,建筑总高度 30.85 m。该工程立面左右对称,外墙面采用釉面砖;外窗采用铝合金双层窗,局部玻璃幕墙;主入口 1～2 层为共享大厅;楼梯、走廊楼地面材料均采用花岗岩石材;教室均为水磨石楼地面,吊顶材料大部分采用轻钢龙骨吊矿棉吸声板;卫生间采用木龙骨 PVC 塑料板,墙地面采用瓷砖粘贴;屋面及卫生间防水材料采用 SBS 聚酯毡胎体改性沥青防水卷材。

　　该工程场地位于洪河右岸一级阶地之上,场区地势平坦,高程变化不大。场区除局部表层为人工堆积的填土外,主要为冲洪积形成的黏性土、砂土、碎石土。

　　该工程结构体系为框架-剪力墙结构,抗震设防烈度为七度。基础形式为人工挖孔桩,外墙填充采用黏土空心砖夹 60 mm 厚苯板墙体,内墙填充采用 180 mm 厚黏土空心砖;电梯井道、楼板、楼梯采用 C30 现浇钢筋混凝土。该工程建筑结构设计使用年限 50 年,属于二类建筑物。

　　该工程计划开工日期为 2012 年 5 月 21 日,竣工日期为 2012 年 11 月 20 日,总工期为 6 个月。

项目描述

　　本项目介绍单位工程施工组织设计的内容和方法。学生在教师指导下编制本项目资料的单位工程施工组织设计。

知识链接

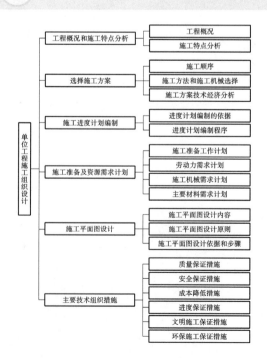

项 目 执 行

任务1 工程概况和施工特点分析

任务2 选择施工方案

任务3 施工进度计划编制

任务4 施工准备及资源需求计划

任务5 施工平面图设计

任务6 主要技术组织措施

学 习 目 标

知识目标

(1)了解施工组织设计的内容；

(2)了解施工组织设计的编制步骤；

(3)知道如何选择施工方案；

(4)知道怎么绘制进度计划；

(5)知道怎么编制资源需求计划；

(6)知道怎么布置施工平面图；

(7)了解施工的主要技术组织措施。

能力目标

(1)能选择合适的施工方案；

(2)能绘制施工的横道图进度计划和网络进度计划；

(3)能编制资源需求计划；

(4)能绘制施工平面图；

(5)能根据工程的具体情况采取相应的技术组织措施。

素质目标

(1)学会选择施工方案——合适的才是最好的,培养认真分析问题的能力,树立认真的工匠精神；

(2)学会编制进度计划——培养做事的计划性和严谨的工作作风；

(3)学会编制资源需求计划——学会有计划、有目的地做事。

任务1　工程概况和施工特点分析

任务描述

本任务通过对工程实例进行分析,使学生了解如何编写工程概况,如何分析工程施工特点。

课前任务

1.分组讨论"想一想"的问题,发挥团队合作精神。

2.分组进行"问一问",对工程概况和施工特点有一些了解。

课中导学

研读施工组织设计实例 → 工程概况描述 → 工程施工特点分析

一、工程概况

工程概况是对拟建工程的基本情况、施工条件及工程特点做概要性介绍和分析,是施工组织设计的第一项内容。工作概况的编写,既可使编制者进一步熟悉工程情况,做到心中有数,以便使设计切实可行、经济合理;也可使审批者较正确、全面地了解工程的设计与施工条件,从而判定施工方案、进度安排、平面布置及技术措施等是否合理可行。

工程概况的编写应力求简单明了,常以文字叙述或表格形式呈现,并辅以平、立、剖面简图。工程概况主要包括以下内容。

(一)工程建设概况

问一问

工程概况一般从哪里获悉?

工程建设概况主要包括拟建工程的名称,建造地点,建设单位,工程的性质、用途、资金来源和工程造价,开竣工日期,设计单位,监理单位,施工总、分包单位,上级有关文件或要求,施工图纸情况(齐全否、会审情况等),施工合同签订情况,以及其他应说明的情况等。

(二)工程设计概况

工程设计概况主要包括建筑、结构、装饰、设备等设计特点及主要工作量。如建筑面积及层数、层高、总高、平面形状及尺寸;基础的种类与埋深、构造特点,结构的类型,构件的种类、材料、尺寸、重量、位置特点,结构的抗震设防情况等;内外装饰的材料、种类、特点;设备的系统构成、种类、数量等。

对采用新材料、新结构、新工艺及施工要求高、难度大的施工过程应着重说明。对主要的工作量、工程量应列出数量表，以明确工程施工的重点。

各专业设计简介应包括下列内容：

（1）建筑设计简介应依据建设单位提供的建筑设计文件进行描述，包括建筑规模、建筑功能、建筑特点、建筑耐火、防水及节能要求等，并应简单描述工程的主要装修做法；

（2）结构设计简介应依据建设单位提供的结构设计文件进行描述，包括结构形式、地基基础形式、结构安全等级、抗震设防类别、主要结构构件类型及要求等；

（3）机电及设备安装专业设计简介应依据建设单位提供的各相关专业设计文件进行描述，包括给排水及采暖系统、通风与空调系统、电气系统、智能化系统、电梯等各个专业系统的做法要求。

（三）建设地点的特征

建设地点的特征包括建设地点的位置、地形、周围环境，工程地质，不同深度的土壤分析，地下水位、水质；当地气温、主导风向、风力、雨量、冬雨期时间、冻结期与冻层厚度，地震烈度等。

（四）施工条件

施工条件包括三通一平情况，材料、构件、加工品的供应情况，施工单位的建筑机械、运输工具、劳动力的投入能力，施工技术和管理水平等。

通过对工程特点、建设地点特征及施工条件等的分析，找出施工的重点、难点和关键问题，以便在选择施工方案、组织物资供应、配备技术力量及进行施工准备等方面采取有效措施。

二、工程施工特点分析

主要说明工程施工的重点所在，以便突出重点、抓住关键，使施工顺利进行，提高施工单位的经济效益和管理水平。

不同类型的建筑、不同条件下的工程施工，均有其不同的施工特点。如现浇钢筋混凝土高层建筑的施工特点主要有：结构和施工机具设备的稳定性要求高，钢材加工量大，混凝土浇筑难度大，脚手架搭设要进行设计计算，安全问题突出，要有高效率的垂直运输设备等。

想一想 工程概况描述的内容有哪些方面？

想一想 施工特点怎么分析？

做一做 仿写某工程的工程概况和施工特点分析。

任务2 选择施工方案

任务描述

本任务通过对工程实例进行分析，使学生知道如何选择施工方案。

课前任务

1.分组讨论"想一想"的问题,发挥团队合作精神。
2.分组进行"问一问",对施工方案有一些了解。

课中导学

研读施工组织设计实例 → 确定施工顺序 → 确定施工方法和施工机械 → 施工方案技术经济分析比较

想一想
施工方案为什么是施工组织设计的核心?

施工方案是单位工程施工组织设计的核心。施工方案合理与否,不仅影响到施工进度计划的安排和施工平面图的布置,而且直接关系到工程的施工效率、质量、工期和技术经济效果,因此,必须引起足够的重视。为了防止施工方案的片面性,必须对拟定的几个施工方案进行技术经济分析与比较,使选定的施工方案在施工上可行,技术上先进,经济上合理,而且符合施工现场的实际情况。

施工方案的选择一般包括确定施工程序和施工流程,确定施工顺序,合理选择施工机械和施工方法,制定技术组织措施等。

一、单位工程的施工顺序

思政元素
合理选择施工顺序——我们做事要符合客观规律,不能天马行空、不切实际。

施工顺序是指单位工程中,各分部、分项工程施工的先后次序。它主要解决各工序在时间上的搭接问题,以充分利用空间、争取时间、缩短工期。选择合理的施工顺序是确定施工方案、编制施工进度计划时应首先考虑的问题,它对于施工组织能否顺利进行,对于保证工程的进度、工程的质量,都起着十分重要的作用。

确定施工顺序的基本原则是:先红线外工程(包括上下水管线、电力、电信、煤气管道、热力管道、交通道路等),后红线内工程;红线内工程应先全场(包括平整场地、修筑临时道路、接通水电管线等)后单项。在宏观安排全部施工过程时,要注意主体工程与配套工程(如变电室、热力点、污水处理等)相适应,力争配套工程为主体施工服务,主体工程竣工时能立即投入使用。单位工程施工中应遵循先地下后地上,先土建后设备,先主体后围护,先结构后装饰的原则。

说一说
教学楼的施工顺序是什么?

(1)先地下,后地上。地下埋设的管道、电缆等工程应首先完成,对地下工程也应按先深后浅的程序进行,以免造成施工返工或对上部工程的干扰。

(2)先土建,后设备。不论是工业建筑还是民用建筑,一般土建施工应先于水暖电等建筑设备的施工。

(3)先安装主体设备,后安装配套设备;先安装重、高、大型设备,后安装中、小型设备;设备、工艺管线交叉作业;边安装设备,边单机试车。

(4)先结构,后装饰。一般情况下,先进行结构工程施工,后进行装饰装修工程,但有时为了压缩工期,也可以部分搭接施工。

以上施工顺序并非一成不变,由于影响施工的因素很多,故施工程序应视具体施工条件及要求做适当调整。特别是随着建筑工业化的不断发展,有些施工程序也将发生变化。

对于工业厂房,应合理安排土建施工与设备安装的施工程序。工业厂房的施工很复杂,除了要完成一般土建工程外,还要同时完成工艺设备和工业管道等安装工程。为早日投产,不仅要加快土建工程施工速度,为设备安装提供工作面,而且应该根据设备性质、安装方法、厂房用途等因素,合理安排土建工程与工艺设备安装工程之间的施工程序。一般有三种施工程序:

(1)封闭式施工。封闭式施工是指土建主体结构完成之后(或装饰工程完成之后),即可进行设备安装。它适用于一般机械工业厂房(如精密仪器厂房)的施工。

封闭式施工的优点:由于工作面大,有利于预制构件现场就地预制、拼装和安装就位,适合选择各种类型的起重机和便于布置开行路线,从而加快主体结构的施工速度;围护结构能及早完工,设备基础能在室内施工,不受气候影响,可以减少设备基础施工时的防雨、防寒设施费用;可利用厂房内的桥式吊车为设备基础施工服务。其缺点是:出现某些重复性工作,如部分柱基回填土的重复挖填和运输道路的重新铺设等;设备基础施工条件较差,场地拥挤,其基坑不宜采用机械挖土;当厂房土质不佳,而设备基础与柱基础又连成一片时,在设备基础基坑挖土过程中,易造成地基不稳定,须增加加固措施费用;不能提前为设备安装提供工作面,因此工期较长。

(2)敞开式施工。敞开式施工是指先施工设备基础、安装工艺设备,然后建造厂房。它适用于冶金、电站等工业的某些重型工业厂房(如冶金工业厂房中的高炉间)的施工。

做一做
仿写某工程的施工方案。

(3)设备安装与土建施工同时进行。这样土建施工可以为设备安装创造必要的条件,同时可采取防止设备被砂浆、垃圾等污染的保护措施,从而加快工程的进度。例如,在建造水泥厂时,经济效益最好的施工程序便是设备安装与土建施工同时进行。

(一)现浇钢筋混凝土框架结构房屋的施工顺序

钢筋混凝土框架结构多用于多层民用房屋和工业厂房,也常用于高层建筑。这种结构的房屋的施工一般可划分为基础工程、主体结构工程、围护工程和装饰工程等四个施工阶段。图4.2.1为某现浇钢筋混凝土框架结构房屋施工顺序示意图。

1.±0.00以下工程施工顺序

现浇钢筋混凝土框架结构房屋的基础一般可分为有地下室和无地下室基础工程。

若有地下室,且房屋建造在软土地基时,基础工程的施工顺序一般为:桩基→围护结构→土方开挖→垫层→地下室底板→地下室墙、柱(防水处理)→地下室顶板→回填。

若无地下室,且房屋建造在土质较好的地区时,基础工程的施工顺序一般为:挖土→垫层→基础(扎筋、支模、浇混凝土、养护、拆模)→回填。

在框架结构房屋基础工程施工之前,要先处理好基础下部的松软土、洞穴等,然后分段进行平面流水施工。施工时,应根据当地的气候条件,加强对垫层和基础混凝土的养护,在基础混凝土达到拆模要求时及时拆模,并提早回填土,从而为上部结构施工创造条件。

2.主体结构工程的施工顺序(采用木模板)

现浇钢筋混凝土框架结构房屋的主体结构的施工顺序为:绑柱钢筋→安柱、梁、板

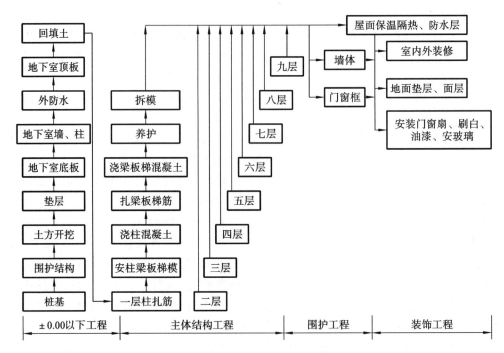

图 4.2.1　某现浇钢筋混凝土框架结构房屋施工顺序示意图

模板→浇柱混凝土→绑扎梁、板钢筋→浇梁、板混凝土。柱、梁、板的支模、绑筋、浇混凝土等施工过程的工程量大,耗用的劳动力和材料多,而且对工程质量和工期起着决定性作用。故需把多层框架在竖向上分成层,在平面上分成段,即分成若干个施工段,组织平面和竖向上的流水施工。

3.围护工程的施工顺序

围护工程的施工包括墙体工程、安装门窗框和屋面工程。墙体工程包括砌筑用的脚手架的搭拆,内、外墙砌筑等分项工程。不同的分项工程之间可组织平行、搭接、立体交叉流水施工。屋面工程、墙体工程应密切配合,如在主体结构工程结束之后,先进行屋面保温层、找平层施工,待外墙砌筑到顶后,再进行屋面防水层的施工。脚手架应配合砌筑工程搭设,在室外装饰之后、做散水坡之前拆除。内墙的砌筑则应根据内墙的基础形式而定,有的需在地面工程完成后进行,有的则可在地面工程之前与外墙同时进行。

屋面工程的施工顺序一般为:找平层→隔汽层→保温层→找平层→冷底子油结合层→防水层或找平层→防水层→隔热层。

4.装饰工程的施工顺序

装饰工程可分为室内装饰(天棚、墙面、楼地面、楼梯等抹灰,门窗扇安装,门窗油漆、安玻璃,油墙裙,做踢脚线等)和室外装饰(外墙抹灰、勒脚、散水、台阶、明沟、水落管等)。室内外装饰工程的施工顺序通常有先内后外、先外后内、内外同时进行三种,具体确定为哪种顺序应视施工条件和气候条件而定。通常室外装饰应避开冬季或雨季;如果为了加速脚手架的周转或要赶在冬、雨季到来之前完成室外装修,则应采取先外后内的顺序。

同一层的室内抹灰施工顺序有楼地面→天棚→墙面和天棚→墙面→楼地面两种。

前一种顺序便于清理地面,地面质量易于保证,且便于收集墙面和天棚的落地灰,节省材料,但由于地面需要留养护时间及采取保护措施,墙面和天棚抹灰时间被推迟,影响工期。后一种顺序在做地面前必须将天棚和墙面上的落地灰和渣滓扫清洗净后再做面层,否则会影响楼面面层同预制楼板间的黏结,引起地面起鼓。

底层地面一般在各层天棚、墙面、楼面做好之后进行。由于楼梯间和踏步抹面在施工期间易损坏,通常是在其他抹灰工程完成后自上而下统一施工。门窗扇安装可在抹灰之前或之后进行,视气候和施工条件而定。例如,室内装饰工程若在冬季施工,为防止抹灰层冻结和加速干燥,门窗扇和玻璃均应在抹灰前安装完毕。门窗玻璃安装一般在门窗扇油漆之后进行。

室外装饰工程总是采取自上而下的流水施工方案。在自上而下每层的装饰施工、水落管安装等分项工程全部完成后,即可拆除该层的脚手架,然后进行散水及台阶的施工。

5.水、暖、电、卫等工程的施工顺序

水、暖、电、卫等工程不同于土建工程,可以分成几个明显的施工阶段,它一般与土建工程中有关的分部分项工程进行交叉施工,紧密配合。

(1)在基础工程施工时,先将相应的管道沟的垫层、地沟墙做好,然后回填土。

(2)在主体结构施工时,应在砌砖墙和现浇钢筋混凝土楼板的同时,预留出上下水管和暖气立管的孔洞、电线孔槽或预埋木砖和其他预埋件。

(3)在装饰工程施工前,安设相应的各种管道和电器照明用的附墙暗管、接线盒等。水、暖、电、卫安装一般在楼地面和墙面抹灰前或后穿插施工。若电线采用明线,则应在室内粉刷后进行。

室外外网工程的施工可以安排在土建工程施工之前或与土建工程施工同时进行。

(二)装配式钢筋混凝土单层工业厂房的施工顺序

目前,国家大力倡导装配式建筑,下面以单层工业厂房为例,介绍装配式建筑的施工顺序。由于生产工艺的需要,单层工业厂房无论在厂房类型、建筑平面、造型或结构构造上都与民用建筑有很大差别,具有设备基础和各种管网,因此,单层工业厂房的施工要比民用建筑复杂。装配式钢筋混凝土单层工业厂房的施工可分为基础工程、预制工程、结构安装工程、围护工程和装饰工程等五个施工阶段,图4.2.2为装配式钢筋混凝土单层工业厂房施工顺序示意图。

说一说
现浇结构与装配式结构施工方案的区别是什么?

1.基础工程的施工顺序

单层工业厂房的柱基础一般为现浇钢筋混凝土杯形基础,宜采用平面流水施工。它的施工顺序与现浇钢筋混凝土框架结构的独立基础施工顺序相同。

对于厂房的设备基础,由于与其柱基础施工顺序不同,故常常会影响到主体结构的安装方法和设备安装投入的时间。因此,需根据具体情况决定其施工顺序,通常有两种方案:

(1)当厂房柱基础的埋置深度大于设备基础的埋置深度时,可采用"封闭式"施工,即厂房柱基础先施工,设备基础后施工。

一般来说,当厂房施工处于冬季或雨季时,或设备基础不大,在厂房结构安装后对厂房结构的稳定性并无影响时,或对较大、较深的设备基础采用了特殊的施工方法(如

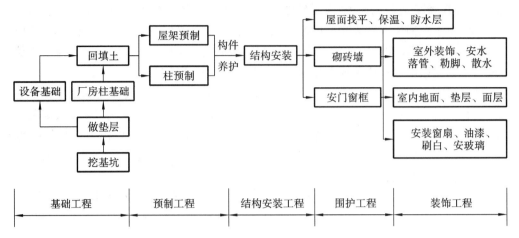

图 4.2.2　装配式钢筋混凝土单层工业厂房施工顺序示意图

沉井)时,可采用"封闭式"施工。

(2)当设备基础埋置深度大于厂房柱基础的埋置深度时,通常采用"开敞式"施工,即设备基础与厂房柱基础同时施工。

当设备基础与厂房柱基础埋置深度相同或接近时,两种施工顺序可随意选择。只有当设备基础较大、较深,其基坑的挖土范围已经与厂房柱基础的基坑挖土范围连成一片或深于厂房柱基础,以及厂房柱基础所在地土质不佳时,方采用"开敞式"施工。

单层工业厂房和民用房屋一样,在基础工程施工之前也要先处理好基础下部的松软土、洞穴等,然后分段进行平面流水施工。施工时,应根据当时的气候条件,加强对钢筋混凝土垫层和基础的养护,在基础混凝土达到拆模要求时及时拆模,并提早回填土,从而为现场预制工程创造条件。

2.预制工程的施工顺序

单层工业厂房结构构件的预制,一般可采用加工厂预制和现场预制相结合的方式。在具体确定预制方案时,应结合构件技术特征、当地加工厂的生产能力、工程的工期要求、现场施工及运输条件等因素,经过技术经济分析之后确定。通常,尺寸大、自重大的大型构件会因运输困难而带来较多问题,所以多采用在拟建厂房内部就地预制的方式,如柱、托架梁、屋架、鱼腹式预应力吊车梁等;对于种类及规格繁多的异形构件,可在拟建厂房外部集中预制,如门窗过梁等;对于数量较多的中小型构件,可在加工厂预制,如大型屋面板等标准构件、木制品及钢结构构件等。加工厂生产的预制构件应随着厂房结构安装工程的进展陆续运往现场,以便安装。

单层工业厂房钢筋混凝土预制构件现场预制的施工顺序为:场地平整夯实→支模→扎筋(有时先扎筋后支模)→预留孔道→浇筑混凝土→养护→拆模→张拉预应力钢筋→锚固→灌浆。

现场内部就地预制的构件,一般来说,只要基础回填土、场地平整完成一部分以后就可以开始制作。构件在平面上的布置、制作的流向和先后次序,主要取决于构件的安装方法、所选择的起重机性能及构件的制作方法。制作的流向应与基础工程的施工流向一致。这样既能使构件早日开始制作,又能及早让出工作面,为结构安装工程提早开始创造条件。

(1)当预制构件采用分件安装方法时,预制构件的施工有三种方案:

一是当场地狭窄而工期又允许时,不同类型的构件可分别进行制作,首先制作柱和吊车梁,待柱和吊车梁安装完毕再进行屋架制作;

二是当场地宽敞时,可以依次安排柱、梁及屋架的连续制作;

三是当场地狭窄而工期要求又紧迫时,可首先将柱和梁等构件在拟建厂房内部就地制作,接着或同时将屋架在拟建厂房外部进行制作。

(2)当预制构件采用综合安装方法时,由于是分节间安装各种类型的所有构件,因此,构件需一次制作。这样,在处理构件的平面布置等问题时,要比分件安装法困难得多,需视场地的具体情况确定构件是全部在拟建厂房内就地预制,还是一部分在拟建厂房外预制。

3.结构安装工程的施工顺序

结构安装工程的施工顺序取决于预制构件的安装方法。当采用分件安装方法时,一般起重机分三次开行才安装完全部构件,其安装顺序是:第一次开行安装全部柱子,并对柱子进行校正与最后固定;待杯口内的混凝土强度达到设计强度的70%后,起重机第二次开行安装吊车梁、连系梁和基础梁;第三次开行安装屋盖系统。当采用综合安装方法时,其安装顺序是:先安装第一节间的四根柱,迅速校正并灌浆固定,接着安装吊车梁、连系梁、基础梁及屋盖系统,如此依次逐个节间地进行所有构件的安装,直至整个厂房全部安装完毕。抗风柱的安装顺序一般有两种:一是在安装柱的同时,先安装该跨一端的抗风柱,另一端的抗风柱则在屋盖系统安装完毕后进行;二是全部抗风柱的安装均待屋盖系统安装完毕后进行。

结构安装工程是装配式单层工业厂房的主导施工阶段,应单独编制结构安装工程的施工作业设计。其中,结构安装的流向通常应与预制构件制作的流向一致。当厂房为多跨且有高低跨时,构件安装应从高低跨柱列开始,先安装高跨,后安装低跨,以适应安装工艺的要求。

4.围护工程的施工顺序

单层工业厂房的围护工程的内容和施工顺序与现浇钢筋混凝土框架结构房屋基本相同。

5.装饰工程的施工顺序

装饰工程的施工分为室内装饰和室外装饰。室内装饰包括地面的平整、垫层、面层,门窗扇和玻璃安装,以及油漆、刷白等分项工程;室外装饰包括勾缝、抹灰、勒脚、散水坡等分项工程。

一般单层工业厂房的装饰工程施工是不占总工期的,常与其他施工过程穿插进行。如地面工程应在设备基础、墙体工程完成地下部分和转入地下的管道及电缆、管道沟完成之后进行,或视具体情况穿插进行;钢门窗的安装一般与砌筑工程穿插进行,或在砌筑工程完成之后进行;门窗油漆可在内墙刷白后进行,或与设备安装同时进行;刷白应在墙面干燥和大型屋面板灌缝后进行,并在油漆开始前结束。

6.水、暖、电、卫等工程的施工顺序

水、暖、电、卫等工程与框架结构房屋水、暖、电、卫等工程的施工顺序基本相同,但应注意空调设备安装工程的安排。生产设备的安装一般由专业公司承担,由于其专业性强、技术要求高,应遵照有关专业的生产顺序进行。

上面所述两种类型房屋的施工过程及其顺序,仅适用于一般情况。建筑施工是一个复杂的过程,建筑结构、现场条件、施工环境不同,均会对施工过程及其顺序的安排产生不同的影响。因此,对于每一个单位工程,必须根据其施工特点和具体情况,合理地确定施工顺序,最大限度地利用空间、争取时间。为此,应组织立体交叉、平行流水施工,以期达到时间和空间的充分利用。

二、单位工程的施工起点流向

■ 思政元素 ■
万事开局很重要,我们做事要起好头,踏实走好每一步。

做一做
仿写某工程的施工起点流向。

确定施工流向(流水方向)主要解决施工过程在平面、空间上的施工顺序,是指导现场施工的主要环节。确定单位工程的施工起点流向时主要考虑下列因素:

(1)车间的生产工艺过程。先试车投产的段、跨先施工,按生产流程安排施工流向。

(2)建设单位的要求。建设单位对生产或使用要求在先的部位应先施工。

(3)施工的难易程度。技术复杂、进度慢、工期长的部位或层段应先施工。

(4)构造合理、施工方便。如基础施工应"先深后浅",抹灰施工应"先硬后软",高低跨单层厂房的结构吊装应从并列处开始,屋面卷材防水层应由檐口铺向屋脊,有外运土的基坑开挖应从距大门的远端开始等。

(5)保证质量和工期。如室内装饰施工及室外装饰的面层施工一般宜自上至下进行(外墙石材除外),有利于成品保护,但工期较长;当工期极为紧张时,某些施工过程也可自下至上,但应与结构施工保持一层以上的安全间隔;对于高层建筑,也可采取自中至下、自上至中的装饰施工流向,既可缩短工期,又可保证质量和安全。自上至下的流向还应根据建筑物的类型、垂直运输设备及脚手架的布置等,选择水平向下或垂直向下的流向,如图4.2.3所示。

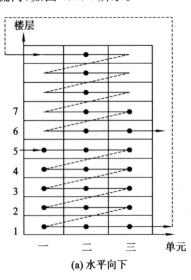
(a) 水平向下

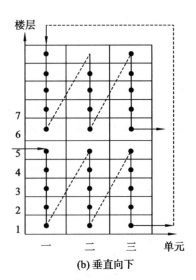
(b) 垂直向下

图4.2.3　室内装饰装修工程自中而下再自上而中的流向

三、选择施工方法和施工机械

施工方法和施工机械的选择是施工方案中最重要的问题之一,它直接影响施工进度、质量、安全及工程成本。因此,编制施工组织设计时,必须根据建筑结构特点、抗震要求、工程量大小、工期长短、资源供应情况、施工现场情况和周围环境等因素,制定出多个可行方案,并进行技术经济分析与比较,确定最优方案。

(一)选择施工方法

选择施工方法时,应重点考虑影响整个单位工程施工的分部分项工程的施工方法。主要是选择工程量大且在单位工程中占有重要地位的分部分项工程,施工技术复杂或采用新技术、新工艺及对工程质量起关键作用的分部分项工程,不熟悉的特殊结构工程或由专业施工单位施工的特殊专业工程的施工方法,要求施工方法详细而具体,必要时应编制单独的分部分项工程的施工作业设计,提出质量要求及达到这些质量要求的技术措施,指出可能发生的问题并提出预防措施和必要的安全措施。而对于采用常规做法和工人熟悉的分项工程,则不必详细拟订施工方法,只提出应注意的一些特殊问题即可。通常,施工方法选择的内容包含以下方面。

1. 土方工程

(1)平整场地、基坑、基槽、地下室的挖土方法,放坡要求,所需人工、机械的型号及数量。

(2)余土外运方法,所需机械的型号及数量。

(3)地表水、地下水的排水方法,排水沟、集水井、轻型井点的布置,所需设备的型号及数量。

2. 钢筋混凝土工程

(1)模板工程:模板的类型、支模方法和支承方法(如钢、木立柱、桁架、钢制托具等),以及隔离剂的选用。

(2)钢筋工程:明确构件厂与现场加工的范围;钢筋调直、切断、弯曲、成型、焊接方法;钢筋运输及安装方法。

(3)混凝土工程:搅拌、供应(集中或分散)与输送方法;砂石筛洗、计量、上料方法;拌和料、外加剂的选用及掺量;搅拌、运输设备的型号及数量;浇筑顺序的安排,工作班次,分层浇筑厚度,振捣方法;施工缝的位置;养护制度。

3. 结构安装工程

(1)构件尺寸、自重、安装高度。

(2)选用吊装机械型号及吊装方法,塔吊回转半径的要求,吊装机械的位置或开行路线。

(3)吊装顺序,运输、装卸、堆放方法,所需设备型号及数量。

(4)吊装运输对道路的要求。

> **说一说**
>
> 为什么先确定施工方法再确定施工机械?

4.垂直及水平运输

(1)标准层垂直运输量计算表。

(2)垂直运输方式的选择及设备型号、数量、布置、服务范围、穿插班次。

(3)水平运输方式及设备的型号及数量。

(4)地面及楼面水平运输设备的行驶路线。

5.装饰工程

(1)室内外装饰抹灰工艺的确定。

(2)施工工艺流程与流水施工的安排。

(3)装饰材料的场内运输,减少临时搬运的措施。

6.特殊项目

(1)对"四新"(新结构、新工艺、新材料、新技术)项目,高耸、大跨、重型构件,水下、深基础、软弱地基,冬季施工等项目均应单独编制。单独编制的内容包括工程平剖示意图、工程量、施工方法、工艺流程、劳动组织、施工进度、技术要求与质量、安全措施、材料、构件及机具设备需要量。

(2)对大型土方、打桩、构件吊装等项目,无论内、外分包,均应由分包单位提出单项施工方法与技术组织措施。

(二)选择施工机械

选择施工方法必然涉及施工机械的选择问题。机械化施工是改变建筑工业生产落后面貌、实现建筑工业化的基础。因此,施工机械的选择是施工方法选择的中心环节。选择施工机械时应着重考虑以下方面:

(1)选择施工机械时,首先应根据工程特点选择适宜主导工程的施工机械。如在选择装配式单层工业厂房结构安装用的起重机类型时可采用以下方法:当工程量较大且集中时,可以采用生产效率较高的塔式起重机;当工程量较小或工程量虽大却相当分散时,则采用无轨自行式起重机较为经济。在选择起重机型号时,应使起重机在起重臂外伸长度一定的条件下,能适应起重量及安装高度的要求。

(2)各种辅助机械或运输工具应与主导机械的生产能力协调配套,以充分发挥主导机械的效率。如土方工程施工中采用汽车运土时,汽车的载重量应为挖土机斗容量的整数倍,汽车的数量应保证挖土机连续工作。

(3)在同一工地上,应力求建筑机械的种类和型号尽可能少一些,以利于机械管理。为此,工程量大且分散时,宜采用多用途机械施工,如挖土机既可用于挖土,又能用于装卸、起重和打桩。

(4)施工机械的选择还应考虑充分发挥施工单位现有机械的能力。当本单位的机械能力不能满足工程需要时,则应购置或租赁所需的新型机械或多用途机械。

做一做

仿写某工程所需的机械。

四、施工方案的技术经济分析

(一)技术经济分析的概念

每个工程和每道工序都可能采用不同的施工方法和多种不同的施工机械来完成,

最后形成多种方案。我们应该根据工程实际条件,对几个可行的方案进行比较、分析,选取条件许可、技术先进、经济合理的最优方案。

当前,建筑业普遍推行工程建设项目的招标、投标和工程总承包制度,建筑设计日渐复杂,新技术、新材料、新构件不断涌现,不可预见的价格上涨因素也在增多,因此,建筑技术的采用越来越离不开技术经济分析。经济已成为制约技术的一个重要因素。同时,新技术的推广、应用,也会带来工期的加快、质量的提高及成本的降低。

施工方案的技术经济分析主要有定性和定量的分析。前者是结合实际的施工经验对方案的一般优缺点进行分析和比较,通常从以下几个方面考虑:施工操作上的难易程度和安全可靠性;为后续工程(或下道工序)提供有利施工条件的可能性;利用现有的施工机械和设备的情况;给冬雨季施工带来困难的多少;能否为现场文明施工创造有利条件等。定量的技术经济分析一般是计算出不同施工方案的各项技术经济指标后进行分析和比较。

(二)建筑工程技术经济指标

1. 工期

当工程必须在短期内投入生产或使用时,选择方案就要在确保工程质量和安全施工的条件下,把缩短工期问题放在首位来考虑。

施工过程的持续时间＝工程总量/单位时间内完成的工程量

当两个方案的持续时间不同时,如果整个项目由于某一方案持续时间的缩短而提前交工,则应考虑间接费的节约及工程项目提前竣工所产生的经济效果。

2. 单位产品的劳动消耗量

单位产品的劳动消耗量反映了施工的机械化程度与劳动生产率水平。在方案中劳动消耗越少,机械化程度和劳动生产率越高,也反映了重体力劳动的减轻和人力的节省。劳动消耗量以工日计算。

单位产品劳动消耗量＝完成该产品的全部劳动工日数/工程总量

劳动工日数应包括主要工种用工、辅助用工和准备工作用工。

$$劳动生产率(工日/m^2)＝总用工量/总建筑面积 \tag{4.2.1}$$

$$综合机械化程度＝机械化完成的实物量/全部实物量×100\% \tag{4.2.2}$$

3. 成本降低率

$$成本降低率＝节约金额/预算造价×100\% \tag{4.2.3}$$

例4.2.1:某工程的预算造价是126.6万元,由于在所选施工方案中采取了各项节约措施,累计节约水泥57 678 kg,节约木材10 m³,节约劳动力89工日,合计节约金额43 458元,试计算其成本降低率。

解:

成本降低率＝节约金额/预算造价×100％＝43 458/126 6000×100％＝3.43％

任务 3   施工进度计划编制

任 务 描 述

本任务通过对工程实例进行分析,使学生结合之前所学知识,进行施工进度计划的编制。

课 前 任 务

1.分组讨论"想一想"的问题,发挥团队合作精神。
2.对网络进度计划编制与优化进行复习。

课 中 导 学

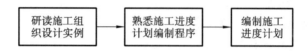

研读施工组织设计实例 → 熟悉施工进度计划编制程序 → 编制施工进度计划

一、施工进度计划的编制程序

单位工程施工进度计划的编制程序如图 4.3.1 所示。

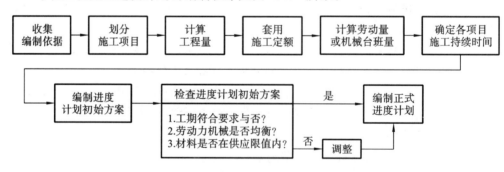

图 4.3.1   单位工程施工进度计划的编制程序

想一想
为什么要编制施 工 进 度计划?

想一想
为什么要划分工作项目?哪些项目要列出?哪些项目不必列出?

二、单位工程施工进度计划的编制步骤

1.划分工作项目

工作项目是包括一定工作内容的施工过程,它是施工进度计划的基本组成单元。工作项目内容的多少、划分的粗细程度,应该根据计划的需要来决定。对于大型建设工程,经常需要编制控制性施工进度计划,此时工作项目可以划分得粗一些,一般明确

到分部工程即可。例如在装配式单层厂房控制性施工进度计划中,只列出土方工程、基础工程、预制工程、安装工程等分部工程项目。如果要编制实施性施工进度计划,工作项目就应划分得细一些。在一般情况下,单位工程施工进度计划中的工作项目应明确到分项工程或更具体,以满足指导施工作业、控制施工进度的要求。例如在装配式单层厂房实施性施工进度计划中,应将基础工程进一步划分为挖基础、做垫层、砌基础、回填土等分项工程。

由于单位工程中的工作项目较多,应在熟悉施工图纸的基础上,根据建筑结构特点及已确定的施工方案,将工作项目按施工顺序逐项列出,以防止漏项或重项。凡是与工程对象施工直接有关的内容均应列入计划,不属于直接施工的辅助性项目和服务性项目则不必列入。例如在多层混合结构住宅建筑工程施工进度计划中,应将主体工程中的搭脚手架,砌砖墙,现浇圈梁、大梁及混凝土板,安装预制楼板和灌缝等施工过程列入;而完成主体工程中的运砖、砂浆及混凝土,搅拌混凝土和砂浆,以及楼板的预制和运输等项目,既不是在建筑物上直接完成的,也不占用工期,则不必列入计划之中。

另外,有些分项工程在施工顺序上和时间安排上是相互穿插进行的,或者由同一专业施工队完成,为了简化进度计划的内容,应尽量将这些项目合并,以突出重点。例如防潮层施工可以合并在砌筑基础项目内,安装门窗框可以并入砌墙工程。

2.确定施工顺序

确定施工顺序是为了按照施工的技术规律和合理的组织关系,解决各工作项目之间在时间上的先后顺序和搭接问题,以达到保证质量、安全施工、充分利用空间、争取时间、实现合理安排工期的目的。

3.计算工程量

工程量的计算应根据施工图和工程量计算规则,针对所划分的每一个工作项目进行。当编制施工进度计划时已有预算文件,且工作项目的划分与施工进度计划一致时,可以直接套用施工预算的工程量,不必重新计算。若某些项目有出入,但出入不大时,应结合工程的实际情况进行某些必要的调整。计算工程量时应注意以下问题:

①工程量的计算单位应与现行定额手册中所规定的计量单位相一致,以便计算劳动力、材料和机械数量时直接套用定额,而不必进行换算。

②要结合具体的施工方法和安全技术要求计算工程量。例如计算柱基土方工程量时,应根据所采用的施工方法(单独基坑开挖、基槽开挖还是大开挖)和边坡稳定要求(放边坡还是加支撑)进行计算。

③应结合施工组织的要求,按已划分的施工段分层分段进行计算。

4.计算劳动量和机械台班数

当某工作项目是由若干个分项工程合并而成时,应分别根据各分项工程的时间定额(或产量定额)及工程量计算出合并后的综合时间定额(或综合产量定额),即

$$H=\frac{Q_1H_1+Q_2H_2+\cdots+Q_iH_i+\cdots+Q_nH_n}{Q_1+Q_2+\cdots+Q_i+\cdots+Q_n} \quad (4.3.1)$$

式中:H——综合时间定额(工日$/m^3$,工日$/m^2$,工日$/t$……);

Q_i——工作项目中第i个分项工程的工程量;

H_i——工作项目中第i个分项工程的时间定额。

根据工作项目的工作量和所采用的时间定额,即可按式(4.3.2)或式(4.3.3)计算出各工作项目所需要的劳动量和机械台班数。

$$P = Q \cdot H \qquad (4.3.2)$$

或
$$P = Q/S \qquad (4.3.3)$$

式中:P——工作项目所需要的劳动量(工日)或机械台班数(台班);

Q——工作项目的工程量($m^3, m^2, t \cdots \cdots$);

S——工作项目所采用的人工产量定额($m^2/$工日,$m^3/$工日,$t/$工日$\cdots \cdots$)或机械台班产量定额($m^3/$台班,$m^2/$台班,$t/$台班$\cdots \cdots$)。

零星项目所需要的劳动量可结合实际情况,根据承包单位的经验进行估算。

由于水、暖、电、卫等工程通常由专业施工单位施工,因此,在编制施工进度计划时不计算其劳动量和机械台班数,仅安排其与土建施工相配合的进度。

5.确定工作项目的持续时间

根据工作项目所需要的劳动量或机械台班数,以及该工作项目每天安排的工人数或配备的机械台班数,即可按式(4.3.4)计算出各工作项目的持续时间。

$$D = \frac{P}{R \cdot B} \qquad (4.3.4)$$

式中:D——完成工作项目所需要的时间,即持续时间(d);

R——每班安排的工人数或机械台班数;

B——每天工作班数。

在安排每班工人数和机械台班数时,应综合考虑以下问题:

①要保证各个工作项目上施工班组中的每一个工人拥有足够的工作面(不能少于最小工作面),以发挥高效率并保证施工安全。

②要使各个工作项目上的工人数量不低于正常施工时所必需的最低限度(不能小于最小劳动组合),以达到最高的劳动生产率。

由此可见,最小工作面限定了每班安排人数的上限,而最小劳动组合限定了每班安排人数的下限。对于施工机械台班数的确定也是如此。

每天的工作班数应根据工作项目施工的技术要求和组织要求来确定。例如浇注大体积混凝土,要求不留施工缝连续浇注时,就必须根据混凝土工程量决定采用双班制或三班制。

以上是根据安排的工人数和配备的机械台班数来确定工作项目的持续时间。但有时根据组织要求(如组织流水施工时),需要采用倒排的方式来安排进度,即先确定各个工作项目的持续时间,然后以此确定所需要的工人数和机械台班数。此时,需要把式(4.3.4)变换成式(4.3.5)。利用该公式即可确定各工作项目所需要的工人数和机械台班数。

$$R = \frac{P}{D \cdot B} \qquad (4.3.5)$$

如果根据上式求得的工人数或机械台班数已超过承包单位现有的人力、物力,除了寻求其他途径增加人力、物力外,承包单位应从技术和施工组织上采取积极措施加以解决。

6.绘制施工进度计划图

绘制施工进度计划图,首先应选择施工进度计划的表达形式。目前,可用来表达建设工程施工进度计划的方法有横道图和网络图两种形式。横道图比较简单,而且非常直观,多年来被人们广泛用于表达施工进度计划,并以此作为控制工程进度的主要依据。

但是,采用横道图控制工程进度具有一定的局限性。随着计算机的广泛应用,网络计划技术日益受到人们的青睐。

7. 施工进度计划的检查与调整

当施工进度计划初始方案编制好后,需要对其进行检查与调整,以便使进度计划更加合理。进度计划检查的主要内容包括:

①各工作项目的施工顺序、平行搭接和技术间歇是否合理。

②总工期是否满足合同规定。

③主要工种的工人是否能满足连续、均衡施工的要求。

④主要机具、材料等的利用是否均衡和充分。

在上述四个方面中,首要的是前两方面的检查,如果不满足要求,必须进行调整。只有在前两个方面均达到要求的前提下,才能进行后两个方面的检查与调整。前者是解决可行与否的问题,而后者是优化的问题。

进度计划的初始方案若是网络计划,则可以进行工期优化、费用优化及资源优化。待优化结束后,还可将优化后的方案用时标网络计划表达出来,以便有关人员更直观地了解进度计划。

做一做
编制某工程的进度计划。

■ 思政元素 ■
计划,是指引我们前进的明灯,是我们成功的时间表。万事有计划,方向才明确,目标才不落空,学习、工作、生活,都要有计划。

任务 4　施工准备及资源需求计划

任务描述

本任务通过对工程实例进行分析,使学生学会编制施工准备工作计划、劳动力需求计划、施工机械需求计划、主要材料需求计划。

课前任务

1. 分组讨论"想一想"的问题,发挥团队合作精神。

2. 分组进行"问一问",对施工准备工作有进一步的了解。

课中导学

一、施工准备工作计划

施工准备工作既是单位工程的开工条件,也是施工中的一项重要内容,开工之前必须为开工创造条件,开工以后必须为作业创造条件,因此,施工准备工作贯穿于施工过程的始终。施工准备工作应有计划地进行,为便于检查、监督施工准备工作的进展情况,使各项施工准备工作的内容有明确的分工,有专人负责,并在规定期限内完成,可在施工进度计划编制完成后编制施工准备工作,其表格形式如表4.4.1所示。

表 4.4.1　施工准备工作计划表

序号	准备工作项目	工程量		简要内容	负责单位或负责人	起止日期		备注
		单位	数量			日/月	日/月	

施工准备工作计划是编制单位工程施工组织设计时的一项重要内容,在编制年度、季度、月度生产计划时应加以考虑并做好贯彻落实工作。

二、劳动力需求计划

劳动力需求计划主要作为安排劳动力、调配和衡量劳动力耗用指标、安排生活福利设施的依据,其编制方法是将施工进度计划表内所列各施工过程每天(或旬、月)所需工人人数按工种进行汇总。其表格形式如表4.4.2所示。

表 4.4.2　劳动力需求计划表

序号	工程名称	人数	月			月			备注
			上旬	中旬	下旬	上旬	中旬	下旬	

三、施工机械需求计划

施工机械需求计划主要用于确定施工机械的类型、数量、进场时间,可据此落实施工机械来源,组织进场。将单位工程施工进度计划表中的每一个施工过程每天所需的机械类型、数量和施工日期进行汇总,即得施工机械需求计划。其表格形式如表4.4.3所示。

表 4.4.3　施工机械需求计划

序号	机械名称	类型、型号	需要量		货源	使用起止时间	备注
			单位	数量			

做一做
仿写某工程的机械需求计划。

四、主要材料及构件需求计划

主要材料需求计划是备料、供料和确定仓库、堆场面积及组织运输的依据,其编制方法是将施工进度计划表中各施工过程的工程量,按材料名称、规格、数量、使用时间进行计算和汇总。其表格形式如表 4.4.4 所示。

当某分部分项工程由多种材料组成时,应按各种材料分类计算,如混凝土工程应换算成水泥、砂、石、外加剂和水的数量列入表格。

表 4.4.4　主要材料需求计划

序号	材料名称	规格	需要量		供应时间	备注
			单位	数量		

做一做
仿写某工程的材料需求计划。

建筑结构构件、配件和其他加工半成品的需求计划主要用于落实加工订货单位,并按照所需规格、数量、时间,组织加工、运输和确定仓库或堆场,可根据施工图和施工进度计划编制,其表格形式如表 4.4.5 所示。

表 4.4.5　构件和半成品需求计划

序号	构件、半成品名称	规格	图号、型号	需要量		使用部位	加工单位	供应日期	备注
				单位	数量				

任务 5　施工平面图设计

任务描述

　　本任务通过对工程实例进行分析,使学生了解施工平面图设计内容、原则、步骤,学会设计施工平面图。

课前任务

　　1.分组讨论"想一想"的问题,发挥团队合作精神。
　　2.分组进行"问一问",对施工平面图有一些了解。

课中导学

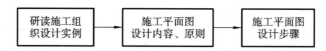

　　单位工程施工平面图是对拟建工程的施工现场所作的平面布置图。施工平面图既是布置施工现场的依据,也是施工准备工作的一项重要依据,它是实现文明施工、节约并合理利用土地、减少临时设施费用的先决条件。因此,它是施工组织设计的重要组成部分。施工平面图不但要在设计时周密考虑,而且要认真贯彻执行,这样才会使施工现场井然有序,确保施工顺利进行,保证施工进度,提高效率和经济效果。
　　一般单位工程施工平面图的绘制比例为1∶200～1∶500。

一、单位工程施工平面图设计内容

　　(1)已建和拟建的地上地下的一切建筑物、构筑物及其他设施(道路和各种管线等)的位置和尺寸;
　　(2)测量放线标桩位置、地形等高线和土方取弃场地;
　　(3)自行式起重机的开行路线、轨道式起重机的轨道布置和固定式垂直运输设备位置;
　　(4)各种搅拌站、加工厂以及材料、构件、机具的仓库或堆场;
　　(5)生产和生活用临时设施的布置;
　　(6)一切安全及防火设施的位置。

二、单位工程施工平面图的设计依据

（1）建筑总平面图，包括等高线的地形图、建筑场地的原有地下沟管位置、地下水位、可供使用的排水沟管；

（2）建设地点的交通运输道路，河流，水源，电源，建材运输方式，当地生活设施，弃土、取土地点及现场可供施工的用地；

（3）各种建筑材料、预制构件、半成品、建筑机械的现场存储量及进场时间；

（4）单位工程施工进度计划及主要施工过程的施工方法；

说一说

施工总平面图涉及的内容有哪些？

（5）建设单位可提供的房屋及生活设施，包括临时建筑物、仓库、水电设施、食堂、宿舍、锅炉房、浴室等；

（6）一切已建及拟建的房屋和地下管道，以便考虑在施工中利用，对于影响施工的则提前拆除；

（7）建筑区域的竖向设计和土方调配图；

（8）如该单位工程属于建筑群中的一个工程，则尚需全工地性施工总平面图。

三、单位工程施工平面图的设计原则

（1）在保证施工顺利进行的前提下，现场布置紧凑，用地要省，不占或少占农田。

（2）在满足施工顺利进行的条件下，尽可能减少临时设施，减少施工用的管线，尽可能利用施工现场附近的原有建筑物作为施工临时用房，并利用永久性道路供施工使用。

（3）最大限度地减少场内运输，减少场内材料、构件的二次搬运；各种材料按计划分期分批进场，充分利用场地；各种材料堆放的位置，根据使用时间的要求，尽量靠近使用地点，节约搬运劳动力和减少材料多次转运中的损耗。

（4）临时设施的布置应便于施工管理及工人生产和生活；办公用房应靠近施工现场，福利设施应在生活区范围之内。

（5）施工平面布置要符合劳动保护、保安、防火的要求。

施工现场的一切设施都要有利于生产，保证安全施工。要求场内道路畅通，机械设备的钢丝绳、电缆、缆风绳等不得妨碍交通，如必须横过道路时，应采取措施。有碍工人健康的设施（如熬沥青、化石灰等的设施）及易燃的设施（如木工棚、易燃物品仓库）应布置在下风向，离生活区远一些。工地内应布置消防设备，出入口设门卫。山区建设中还要考虑防洪泄洪等特殊要求。

根据以上基本原则并结合现场实际情况，施工平面图可布置几个方案，选择技术上最合理、费用上最经济的方案。可以从如下几个方面进行定量的比较：施工用地面积，施工用临时道路、管线长度，场内材料搬运量，临时用房面积等。

四、单位工程施工平面图设计步骤

单位工程施工平面图的设计步骤如图 4.5.1 所示。

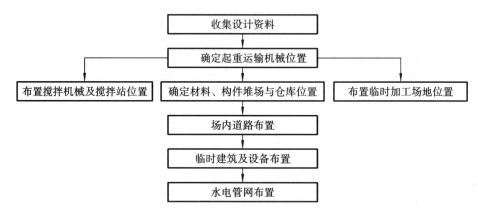

图 4.5.1　单位工程施工平面图的设计步骤

（一）起重运输机械的布置

起重运输机械的位置直接影响搅拌站、加工厂及各种材料、构件的堆场或仓库等的位置和道路、临时设施及水电管线的布置等,因此,它是施工现场全局布置的中心环节,应首先确定。由于各种起重运输机械的性能不同,其布置位置亦不相同。

1. 固定式垂直运输机械的布置

固定式垂直运输机械有井架、龙门架、桅杆等,这类设备的布置主要根据机械性能、建筑物的平面形状和尺寸、施工段划分的情况、材料来向和已有运输道路情况而定。其布置原则是,充分发挥起重机械的能力,并使地面和楼面的水平运距最小。布置固定式垂直运输机械时应考虑以下几个方面的需求:

(1)当建筑物各部位的高度相同时,应布置在施工段的分界线附近;当建筑物各部位的高度不同时,应布置在高低分界线较高部位一侧,以使楼面上各施工段的水平运输互不干扰。

(2)井架、龙门架的位置以布置在窗口处为宜,以避免砌墙留槎和减少井架拆除后的修补工作。

(3)井架、龙门架的数量要根据施工进度、垂直提升构件和材料的数量、台班工作效率等因素计算确定,其服务范围一般为 50～60 m。

(4)卷扬机的位置不应距离起重机械过近,以便司机能够看到整个升降过程,一般要求此距离大于建筑物的高度,水平距外脚手架 3 m 以上。

2. 塔式起重机的布置

塔式起重机(亦称塔吊)是集起重、垂直提升、水平输送三种功能为一体的机械设备,按其在工地上使用架设的要求不同,可分为固定式、有轨式、附着式、内爬式四种。

塔式起重机的布置位置要根据现场建筑物四周的施工场地条件及吊装工艺确定。如在起重臂操作范围内,使起重机的起重幅度能将材料和构件运至任何施工地点,避免出现"死角"。在高空有高压电线通过时,高压线必须高出起重机,并留有安全距离。

想一想

为什么施工平面图首先要确定起重运输机械的位置?

■ 思政元素 ■
我们工作学习中要善于抓住重点,从根本的、关键的环节着手。

如果不符合上述条件,则高压线应搬迁。在搬迁高压线有困难时,应采取安全措施。

有轨式塔式起重机的轨道一般沿建筑物的长向布置,其位置和尺寸取决于建筑物的平面形状和尺寸、构件自重、起重机的性能及四周施工场地的条件。通常轨道布置方式有三种:单侧布置、双侧布置和环形布置,如图 4.5.2 所示。当建筑物宽度较小、构件自重不大时.可采用单侧布置方式;当建筑物宽度较大、构件自重较大时,应采用双侧布置或环形布置方式。

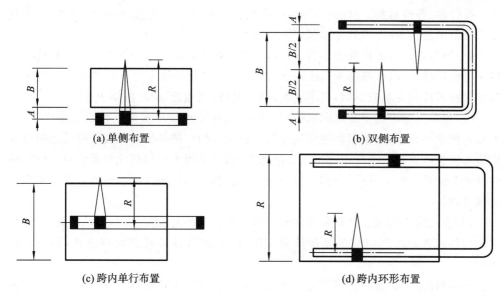

图 4.5.2　有轨式塔式起重机布置方案

轨道布置完成后,应绘制出塔式起重机的服务范围。以轨道两端有效端点的中点为圆心,以最大回转半径为半径画出两个半圆,连接两个半圆,即为塔式起重机的服务范围,如图 4.5.3 所示。

在确定塔式起重机服务范围时,应尽可能避免死角,如果确实难以避免,则要求死角范围越小越好,同时在死角上不出现吊装最重、最高的构件,此外,在确定吊装方案时,应提出具体的安全技术措施,以保证死角范围内的构件顺利安装。为了解决这一问题,有时将塔吊与井架或龙门架同时使用,如图 4.5.4 所示,但要确保塔吊回转时无碰撞的可能,以保证施工安全。在确定塔式起重机服务范围时,还应考虑有较宽敞的施工用地,以便安排构件堆放及搅拌出料进入料斗后能直接挂钩起吊。主要临时道路也宜安排在塔吊服务范围之内。

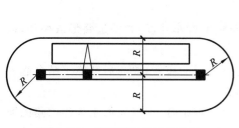

图 4.5.3　塔吊服务范围示意图

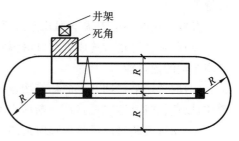

图 4.5.4　塔吊、龙门架示意图

3.无轨自行式起重机的开行路线

无轨自行式起重机分为履带式、轮胎式、汽车式三种。它一般不用于水平运输和垂直运输,专用于构件的装卸和起吊。吊装时的开行路线及停机位置主要取决于建筑物的平面布置、构件自重、吊装高度和吊装方法等。

(二)搅拌站、加工厂及各种材料、构件的堆场或仓库的布置

搅拌站、各种材料、构件的堆场或仓库的位置应尽量靠近使用地点或在塔式起重机服务范围之内,并考虑到运输和装卸的方便。

(1)当起重机布置位置确定后,再布置材料、构件的堆场及搅拌站。材料堆放应尽量靠近使用地点,减少或避免二次搬运,并考虑运输及卸料方便。基础施工时使用的各种材料可堆放在基础四周,但不宜距基坑(槽)边缘太近,以防压塌土壁。

(2)当采用固定式垂直运输机械时,材料、构件堆场应尽量靠近垂直运输机械,以缩短地面水平运距;当采用轨道式塔式起重机时,材料、构件堆场以及搅拌站出料口等均应布置在塔式起重机有效起吊服务范围之内;当采用无轨自行式起重机时,材料、构件堆场及搅拌站的位置应沿着起重机的开行路线布置,且应在起重臂的最大起重半径范围之内。

(3)预制构件的堆放位置要考虑到吊装顺序。先吊的放在上面,后吊的放在下面,预制构件的进场时间应与吊装就位密切配合,力求直接卸到其就位位置,避免二次搬运。

(4)搅拌站的位置应尽量靠近使用地点或靠近垂直运输机械。有时在浇筑大型混凝土基础时,为了减少混凝土运输,可将混凝土搅拌站直接设在基础边缘,待基础混凝土浇完后再转移。砂、石堆场及水泥仓库应紧靠搅拌站布置。同时,搅拌站的位置还应考虑到使这些大宗材料的运输和装卸较为方便。

(5)加工厂(如木工棚、钢筋加工棚)宜布置在建筑物四周稍远位置,且应有一定的材料、成品的堆放场地;石灰仓库、淋灰池的位置应靠近搅拌站,并设在下风向;沥青堆放场及熬制锅的位置应远离易燃物品,也应设在下风向。

(三)场内道路的布置

场内道路的布置应满足材料、构件的运输和消防的要求。因此,应使道路连通到各材料及构件堆放场地,并离得越近越好,以便卸装。消防对道路的要求,除了消防车能直接开到消火栓处之外,还应使道路靠近建筑物、木料场,以便消防车能直接进行灭火抢救。

布置道路时还应考虑下列几方面要求:

(1)尽量使道路布置成直线,以提高运输车辆的行车速度,并使道路形成循环,以提高车辆的通过能力。

(2)应考虑第二期开工的建筑物位置和地下管线的布置,要与后期施工结合起来考虑,以免临时改道或道路被切断而影响运输。

(3)布置道路时应尽量把临时道路与永久道路相结合,即可先修永久性道路的路基,作为临时道路使用,尤其是需修建场外临时道路时,要着重考虑这一点,可节约大量资金。在有条件的地方,可把永久性道路路面也事先修建好,这样更有利于运输。

(4)道路两侧一般应结合地形设置排水沟,沟深不小于0.4 m,底宽不小于0.3 m。

道路的布置还应满足一定的技术要求,如路面的宽度、最小转弯半径等,可参考表4.5.1,施工临时道路的路面种类和厚度参见表4.5.2。

表 4.5.1 施工现场最小道路宽度及转弯半径

车辆、道路类别	道路宽度/m	最小转弯半径/m
汽车单行道	≥3.5	9
汽车双行道	≥6.0	9
平板拖车单行道	≥4.0	12
平板拖车双行道	≥8.0	12

表 4.5.2 临时道路路面种类和厚度

路面种类	特点及其使用条件	路基土壤	中面厚度/cm	材料配合比
混凝土	强度高,适宜通行各种车辆	一般土壤	10~15	≥C15
石路面	雨天照常通车,可通行较多车辆,但材料级配要求严格	砂质土	10~15	体积比:黏土∶砂∶石子=1∶0.7∶3.5
		黏质土或黄土	14~18	
碎(砾)石路面	雨天照常通车,碎(砾)石本身含土较多,不加砂	砂质土	10~13	碎(砾)石>65%,当地土壤含量≤35%
		黏质土或黄土	15~20	
碎砖路面	可维持雨天通车,通行车辆较少	砂质土	13~15	垫层:砂或炉渣4~5 cm；底层:7~10 cm碎砖；面层:2~5 cm碎砖
炉渣或矿渣路面	可维持雨天通车,通行车辆较少,当附近有此类材料可利用时使用	一般土壤	10~15	炉渣或矿渣75%,当地土壤25%
		较松软时	15~30	
砂土路面	雨天停车,通行车辆较少,附近不产石料而只有砂时可使用	砂质土	15~20	粗砂50%,细砂、粉砂和黏质土50%
		黏质土	15~30	
风化石屑路面	雨天不通车,通行车辆较少,附近有石屑可利用时可使用	一般土壤	10~15	石屑90%,黏土10%
石灰土路面	雨天停车,通行车辆少,附近产石灰时可使用	一般土壤	10~13	石灰10%,当地土壤90%

(四) 行政管理、文化、生活、福利用临时设施的布置

这类临时设施包括各种生产管理办公用房、会议室、警卫传达室、宿舍、食堂、开水房、医务室、浴室、文娱室、福利性用房等。在能满足生产和生活基本需求的前提下,尽可能减少临时设施的搭设,如有可能,尽量利用已有设施或正式工程,以节约临时设施费用。必须修建时应经过计算确定面积。

布置临时设施时,应保证使用方便,不妨碍施工,并符合防火及安全的要求。通常,办公室应靠近施工现场,宜设在工地出入口处;工人休息室应设在工人作业区;宿舍应布置在安全的上风向;门卫、收发室宜布置在工地出入口处。行政管理、文化、生活、福利用临时设施面积参考表如表4.5.3所示。

表4.5.3　行政管理、文化、生活、福利用临时设施的布置

序号	临时设施名称	参考面积/(m²/人)
1	办公室	3.5
2	单层宿舍(双层床)	2.6~2.8
3	食堂兼礼堂	0.9
4	医务室	0.06
5	浴室	0.10
6	俱乐部	0.10
7	门卫、收发室	6~8

注:医务室总面积应不小于30 m²。

(五)水电管网的布置

1.施工供水管网的布置

施工供水管网首先要经过计算、设计,然后进行布置,其中包括水源选择、用水量计算(包括生产用水、机械用水、生活用水、消防用水等)以及取水设施、贮水设施、配水设施的布置,管径的计算等。

(1)单位工程施工组织设计的供水计算和设计可以简化或根据经验进行安排,一般5000~10 000 m²的建筑物,施工用水的总管径为100 mm,支管径为40 mm或25 mm。

(2)消防用水一般利用城市或建设单位的永久消防设施。如自行安排,应按有关规定设置,消防水管线的直径不小于100 m,消火栓间距不大于120 m,布置应靠近十字路口或道边,距道边应不大于2 m,距建筑物外墙不应小于5 m,也不应大于25 m,且应设有明显的标志,周围3 m以内不准堆放建筑材料。

(3)高层建筑的施工用水应设置蓄水池和加压泵,以满足高空用水的需要。

(4)管线布置应使线路长度短,消防水管和生产、生活用水管可以合并设置。

(5)为了排除地表水和地下水,应及时修通下水道,并最好与永久性排水系统相结合,同时,根据现场地形,在建筑物周围设置排除地表水和地下水的排水沟。

2.施工用电线网的布置

施工用电的设计应包括用电量计算、电源选择、电力系统选择和配置。用电量包括电动机用电量、电焊机用电量、室内和室外照明容量。如果是扩建的单位工程,可计算出施工用电总数供建设单位解决,不另设变压器;单独的单位工程施工,要计算出现场施工用电和照明用电的数量,选择变压器和导线的截面及类型。变压器应布置在现场边缘高压线接入处,距地面高度应大于30 cm,在2 m以外四周用高度大于1.7 m的铁丝网围住,以确保安全,但不宜布置在交通要道口处。

必须指出,建筑施工是一个复杂多变的生产过程,各种施工材料、构件、机械等随着工程的进展而逐渐进场,又随着工程的进展而不断消耗、变动,因此,在整个施工生

产过程中,现场的实际布置情况是在随时变化的。因此,对于大型工程、施工期限较长的工程或现场较为狭窄的工程,需要按不同的施工阶段来分别布置几张施工平面图,以便把不同的施工阶段内现场的合理布置情况全面地反映出来。图 4.5.5 为单位工程施工平面图设计实例。

做一做

绘制某工程的施工总平面图。

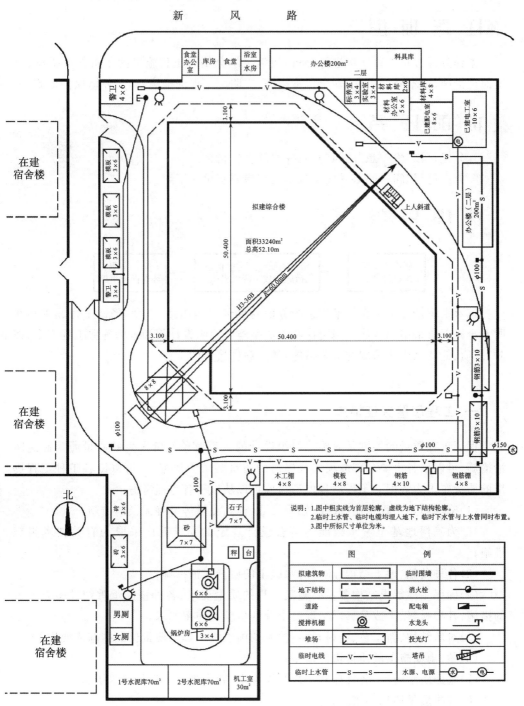

图 4.5.5　单位工程施工平面图设计实例

任务6   主要技术组织措施

任务描述

本任务通过对工程实例进行分析,使学生学会编写工程施工的质量保证措施、进度保证措施、成本降低措施、安全保证措施、文明施工保证措施、施工环境保护措施。

课前任务

1.分组讨论"想一想"的问题,发挥团队合作精神。
2.分组进行"问一问",对施工技术组织措施有更多了解。

课中导学

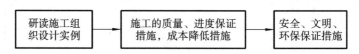

技术组织措施是指在技术和组织方面对保证工程质量、进度,降低工程成本和文明安全施工所采用的方法。制定这些方法是施工组织设计编制者为确保工程安全、按时、高质、低耗完成所采取的必要措施,是一项创造性的工作。

一、工程质量保证措施

保证工程质量的关键是对施工组织设计的工程对象经常发生的质量通病制定防治措施,可以以各主要分部分项工程提出的质量要求为依据,也可以以各工种工程提出的质量要求为依据。工程质量保证措施可以从以下各方面考虑:

(1)确保拟建工程定位、放线、轴线尺寸、标高测量等准确无误的措施;

(2)为确保地基土壤承载能力符合设计规定的要求而应采取的有关技术组织措施;

(3)各种基础、地下结构、地下防水施工的质量保证措施;

做一做
仿写某工程质量保证措施。

(4)确保主体承重结构各主要施工过程的质量要求,各种预制承重构件检查验收的措施,各种材料、半成品、砂浆、混凝土等的检验及使用要求;

(5)对新结构、新工艺、新材料、新技术的施工操作提出质量保证措施或要求;

(6)冬、雨期施工的质量保证措施;

(7)屋面防水施工、各种抹灰及装饰操作中,确保施工质量的技术措施;

(8)解决质量通病的措施;

(9)执行施工质量的检查、验收制度;

（10）提出各分部工程质量评定的目标计划等。

二、工程进度保证措施

建立完善的计划保证体系是掌握施工管理主动权、控制施工生产局面、保证工程进度的关键一环。

为了保证工程施工进度，确保在承诺的工期内完成工程建设，可采取如下措施。

1. 组织措施

成立以项目经理为首的工程建设领导小组，加强组织领导。在范围内统一调配人力、物力、财力，为项目提供技术、设备、材料方面的保障及周转资金。

2. 技术措施

严格按照施工规范和验收标准组织施工。严格按照编制的施工进度计划安排施工，各分部分项工程的施工进度落实到人，每天进行检查，发现滞后果断做出调整。

3. 管理措施

加强全面质量管理，工作责任到人，确保工程全过程得到有效控制，以质量保工期。应用现代施工技术与方法，以科技保质量和进度。

4. 机具保障措施

根据施工进度计划安排，列出机具使用计划，对项目现有机具设备进行全面检修与保养，确保其以最佳状态投入生产。

对于缺少的设备，立即采取购置或租赁措施，保证按使用计划提前落实到位，随时准备组织设备进场并投入生产。

5. 节假日、农忙时节施工保障措施

充分调动施工人员的积极性，节假日期间及农忙时节施工人员原则上不放假，同时给施工人员发放一定的施工补贴，对农村户口的职工再发放额外的补贴。

三、施工安全保证措施

施工安全保证措施应贯彻安全操作规程，对施工中可能发生的安全问题进行预测，有针对性地提出预防措施，以杜绝施工中伤亡事故的发生。施工安全保证措施主要包括：

（1）提出安全施工宣传、教育的具体措施，新工人进场上岗前必须经过安全教育及安全操作的培训；

（2）针对拟建工程地形、环境、自然气候、气象等情况，提出可能突然发生自然灾害时有关施工安全方面的若干措施及具体的办法，以便减少损失、避免伤亡；

（3）提出易燃、易爆品严格管理及使用的安全技术措施；

（4）防火、消防措施，高温、有毒、有尘、有害气体环境下操作人员的安全要求和措施；

（5）土方、深坑施工，高空、高架操作，结构吊装、上下垂直平行施工时的安全要求和措施；

做一做

仿写某工程进度保证措施。

做一做

仿写某工程安全保证措施。

■ 思政元素 ■
谨慎能捕千秋蝉，小心驶得万年船。牢记安全第一，安全警钟长鸣。

(6)各种机械、机具安全操作要求,交通、车辆的安全管理;

(7)各处电器设备的安全管理及安全使用措施;

(8)狂风、暴雨、雷电等各种特殊天气发生前后的安全检查措施及安全维护制度。

四、成本降低措施

成本降低措施的制定应以施工预算为尺度,以企业(或基层施工单位)年度、季度成本降低计划和技术组织措施计划为依据进行编制。要针对工程施工中降低成本潜力大的(工程量大、有采取措施的可能性及有条件的)项目,充分开动脑筋,提出成本降低措施,并计算出经济效益和指标,加以评价、决策。这些措施必须是不影响施工质量且能保证施工安全的,应考虑以下几方面:

(1)生产力水平是先进的;

(2)有精心施工的领导班子来合理组织施工生产活动;

(3)有合理的劳动组织,以保证劳动生产率的提高,减少总的用工数;

(4)物资管理的计划性,从采购、运输、现场管理及竣工材料回收等方面,最大限度地降低原材料、成品和半成品的成本;

(5)采用新技术、新工艺,以提高工效,降低材料耗用量,节约施工总费用;

(6)保证工程质量,减少返工损失;

(7)保证安全生产,减少事故频率,避免意外工伤事故带来的损失;

(8)提高机械利用率,减少机械费用的开支;

(9)增收节支,减少施工管理费的支出;

(10)工程建设提前完工,以节省各项费用开支。

成本降低措施应包括节约劳动力、材料费、机械设备费用、工具费、间接费及临时设施费等措施。一定要正确处理降低成本、提高质量和缩短工期三者的关系,对成本降低措施要计算经济效果。

做一做

仿写某工程成本降低措施。

五、文明施工保证措施

文明施工保证措施主要包括以下几个方面:

(1)施工现场的围挡与标牌,出入口与交通安全,道路畅通,场地平整;

(2)暂设工程的规划与搭设,办公室、更衣室、食堂、厕所的安排与环境卫生;

(3)各种材料、半成品、构件的堆放与管理;

(4)散碎材料、施工垃圾运输,以及其他各种环境污染的治理,如搅拌机冲洗废水、油漆废液、灰浆水等施工废水污染,运输土方与垃圾、白灰堆放、散装材料运输等粉尘污染,熬制沥青、熟石灰等废气污染,打桩、搅拌混凝土、振捣混凝土等噪声污染;

(5)成品保护;

(6)施工机械保养与安全使用;

(7)安全与消防。

做一做

仿写某工程文明施工保证措施。

六、施工环境保护措施

为了保护和改善生活环境与生态环境，防止由建筑施工造成的作业污染和扰民，保障建筑工地附近居民和施工人员的身体健康，施工单位应努力做好环境保护工作。

1. 组织措施

施工期间对环境进行保护是业主对承包商的要求，也是承包商的自身职责。

委派专门的环境保护工作人员，全面负责项目的环境保护工作。

加强环保教育和激励措施，把环保教育作为全体施工人员的上岗教育内容之一，提高施工人员的环保意识。对违反环保规定的班组和个人进行处罚。

2. 防止大气污染措施

（1）清理施工垃圾时使用容器吊运，严禁随意临空抛撒造成扬尘。施工垃圾及时清运，清运时，适量洒水以减少扬尘。

（2）施工道路进行硬化，并随时清扫洒水，减少道路扬尘。

（3）工地上使用的各类柴油、汽油机械执行相关污染物排放标准，不使用气体排放超标的机械。

（4）易飞扬的细颗粒散体材料尽量安排在库内存放，如露天存放需采用严密苫盖，运输和卸运时防止遗洒飞扬。

（5）搅拌站设置封闭的搅拌棚，在搅拌机上设置喷淋装置。

（6）在施工区禁止焚烧有毒、有恶臭物体。

3. 防止水污染措施

（1）办公区、施工区、生活区合理设置排水明沟、排水管，道路及场地适当放坡，做到污水不外流，场内无积水。

（2）在搅拌机前台及运输车清洗处设置沉淀池。排放的废水先排入沉淀地，经二次沉淀后，方可排入城市排水管网或回收用于洒水降尘。

（3）未经处理的泥浆水严禁直接排入城市排水设施和河流。所有排水均要求达到国家排放标准。

（4）临时食堂附近设置简易有效的隔油池，产生的污水先经过隔油池，平时加强管理，定期掏油，防止污染。

（5）在厕所附近设置砖砌化粪池，污水均排入化粪池，当化粪池满后，及时通知环卫处，由环卫处运走化粪池内污物。

（6）禁止将有毒有害废弃物用于土方回填，以免污染地下水和环境。

4. 防止施工噪声污染措施

（1）作业时尽量控制噪声影响，对于噪声过大的设备尽可能不用或少用。在施工中采取防护等措施，把噪声降至最低限度。

（2）对强噪声机械（如搅拌机、电锯、电刨、砂轮机等）设置封闭的操作棚，以减少噪声的扩散。

（3）在施工现场倡导文明施工，尽量减少人为的大声喧哗，不使用高音喇叭或怪音喇叭，增强全体施工人员防噪声扰民的自觉意识。

做一做
仿写某工程环境保护措施。

思政元素
爱护环境，人人有责，保护环境，就是保护我们的家园。

(4)尽量避免夜间施工,确有必要时及时向环保部门申请办理夜间施工许可证,并向周边居民出示告示。

5. 建筑物室内环境污染控制措施

为了预防和控制建筑工程中建筑材料和装修材料产生的室内环境污染,保障公众健康,施工单位应重视建筑物室内环境污染的控制。

(1)对所有进场材料严格按国家标准进行检查,确保天然放射性指标超标的材料不进入工程使用。

(2)室内用人造木板及饰面人造木板应有游离甲醛或游离甲醛释放量检测合格报告,并选用 E1 类人造木板及饰面人造木板。

(3)采用的水性涂料、水性胶黏剂、水性处理剂应有总挥发性有机化合物(TVOC)和游离甲醛含量检测合格报告,溶剂型涂料、溶剂型胶黏剂确保有总挥发性有机化合物(TVOC)、苯、游离甲苯二异氰酸酯(TDI)(聚氨酯类)含量检测合格报告。

(4)室内装修中使用的木地板及其他木质材料,禁止使用沥青类防腐、防潮层处理剂。

(5)室内装修采用的稀释剂和溶剂,不使用苯、工业苯、石油苯、重质苯及混苯。

(6)不在室内使用有机溶剂洗涤施工用具。

(7)涂料、胶黏剂、水性处理剂、稀释剂和溶剂等使用后及时封闭存放,废料及时清出室内。

6. 其他污染防治措施

(1)施工现场环境卫生落实分工包干。制定卫生管理制度,设专职现场自治员两名,建筑垃圾做到集中堆放,生活垃圾设专门垃圾箱并加盖,每日清运。确保生活区、作业区保持整洁环境。

(2)合理修建临时厕所,不准随地大小便,厕所内设冲水设施,制定保洁制度。

(3)在现场大门内两侧、办公、生活、作业区空余地方合理布置绿化设施,注意美化环境。

(4)运输砂石料等散装物品的车辆采取全封闭措施,车辆不超载运输。在施工现场设置冲洗水枪,车辆做到净车出场,避免在场内外道路上"抛、洒、滴、漏"。

(5)保护好施工场地周围的树木、绿化,防止损坏。

(6)如在挖土等施工中发现文物等,立即停止施工,保护好现场,并及时报告文物局等有关单位。

(7)多余土方在规定时间、规定路线、规定地点弃土,严禁乱倒乱堆。

七、施工组织设计技术经济分析

技术经济分析的目的是,论证施工组织设计在技术上是否可行,在经济上是否合算,通过科学的计算、分析与比较,选择技术经济效果最佳的方案,为不断改进和提高施工组织设计水平提供依据,为寻求增产节约途径和提高经济效益提供信息。技术经济分析既是单位工程施工组织设计的内容之一,也是必要的设计手段。

（一）技术经济分析的基本要求

（1）全面分析。要对施工的技术方法、组织方法及经济效果进行分析，对施工过程中的需要与可能进行分析，对施工的具体环节及全过程进行分析。

（2）做技术经济分析时应抓住施工方案、施工进度计划和施工平面图三大重点，并据此建立技术经济分析指标体系。

（3）在做技术经济分析时，要灵活运用定性方法和有针对性地应用定量方法。在做定量分析时，应对主要指标、辅助指标和综合指标实行区别对待。

（4）技术经济分析应以设计方案的要求、有关国家规定及工程的实际需要为依据。

（二）单位工程施工组织设计技术经济分析的指标体系

单位工程施工组织设计中的技术经济指标应包括工期指标、劳动生产率指标、质量指标、安全指标、成本率、主要工程工种机械化程度、三大材料节约指标等。这些指标应在单位工程施工组织设计基本完成后进行计算，并反映在施工组织设计文件中，作为考核的依据。

单位工程施工组织设计技术经济指标体系如图 4.6.1 所示，其中主要的指标如下。

（1）总工期指标：从破土动工至竣工的全部日历天数。

（2）优良品率：它是在施工组织设计中确定的控制目标，主要通过质量保证措施实现，可分别对单位工程、分部分项工程进行确定。

（3）单方用工：它反映劳动的使用和消耗水平，不同建筑物的单方用工之间有可比性。

$$单方用工＝总用工量（工日）/建筑面积（m^2） \qquad (4.6.1)$$

（4）主要材料节约指标：主要材料节约情况随工程不同而不同，靠材料节约措施实现。可分别计算主要材料节约量、主要材料节约额或主要材料节约率：

$$主要材料节约量＝技术组织措施节约量 \qquad (4.6.2)$$

或 $$主要材料节约量＝预算用量－施工组织设计计划用量 \qquad (4.6.3)$$

$$主要材料节约率＝主要材料计划节约额（元）/主要材料预算金额（元）×100\%$$
$$\qquad (4.6.4)$$

或 $$主要材料节约率＝主要材料节约量/主要材料预算用量×100\% \qquad (4.6.5)$$

（5）大型机械单方耗用量及费用。

$$大型机械单方耗用量＝耗用总台班（台班）/建筑面积（m^2） \qquad (4.6.6)$$

$$大型机械单方耗用费＝计划大型机械台班费（元）/建筑面积（m^2） \qquad (4.6.7)$$

（6）降低成本指标。

$$降低成本额＝预算成本－施工组织设计计划成本 \qquad (4.6.8)$$

$$降低成本率＝降低成本额（元）/预算成本（元）×100\% \qquad (4.6.9)$$

（三）单位工程施工组织设计技术经济分析的重点

技术经济分析应围绕质量、工期、成本三个主要方面进行。选用某一方案的原则是，在质量能达到优良的前提下，工期合理，成本节约。

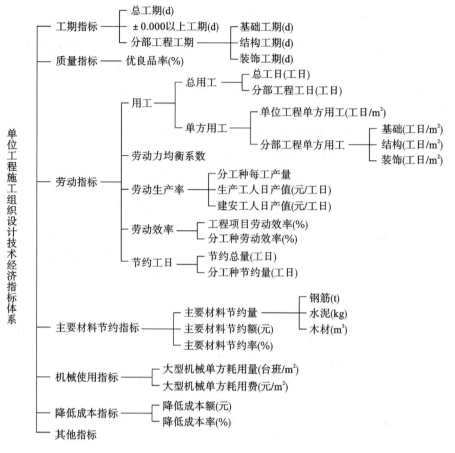

图 4.6.1 单位工程施工组织设计技术经济指标体系

对于单位工程施工组织设计,不同的设计内容,应有不同的技术经济分析重点。

(1)基础工程应以土方工程、现浇混凝土、打桩、排水和防水、运输进度与工期为重点。

(2)结构工程应以垂直运输机械选择、流水段划分、劳动组织、现浇钢筋混凝土支模、绑扎钢筋、混凝土浇筑与运输、脚手架选择、特殊分项工程施工方案和各项技术组织措施为重点。

(3)装饰工程应以施工顺序、质量保证措施、劳动组织、分工协作配合、节约材料及技术组织措施为重点。

单位工程施工组织设计的技术经济分析重点是工期、质量、成本,以及劳动力使用,场地占用和利用,临时设施,协作配合,材料节约,新技术、新设备、新材料、新工艺的采用。

(四)技术经济分析方法

1.定性分析方法

定性分析法是根据经验对单位工程施工组织设计的优劣进行分析。例如,工期是否适当,可按一般规律或施工定额进行分析;选择的施工机械是否适当,主要看它能否满足使用要求、机械提供的可能性等;流水段的划分是否适当,主要看它是否给流水施工带来方便;施工平面图设计是否合理,主要看场地是否得到合理利用,临时设施费用是否适当。定性分析法比较方便,但不精确,不能优化,决策易受主观因素制约。

2.定量分析方法

1)多指标比较法

该方法简便实用,应用较多。比较时要选用适当的指标,注意可比性。有两种情况要区别对待:

(1)一个方案的各项指标明显地优于另一个方案,可直接进行分析、比较。

(2)几个方案的指标优劣有穿插,互有优势,则应以各项指标为基础,将各项指标的值按照一定的计算方法进行综合后得到一个综合指标,再进行分析、比较。

通常的方法是:首先根据多指标中各项指标在技术经济分析中的重要性的相对程度,分别定出权值 W_i,再依据同一指标在各方案中的优劣程度定出其相应的分值 C_{ij}。假设有 m 个方案和 n 种指标,则第 j 方案的综合指标值 A_j 为:

$$A_j = \sum_{i=1}^{n} C_{i,j} W_i \tag{4.6.10}$$

式中,$j = 1,2,3,\cdots,m; i = 1,2,3,\cdots,n$,其中综合指标值最大者为最优方案。

2)单指标比较法

该方法多用于建筑设计方案的分析与比较。

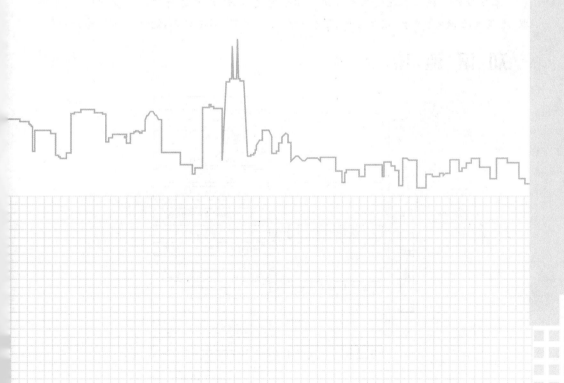

工作手册 5

施工管理

项目资料

　　某职业学院教学楼工程位于该学院内,总建筑面积 16 701 m²,总长 123 m,宽 25.30 m,占地面积 2578.86 m²,建筑层数 7 层、局部 8 层,建筑总高度 30.85 m。该工程立面左右对称,外墙面采用釉面砖;外窗采用铝合金双层窗,局部玻璃幕墙;主入口 1~2 层为共享大厅;楼梯、走廊楼地面材料均采用花岗岩石材;教室均为水磨石楼地面,吊顶材料大部分采用轻钢龙骨吊矿棉吸声板;卫生间采用木龙骨 PVC 塑料板,墙地面采用瓷砖粘贴;屋面及卫生间防水材料采用 SBS 聚酯毡胎体改性沥青防水卷材。

　　该工程场地位于洪河右岸一级阶地之上,场区地势平坦,高程变化不大。场区除局部表层为人工堆积的填土外,主要为冲洪积形成的黏性土、砂土、碎石土。

　　该工程结构体系为框架-剪力墙结构,抗震设防烈度为七度。基础形式为人工挖孔桩,外墙填充采用黏土空心砖夹 60 mm 厚苯板墙体,内墙填充采用 180 mm 厚黏土空心砖;电梯井道、楼板、楼梯采用 C30 现浇钢筋混凝土。该工程建筑结构设计使用年限 50 年,属于二类建筑物。

　　该工程计划开工日期为 2012 年 5 月 21 日,竣工日期为 2012 年 11 月 20 日,总工期为 6 个月。

项目描述

　　本项目介绍施工管理的基本知识。学生通过学习,应能进行施工质量管理、成本管理、进度管理、合同管理、信息管理,了解安全文明施工、环保施工,能进行项目资料归档。

知识链接

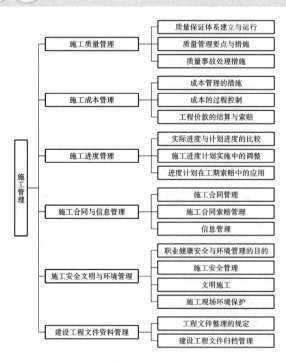

项目执行

任务1　施工质量管理
任务2　施工成本管理
任务3　施工进度管理
任务4　施工合同与信息管理
任务5　施工安全文明与环境管理
任务6　建设工程文件资料管理

学习目标

知识目标

(1)掌握施工管理的基本知识；
(2)了解项目管理的基本概念和任务。

能力目标

(1)能进行施工质量管理；
(2)能进行成本管理；
(3)能进行进度管理；
(4)能进行合同管理、信息管理；
(5)能进行安全文明管理；
(6)能进行环境管理；
(7)能进行资料归档。

素质目标

(1)了解管理的重要性——没有规矩不成方圆，要循规蹈矩；
(2)学习质量管理——做好质量管理，不出豆腐渣工程；
(3)学习成本管理——节约是中华民族的传统美德，杜绝浪费；
(4)学习进度管理——做时间的主人，有计划地做好自己的各项工作；
(5)学习施工合同——要做诚实守信的公民；
(6)学习安全管理——懂得珍爱生命；
(7)学习环境保护——青山绿水就是金山银山。

任务1 施工质量管理

任 务 描 述

本任务学习施工质量管理,学生应掌握质量保证体系的建立,掌握质量控制的方法与措施,了解事故处理措施。

课 前 任 务

1.分组讨论"想一想"的问题,发挥团队合作精神。

2.分组进行"问一问",对施工质量管理有所了解。

课 中 导 学

质量保证体系建立与运行 ⟶ 质量控制要点与措施 ⟶ 质量事故处理措施

施工质量是指建设工程项目施工活动及其产品的质量,即通过施工使工程满足业主(顾客)需要并符合国家法律、法规、技术规范标准、设计文件及合同规定的要求,包括在安全、使用功能、耐久性、环境保护等方面所有明示和隐含需要的能力的特性综合。

工程质量的影响因素很多,归纳起来主要有五个方面,即人(man)、材料(material)、机械(machine)、方法(method)和环境(environment),简称为4M1E因素。

质量保证
体系的建
立和运行

一、质量保证体系的建立和运行

在工程项目建设中,完善的质量保证体系可以为满足用户的质量要求提供保障。质量保证体系是企业内部的一种管理手段,在合同环境中,质量保证体系是施工单位取得建设单位信任的手段。

(一)施工质量保证体系的内容

做一做

仿写某工程质量保证体系。

工程项目的施工质量保证体系就是以控制和保证施工产品质量为目标,从施工准备、施工生产到竣工投产的全过程,运用系统的概念和方法,在全体人员的参与下,建立一套严密、协调、高效的全方位的管理体系,从而使工程项目施工质量管理制度化、标准化。其内容主要包括以下几个方面。

1.项目施工质量目标

项目施工质量保证体系必须有明确的质量目标,并符合项目质量总目标的要求;

要以工程承包合同为基本依据,逐级分解目标,以形成在合同环境下的项目施工质量保证体系的各级质量目标。项目施工质量目标的分解主要从两个角度展开:从时间角度展开,实施全过程的控制;从空间角度展开,实现全方位和全员的质量目标管理。

2.项目施工质量计划

项目施工质量保证体系应有可行的质量计划。质量计划应根据企业的质量手册、质量体系程序文件和项目质量目标来编制。工程项目施工质量计划可以按内容分为施工质量工作计划和施工质量成本计划。

3.思想保证体系

用全面质量管理的思想、观点和方法,使全体人员真正树立起强烈的质量意识。主要通过树立"质量第一"的观点,增强质量意识,贯彻"一切为用户服务"的思想,以达到提高施工质量的目的。

4.组织保证体系

工程施工质量是各项管理工作成果的综合反映,也是管理水平的具体体现。必须建立健全各级质量管理组织,分工负责,形成一个有明确任务、职责、权限,互相协调和互相促进的有机整体。组织保证体系主要由以下内容构成:成立质量管理小组(QC小组);健全各种规章制度;明确规定各职能部门主管人员和施工人员在保证和提高工程质量中所承担的任务、职责和权限;建立质量信息系统等。

5.工作保证体系

工作保证体系主要是明确工作任务和建立工作制度,要落实在以下三个阶段:

(1)施工准备阶段的质量控制。施工准备是为整个工程施工创造条件,准备工作的好坏,不仅直接关系到工程建设能否高速、优质地完成,而且决定了能否对工程质量事故起到一定的预防、预控作用。因此,做好施工准备阶段的质量控制是确保施工质量的首要工作。

(2)施工阶段的质量控制。施工过程是建筑产品形成的过程,这个阶段的质量控制是确保施工质量的关键。必须加强工序管理,建立质量检查制度,严格实行自检、互检和专检,开展群众性的 QC 活动,强化过程控制,以确保施工阶段的工作质量。

(3)竣工验收阶段的质量控制。工程竣工验收是指单位工程或单项工程竣工,经检查验收,移交给下道工序或移交给建设单位。这一阶段应做好成品保护,严格按规范标准进行检查验收和必要的处置,不让不合格工程进入下一道工序或进入市场,并做好相关资料的收集、整理和移交,建立回访制度等。

(二)施工质量保证体系的运行

施工质量保证体系的运行,应以质量计划为主线,以过程管理为核心,按照 PDCA 循环的原理,通过计划(P)、实施(D)、检查(C)和处理(A)的步骤展开控制。应及时反馈有关质量保证体系运行状态和结果的信息,以便进行质量保证体系能力评价。

质量管理的全过程是按照 PDCA 循环周而复始地运转的,每运转一次,工程质量就提高一步。PDCA 循环具有互相衔接、互相促进、螺旋式上升、形成完整的循环和不断推进等特点。

思政元素
牢固树立质量第一的理念,牢记"质量为本"。

二、建设工程施工质量控制

（一）施工质量控制的系统过程

施工质量
控制

施工阶段是使工程设计意图最终实现并形成工程实体的阶段,是最终形成工程产品质量的过程,所以施工阶段的质量控制是工程质量控制的重点。施工阶段的质量控制是一个由对投入的资源和条件的质量控制,进而对生产过程及各环节的质量进行控制,直到对所完成的工程产品的质量检验与控制为止的全过程的系统控制过程。

质量控制的系统过程按工程产品质量形成的时间阶段的不同可以分为以下三个环节。

1.施工准备质量控制

施工准备质量控制也称事前质量控制,是指在各工程对象正式施工活动开始前,对各项准备工作及影响质量的各因素进行控制,这是确保施工质量的先决条件。

2.施工过程质量控制

施工过程质量控制也称事中质量控制,是指在施工过程中对实际投入的生产要素质量及作业技术活动的实施状态和结果所进行的控制,包括作业者发挥技术能力过程的自控行为和来自有关管理者的监控行为。

> **想一想**
> 如何保证工程质量?

3.竣工验收质量控制

竣工验收质量控制也称事后质量控制,是指对通过施工过程所完成的具有独立的功能和使用价值的最终产品(单位工程或整个工程项目)及有关方面(如工程质量技术资料)的质量进行控制。

施工质量控制的系统过程涉及的主要方面如图5.1.1所示。

（二）施工质量控制的程序

施工质量控制贯穿于施工全过程、全方位,不仅涉及最终产品的检查、验收,而且涉及施工过程的各环节及中间产品的监督、检查与验收。这种全过程、全方位的质量控制一般程序简要框图如图5.1.2所示。就施工全过程、全方位而言,施工质量控制应贯彻全面全过程质量管理的思想,运用动态控制原理,按事前、事中、事后进行质量控制。

> **想一想**
> 质量控制要从哪几方面进行?

1.事前质量控制

在每项工程开始前进行事前主动质量控制,应编制施工质量计划,明确质量目标,制定施工方案,设置质量管理点,落实质量责任,分析可能导致质量目标偏离的各种影响因素,针对这些因素制定有效的预防措施,防患于未然。具体体现为:承包单位须做好施工准备工作,然后填报"工程开工/复工报审表"(表5.1.1),附上该项工程的开工报告、施工方案以及施工进度计划、人员及机械设备配置、材料准备情况等,报送监理工程师审查。若审查合格,则由监理工程师批复准予施工。否则,承包单位应进一步做好施工准备,待条件具备时,再次填报开工申请。

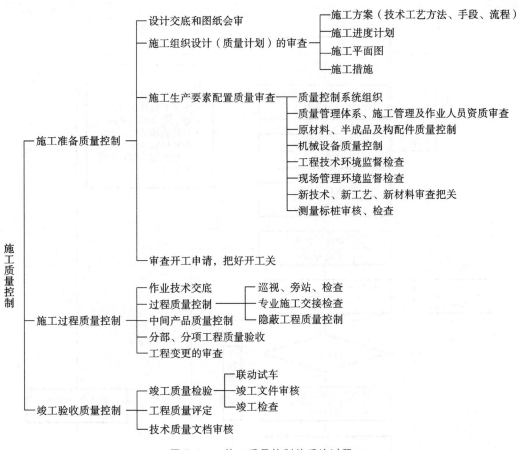

图 5.1.1　施工质量控制的系统过程

2.事中质量控制

在施工过程中,对影响施工质量的各种因素进行全面的动态控制。事中控制首先是对质量活动的行为约束,其次是对质量活动过程和结果的监督控制。事中控制的关键是坚持质量标准,重点是工序质量、工作质量和质量控制点的控制。具体体现为:督促承包单位按预先计划,在要求的作业条件下进行作业活动,每道工序完成后,承包单位应进行自检,自检合格后,填报"报验申请表"(表 5.1.2)交监理工程师检验。监理工程师收到检查申请后应在合同规定的时间内到现场检验,检验合格后予以确认。

3.事后质量控制

事后质量控制也称事后质量把关,以使不合格的工序或最终产品(包括单位工程或整个工程项目)不流入下道工序,它包括对质量活动结果的评价、认定和对质量偏差的纠正。事后质量控制的重点是发现施工质量方面的缺陷,并通过分析提出施工质量改进措施,保证质量处于受控状态。

上述事前、事中、事后质量控制不是互相孤立和截然分开的,它们共同构成有机的系统过程,实质上是质量管理 PDCA 循环的具体化,工程质量在每次循环中不断提高、持续改进。

做一做

模拟填写一份报验申请表。

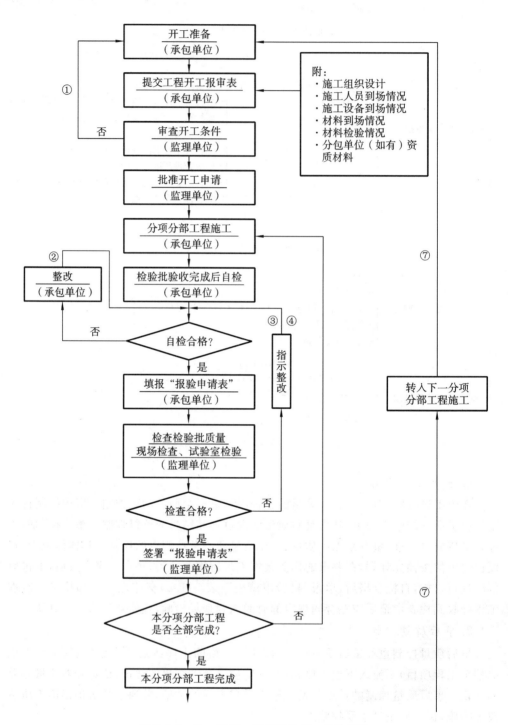

图 5.1.2　施工阶段工程质量控制工作流程图

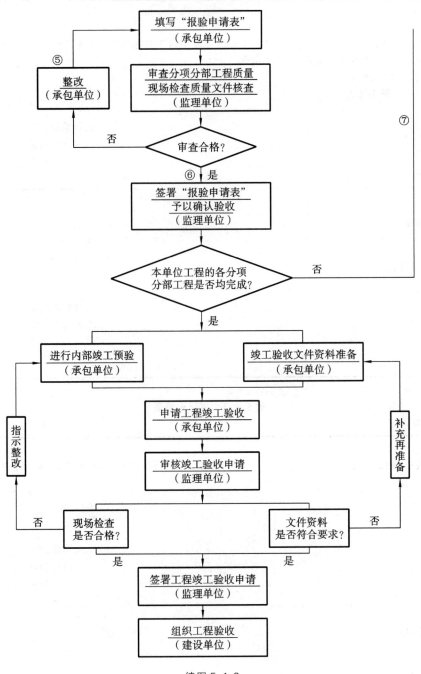

续图 5.1.2

表 5.1.1   工程开工/复工报审表

工程名称：   编号：

致：

我方承担的＿＿＿＿＿＿＿＿＿＿＿工程已完成了以下各项工作,具备了开工/复工条件,特此申请施工,请核查并签发开工/复工指令。

附:1.开工报告

2.(证明文件)

承包单位(章)＿＿＿＿＿＿

项目经理＿＿＿＿＿＿

日期＿＿＿＿＿＿

审查意见：

项目监理机构＿＿＿＿＿＿

总监理工程师＿＿＿＿＿＿

日期＿＿＿＿＿＿

表 5.1.2   报验申请表

工程名称：   编号：

致：

我单位已完成了＿＿＿＿＿＿＿＿＿＿＿工作,现上报该工程报验申请表,请予以审查和验收。

承包单位(章)＿＿＿＿＿＿

项目经理＿＿＿＿＿＿

日期＿＿＿＿＿＿

审查意见：

项目监理机构＿＿＿＿＿＿

总/专业监理工程师＿＿＿＿＿＿

日期＿＿＿＿＿＿

（三）施工准备阶段的质量控制

施工项目的质量不是事后检查出来的，而是在施工过程中形成的。为此，必须加强施工前和施工过程中的质量控制，即从对工程质量的事后检查把关转为对质量的事前、事中控制，从对产品质量的检查转为对工作质量的检查、对工序质量的检查、对中间产品质量的检查，以达到"预防为主"的目的。从事前控制角度看，施工准备阶段的质量控制工作尤为重要，主要包括以下内容：

(1)施工承包单位资质的核查；

(2)对中标进场从事项目施工的承包企业的质量管理体系的核查；

(3)施工组织设计的审查；

(4)施工现场测量标点、水准点的检查和施工测量控制网复测；

(5)施工平面布置控制；

(6)原材料、半成品、构配件及所安装设备的质量控制；

(7)施工机械设备配置的控制；

(8)新技术、新工艺、新材料、新结构等全新技术鉴定；

(9)设计交底与施工图会审；

(10)施工现场的管理环境、技术环境的检查；

(11)施工管理、作业人员的资质审查及质量教育和培训；

(12)施工准备情况和开工条件检查。

（四）施工过程中的质量控制

施工过程体现在一系列的作业活动中，作业活动的效果将直接影响施工过程的质量。因此，为确保施工质量，工程质量控制体现在对作业活动的控制上。

1.作业技术准备状态的控制

1)质量控制点的设置

质量控制点是为了保证作业过程质量而确定的重点控制对象、关键部位或薄弱环节。对于质量控制点，一般要事先分析可能造成质量问题的原因，再针对原因制定对策和措施进行预控。设置质量控制点是保证达到施工质量要求的必要前提，承包单位在工程施工前应根据施工过程质量控制的要求，列出质量控制点明细表，表中详细列出各质量控制点的名称或控制内容、检验标准及方法等。

可作为质量控制点的对象涉及面广，它可能是技术要求高、施工难度大的结构部位，也可能是影响质量的关键工序、操作或某一环节。总之，结构部位、影响质量的关键工序、操作、施工顺序、技术、材料、机械、自然条件、施工环境等均可作为质量控制点来控制。概括地说，应当选择那些质量保证难度大的、对质量影响大的或者发生质量问题时危害大的对象作为质量控制点。可以选择以下对象作为质量控制点：

(1)施工过程中的关键工序或环节以及隐蔽工程，例如预应力结构的张拉工序，钢筋混凝土结构中的钢筋架立；

(2)施工中的薄弱环节或质量不稳定的工序、部位或对象，例如地下防水层施工；

(3)对后续工程施工和对后续工序质量或安全有重大影响的工序、部位或对象，例如预应力结构中的预应力钢筋质量、模板的支撑与固定等；

说一说

质量控制点如何设置？

(4)采用新技术、新工艺、新材料的部位或环节;

(5)施工上无足够把握的、施工条件困难的或技术难度大的工序或环节,例如复杂曲线模板的放样等。

显然,是否将某对象设置为质量控制点,主要是视其对质量特性影响的大小、危害程度以及其质量保证难度的大小而定。表5.1.3为建筑工程质量控制点设置的一般位置示例。

表5.1.3　质量控制点的设置位置表

分项工程	质量控制点
工程测量定位	标准轴线桩、水平桩、龙门板、定位轴线、标高
地基基础 (含设备基础)	基坑(槽)尺寸、标高、土质、地基承载力,基础垫层标高,基础位置、尺寸、标高,预留洞口、预埋件位置、规格、数量
砌体	砌体轴线,皮数杆,砂浆配合比,预留洞口,预埋件位置、数量,砌块排列
模板	位置、尺寸、标高,预埋件位置,预留洞孔尺寸、位置,模板强度及稳定性,模板内部清理及湿润情况
钢筋混凝土	水泥品种、强度等级,砂石质量,混凝土配合比,外加剂比例,混凝土振捣,钢筋品种、规格、尺寸、搭接长度,钢筋焊接,预留洞、孔及预埋件数量、尺寸、位置,预制构件吊装或出场(脱模)强度,吊装位置、标高、支承长度、焊缝长度
吊装	吊装设备起重能力、吊具、索具、地锚
钢结构	翻样图、放大样
焊接	焊接条件、焊接工艺
装修	视具体情况而定

质量控制点的重点控制对象:

(1)人的行为。

想一想

为什么人的行为是质量控制点的重点控制对象?

对某些作业或操作,应以人为重点进行控制,例如高空、高温、水下、危险作业等,对人的身体素质或心理应有相应的要求;技术难度大或精度要求高的作业,如复杂模板放样,精密、复杂的设备安装,以及重型构件吊装等,对人的技术水平均有较高要求。

(2)物的质量与性能。

施工设备和材料是直接影响工程质量和安全的主要因素,对某些工程尤为重要,常作为控制的重点。例如,基础的防渗灌浆,灌浆材料细度及可灌性、作业设备的质量、计量仪器的质量等都是直接影响灌浆质量和效果的主要因素。

(3)关键的操作。

如预应力钢筋的张拉工艺操作过程及张拉力的控制,是可靠地建立预应力值和保证预应力构件质量的关键过程。

(4)施工技术参数。

如对填方路堤进行压实时,对填土含水量等参数的控制是保证填方质量的关键;对于岩基水泥灌浆,灌浆压力和吃浆率是质量保证的关键;冬季施工时,混凝土受冻临界强度等技术参数是质量控制的重要指标。

(5)施工顺序。

对于某些工作,必须严格执行作业顺序的规定,例如,对于冷拉钢筋应当先对焊、后冷拉,否则会失去冷强;对于屋架固定一般应采取对角同时施焊,以免焊接应力使已校正的屋架发生变位等。

(6)技术间歇。

有些作业之间需要有必要的技术间歇时间,例如砖墙砌筑后与抹灰工序之间,以及抹灰与粉刷或喷涂之间,均应保证有足够的间歇时间;混凝土浇筑后至拆模之间也应保持一定的间歇时间;混凝土大坝坝体分块浇筑时,相邻块之间的浇注也必须保持足够的间歇时间等。

(7)新工艺、新技术、新材料的应用。

由于缺乏经验,施工时可将新工艺、新技术、新材料的应用作为重点进行严格控制。

(8)严格控制重点产品。

产品质量不稳定、不合格率较高及易发生质量通病的工序应列为重点,仔细分析、严格控制,例如防水层的铺设、供水管道的连接等。

(9)易对工程质量产生重大影响的施工方法。

如液压滑模施工中的支承杆的设置、升板法施工中提升差的控制等,都是一旦施工不当或控制不严,即可能引起重大质量事故的施工方法,也应作为质量控制的重点。

(10)特殊地基或特种结构。

如大孔性湿陷性黄土、膨胀土等特殊土地基的处理,大跨度和超高结构等难度大的施工环节和重要部位等,都应给予特别重视。

总之,质量控制点的选择要准确、有效。为此,一方面需要有经验的工程技术人员来进行选择,另一方面要集思广益,集中群体智慧,组织有关人员充分讨论,在此基础上进行选择。选择时要根据对重要的质量特性进行重点控制的要求,选择质量控制的重点部位、重点工序和重点质量因素作为控制对象,进行重点预控和过程控制,这是进行质量控制的有效方法。

2)作业技术交底

承包单位做好技术交底是取得好的施工质量的条件之一,为此,每一分项工程开始实施前均要进行交底。作业技术交底是对施工组织设计或施工方案的具体化,是更细致、明确,更加具体的技术实施方案,是工序施工或分项工程施工的具体指导文件。为做好技术交底,项目经理部必须由主管技术人员编制技术交底书,并经项目技术负责人批准。技术交底的内容包括施工方法、质量要求和验收标准,施工过程中需注意的问题,应对意外的措施及应急方案。技术交底要紧紧围绕和具体施工有关的操作者、机械设备、使用的材料、构配件、工艺、工法、施工环境、具体管理措施等方面进行,交底中要明确做什么、谁来做、如何做、作业标准和要求、什么时间完成等。技术交底的形式有书面、口头、会议、挂牌、样板、示范操作、BIM 三维技术等。

3)进场材料、构配件的质量控制

凡运到施工现场的原材料、半成品或构配件,进场前应向项目监理机构提交"工程材料/构配件做备报审表"(表 5.1.4),同时附产品出厂合格证及技术说明书,由施工承包单位按规定要求进行检验的检验或试验报告,经监理工程师审查并确认其质量合格后,方准进场。凡没有产品出厂合格证及检验不合格者,不得进场。

做一做

模拟填报钢筋
报审表。

表 5.1.4　工程材料/构配件做备报审表

工程名称：　　　　　　　　　　　　　　　　　　　　　　　　　　　　　编号：

致：＿＿＿＿＿＿＿＿＿＿＿＿＿＿（监理单位） 　　我方于＿＿＿＿＿年＿＿＿＿＿月＿＿＿＿＿日进场的工程材料＿＿＿＿＿＿数量如下（见附件2），现将质量证明文件及自检结果报上，拟用于下述＿＿＿＿＿＿部位。 　　请予以审查。 　　附件：1.质量证明文件 　　　　　2.数量清单 　　　　　3.自检结果   　　　　　　　　　　　　　　　　　　　承包单位（章）：＿＿＿＿＿＿ 　　　　　　　　　　　　　　　　　　　　　项目经理：＿＿＿＿＿＿ 　　　　　　　　　　　　　　　　　　　　　　　日期：＿＿＿＿＿＿
审查意见： 　　经检查上述工程□材料/□构配件/□设备，□符合/□不符合设计文件或规范的要求，□准许/□不准许进场，□同意/□不同意使用于拟定部位。   　　　　　　　　　　　　　　　　　项目监理机构（章）：＿＿＿＿＿＿ 　　　　　　　　　　　　　　　　总/专业监理工程师：＿＿＿＿＿＿ 　　　　　　　　　　　　　　　　　　　　　　　日期：＿＿＿＿＿＿

4）进场施工机械设备性能及工作状态的控制

施工现场机械设备的技术性能及工作状态对施工质量有重要的影响，因此，对新进场的机械设备要进行检查，核对其是否与施工组织设计中所列内容和进场设备清单中的数据一致，设备运转状况是否良好，性能是否满足施工需要，只有符合要求的机械设备才允许进入现场作业。对于施工作业中的机械设备，要经常了解其工作状况，防止带病运行。发现问题应指示承包单位及时修理、保养，以保持机械设备良好的作业状态。

对于现场使用的塔吊及有特殊安全要求的设备，使用前必须经当地劳动安全部门鉴定，符合要求并办理相关手续后方可投入使用。

在跨越大江大河的桥梁施工中涉及的现场组装的大型临时设备，如轨道式龙门吊机、悬挂施工中的挂篮、架梁吊机、吊索塔架、缆索吊机等，这些设备使用前还必须取得上级安全主管部门的审查批准。

5）施工现场劳动组织及作业人员上岗资格的控制

（1）现场劳动组织的控制。

操作人员：人员的数量、工种配置必须满足作业活动的需要。

　　管理人员到位：作业活动的直接负责人（包括技术负责人）、专职质检人员、安全员，与作业活动有关的测量人员、材料员、试验员必须在岗。

　　相关制度要健全，如管理层及作业层各类人员的岗位职责；作业活动现场的安全、消防规定；作业活动中的环保规定；紧急情况的应急处理规定等。同时要有相应措施及手段以保证制度、规定的落实和执行。

　　（2）特种作业人员上岗资格。

　　从事特殊作业的人员（如电焊工、电工、起重工、架子工、爆破工）必须持证上岗，且应做到"人证"合一（相符）。

　　2.作业技术活动运行过程的控制

　　工程质量是在施工过程中形成的，而不是最后检验出来的，施工过程是由一系列相互联系与制约的作业活动所构成的，因此，保证作业活动的效果与质量是施工过程质量控制的基础。

　　1）承包单位自检与专检工作的监控

　　承包单位应建立和完善自检系统，并运转有效，具体表现在以下几点：

　　（1）作业活动的作业者在作业结束后必须自检；

　　（2）不同工序交接、转换必须由相关人员进行交接检查；

　　（3）承包单位专职质检员的专检。

　　为实现上述三点，承包单位必须有整套的制度及工作程序；具有相应的试验设备及检测仪器，配备数量满足需要的专职质检人员及试验检测人员。

　　2）测量复核工作的监控

　　凡涉及施工作业技术活动基准和依据的技术工作，都应该严格进行专人负责的复核性检查，以避免基准失误给整个工程质量带来难以补救的或全局性的危害。在施工过程中应对设置的测量控制点线妥善保护，不准擅自移动。施工测量复核工作是承包单位必须认真履行的技术工作职责，也是承包单位的一项经常性工作任务，贯穿于整个施工过程中，且复核结果报送监理工程师复验确认后，方能进行后续相关工序的施工。

　　3）工程变更的监控

　　施工过程中，由于前期勘察设计的原因，或由于外界自然条件的变化，未探明的地下障碍物、管线、文物、地质条件不符，以及施工工艺方面的限制、建设单位要求的改变等，均会涉及工程变更。做好工程变更的监控工作，也是作业过程质量控制的一项重要内容。

　　需注意的是，在工程施工过程中，无论是建设单位还是施工及设计单位提出的工程变更或图纸修改，都应经过监理工程师审查并经有关方面研究，确认其必要性后，由总监理工程师发布变更指令方能生效并予以实施。

　　4）计量质量控制

　　计量质量控制是保证工程项目质量的重要手段和方法，是施工项目开展质量管理的一项重要基础工作。施工过程中的计量工作包括施工生产时的投料计量、施工测量、监测计量以及对项目、产品或过程的测试、检验、分析计量等。其主要任务是统一计量单位制度，组织量值传递，保证量值统一。计量质量控制的工作重点是：建立计量管理部门和配置计量人员；建立健全和完善计量管理的规章制度；严格按规定有效控

想一想

为什么特种作业人员要持证上岗？

想一想

为什么要进行测量复核？

■ 思政元素 ■
工作认真，严格按程序办事，要树立严谨务实的工作作风。

制计量器具的使用、保管、维修和检验;监督计量过程的实施,保证计量的准确。

施工过程中需注意:使用的计量仪器应按规定及时鉴定,施工配合比按实际材料含水率变化情况及时调整,计量检测点或数据应具有代表性和真实性。

5)质量记录资料的监控

质量记录资料是施工承包单位进行工程施工或安装期间,实施质量控制活动的记录,还包括监理工程师对这些质量控制活动的意见及施工承包单位对这些意见的答复,它详细地记录了工程施工阶段质量控制活动的全过程。因此,它不仅在工程施工期间对工程质量的控制有重要作用,而且在工程竣工和投入运行后,需要查询和了解工程建设的质量情况以及进行工程维修和管理时也能提供大量有用的资料和信息。

质量记录资料包括以下三方面内容:

(1)施工现场质量管理检查记录资料。

主要包括承包单位现场质量管理制度,质量责任制度,主要专业工种操作上岗证书,分包单位资质及总包单位对分包单位的管理制度,施工图审查核对资料(记录),地质勘察资料,施工组织设计、施工方案及审批记录,施工技术标准,工程质量检验制度,混凝土搅拌站及计量设置,现场材料、设备存放与管理等。

(2)工程材料质量记录。

主要包括进场工程材料、半成品、构配件、设备的质量证明资料,各种试验检验报告(如力学性能试验、化学成分试验、材料级配试验等),各种合格证,设备进场维修记录或设备进场运行检验记录。

(3)施工过程作业活动质量记录资料。

施工或安装过程可按分项、分部、单位工程建立相应的质量记录资料。在相应质量记录资料中应包含有关图纸的图号、设计要求,质量自检资料,监理工程师的验收资料,各工序作业的原始施工记录,检测及试验报告,材料、设备质量资料的编号、存放档案卷号;此外,质量记录资料应包括不合格项的报告、通知以及处理和检查验收资料等。

质量记录资料应在工程施工或安装开始前,由监理工程师和承包单位一起,根据建设单位的要求及工程竣工验收资料组卷归档的有关规定,研究列出各施工对象的质量资料清单。以后,随着工程施工的进展,承包单位应不断补充和填写关于材料、构配件及施工作业活动的有关内容,记录新的情况。当每一阶段(如检验批、一个分项或分部工程)施工或安装工作完成后,相应的质量记录资料也应随之完成,并整理组卷。

施工质量记录资料应真实、齐全、完整,相关各方人员的签字齐备、字迹清楚、结论明确,与施工过程的进展同步。

3.作业技术活动结果的控制

1)作业技术活动结果的控制内容

作业技术活动结果泛指作业工序的产出品、分项分部工程的已完施工及已完准备交验的单位工程等。作业技术活动结果的控制是施工过程中间产品及最终产品质量控制的方式,只有作业技术活动的中间产品质量都符合要求,才能保证最终单位工程产品的质量。作业技术活动结果控制的主要内容有:

(1)基槽(基坑)验收。

基槽开挖是基础施工中的一项内容,由于其质量状况对后续工程质量影响较大,故均作为一个关键工序或一个检验批进行质量验收。基槽开挖验收主要涉及地基承载力的检查确认,地质条件的检查确认,开挖边坡的稳定及支护状况的检查确认。由于基槽部位的重要性,其开挖验收均要有勘察设计单位的有关人员参加,并请当地或主管质量监督部门参加,经现场检查、测试(或平行检测)确认其地基承载力是否达到设计要求,地质条件是否与设计相符。如相符,则共同签署验收资料,如达不到设计要求或与勘察设计资料不符,则应采取措施进一步处理或变更工程,由原设计单位提出处理方案,经承包单位实施完毕后重新验收。

(2)隐蔽工程检查验收。

以工业及民用建筑为例,下述工程部位进行隐蔽检查时必须重点控制,防止出现质量隐患:①基础施工前对地基质量的检查,尤其要检测地基承载力;②基坑回填土前对基础质量的检查;③混凝土浇筑前对钢筋的检查(包括模板检查);④混凝土墙体施工前,对敷设在墙内的电线管质量的检查;⑤防水层施工前对基层质量的检查;⑥建筑幕墙施工挂板之前对龙骨系统的检查;⑦屋面板与屋架(梁)埋件的焊接检查;⑧避雷引下线及接地引下线的连接情况的检查;⑨覆盖前对直埋于楼地面的电缆,封闭前对敷设于暗井道、吊顶、楼板垫层内的设备管道的检查;⑩易出现质量通病的部位的检查。

(3)工序交接验收。

工序是指作业活动中一种必要的技术停顿、作业方式的转换及作业活动效果的中间确认。上道工序应满足下道工序的施工条件和要求,在相关专业工序之间也是如此。通过工序间的交接验收,各工序间和相关专业工程之间形成一个有机整体。

(4)检验批、分项、分部工程的验收。

检验批的质量应按主控项目和一般项目验收。

一个检验批(分项、分部工程)完成后,承包单位应首先自行检查验收,确认符合设计文件、相关验收规范的规定,然后向监理工程师提交申请,由监理工程师予以检查、确认。监理工程师按合同文件的要求,根据施工图纸及有关文件、规范、标准等,从外观、几何尺寸、质量控制资料以及内在质量等方面进行检查、审核。如确认其质量符合要求,则予以确认验收。如有质量问题,则指示承包单位进行处理,待质量合乎要求后再予以检查验收。对涉及结构安全和使用功能的重要分部工程应进行抽样检测。

(5)单位工程或整个工程项目的竣工验收。

(6)不合格的处理。

上道工序不合格,不准进入下道工序施工,不合格的材料、构配件、半成品不准进入施工现场且不允许使用,已经进场的不合格品应及时做出标识并进行记录,指定专人看管,避免用错并限期清除出现场,不合格的工序或工程产品不予计价。

(7)成品保护。

①成品保护的要求。

所谓成品保护,一般是指在施工过程中有些分项工程已经完成,而其他一些分项工程尚在施工,或者是在其分项工程施工过程中某些部位已完成,而其他部位正在施工的情况下,承包单位必须负责对已完成部分采取妥善措施予以保护,以免因成品缺乏保护或保护不善而造成操作损坏或污染,影响工程整体质量。监理工程师应对承包单位所承担的成品保护工作的质量与效果进行经常性的检查。

②成品保护的一般措施。

根据需要保护的建筑产特点的不同,可以分别对成品采取"防护""包裹""覆盖""封闭"等保护措施,以及通过合理安排施工顺序来达到保护成品的目的。

a.防护,就是针对被保护对象的特点采取各种防护的措施。例如,对于清水楼梯踏步,可以采用护棱角铁上下连接固定;对于进出口台阶,可垫砖或用方木搭脚手板供人通过;对于门口易碰部位,可以钉上防护条或槽型盖铁保护;门扇安装后可加楔固定等。

b.包裹,就是将被保护物包裹起来,以防损伤或污染。例如,镶面大理石柱可用立板包裹捆扎保护,铝合金门窗可用塑料布包扎保护等。

c.覆盖,就是用表面覆盖的办法防止堵塞或损伤。例如,地漏、落水口排水管等安装后可以进行覆盖,以防止异物落入而堵塞管道;预制水磨石或大理石楼梯可用木板覆盖加以保护;地面可用锯末、苦布等覆盖,以防止喷浆等污染;其他需要防晒、防冻、保温养护等的项目也应采取适当的防护措施。

d.封闭,就是采取局部封闭的办法进行保护。例如,垃圾道完成后,可将其进口封闭起来,以防止建筑垃圾堵塞通道;房间水泥地面或地面砖完成后,可将该房间局部封闭,防止人们随意进入而损害地面;室内装修完成后应加锁封闭,防止人们随意进入而受到损伤等。

e.合理安排施工顺序,主要是根据工程实际合理安排不同工序间的施工顺序,防止后道工序损坏或污染前道工序。例如,采取房间内先喷浆或喷涂而后装灯具的施工顺序可防止喷浆污染、损害灯具;先做顶棚、装修而后做地坪,也可避免顶棚及装修施工污染、损害地坪。

2)作业技术活动结果检验方法

(1)质量检验方法。

对现场所用原材料、半成品、工序过程或工程产品质量进行检验的方法一般可分为三类,即目测法、检测工具量测法以及试验法。

①目测法:即凭借感官进行检查,也可以叫作观感检验。这类方法主要是根据质量要求,采用看、摸、敲、照等手法对检查对象进行检查。"看",就是根据质量标准要求进行外观检查,例如清水墙表面是否洁净,喷涂的密实度和颜色是否良好、均匀,工人的施工操作是否正常,混凝土外观是否符合要求等。"摸",就是通过触摸手感进行检查、鉴别,例如油漆的光滑度如何,浆活是否牢固、不掉粉等。"敲",就是运用敲击方法进行音感检查,例如对拼镶木地板、墙面瓷砖、大理石镶贴、地砖铺砌等的质量均可通过敲击进行检查,根据声音虚实、脆闷判断有无空鼓等质量问题。"照",就是通过人工光源或反射光照射,仔细检查难以看清的部位。

②检测工具量测法:就是利用量测工具或计量仪表,通过实际量测结果与规定的质量标准或规范的要求相对照,从而判断质量是否符合要求。量测的手法可归纳为靠、吊、量、套。"靠"是指用直尺检查诸如地面、墙面的平整度等。"吊"是指用托线板、线锤检查垂直度等。"量"是指用量测工具或计量仪表等检查断面尺寸、轴线、标高、温度、湿度等数值并确定其偏差,例如大理石板拼缝尺寸与超差数量、摊铺沥青拌和料的温度等。"套"是指以方尺套方,辅以塞尺检查,如预制构件的方正、门窗口及构件的对角线检查等。

③试验法:通过采用现场试验或试验室试验等理化试验手段,取得数据,分析判断质量情况。

a.理化试验。

工程中常用的理化试验包括各种物理力学性能方面的检验和化学成分及化学性能的测定等两个方面。物理力学性能的检验包括各种力学指标的测定,如抗拉强度、抗压强度、抗弯强度、抗折强度、冲击韧性、硬度、承载力等,以及各种物理性能方面的测定,如密度、含水量、凝结时间、安定性、抗渗、耐磨、耐热等。化学成分及化学性能的测定,如钢筋中的磷、硫含量,混凝土粗骨料中的活性氧化硅成分的测定等,以及耐酸、耐碱、抗腐蚀等性能的测定。此外,必要时可在现场通过对桩或地基的静载试验或打试桩,确定其承载力;对混凝土现场取样,通过试验室的抗压强度试验,确定混凝土达到的强度等级;通过管道水压试验,判断管道耐压及渗漏情况等。

b.无损检测。

借助专门的仪器、仪表等探测结构物或材料、设备内部组织结构或损伤状态。这类检测仪器有超声波探伤仪、X射线探伤仪、γ射线探伤仪、渗透液探伤仪等,它们一般可以在不损伤被探测物的情况下了解被探测物的质量情况。

(2)质量检验程度。

按检验对象被检验的数量,质量检验的程度可分为以下几类。

①全数检验。

全数检验也叫作普遍检验,它主要用于关键工序部位或隐蔽工程,以及那些在技术规程、质量检验验收标准或设计文件中有明确规定应进行全数检验的对象。对于规格、性能指标对工程的安全性、可靠性起决定作用的施工对象,质量不稳定的工序,质量水平要求高、对后继工序有较大影响的施工对象,不采取全数检验不能保证工程质量时,均需采取全数检验。例如,对安装模板的稳定性、刚度、强度,结构物轮廓尺寸,钢筋规格、尺寸、数量、间距、保护层,以及钢筋绑扎或焊接质量等均应采取全数检验。

②抽样检验。

对于主要的建筑材料、半成品或工程产品等,由于数量大,通常采取抽样检验,即从一批材料或产品中随机抽取少量样品进行检验,并根据对其数据统计分析的结果,判断该批产品的质量状况。与全数检验相比较,抽样检验具有如下优点:①检验数量少,比较经济;②适合于需要进行破坏性试验(如混凝土抗压强度的检验)的检验项目;③检验所需时间较少。

③免检。

免检就是在某种情况下,可以免去质量检验过程。对于已有足够证据证明质量有保证的一般材料或产品,或实践证明其产品质量长期稳定、质量保证资料齐全者,可考虑采取免检。

(五)竣工验收阶段的质量控制

竣工验收阶段质量控制的主要工作有收尾工作、竣工资料的准备、竣工验收的预验收、竣工验收、工程质量回访。

1.收尾工作

收尾工作的特点是零星、分散、工程量小、分布面广,如不及时完成将会直接影响项目的验收及投产使用,因此,应编制项目收尾工作计划并限期完成。项目经理和技术员应对竣工收尾计划执行情况进行检查,重要部位要做好记录。

2.竣工资料的准备

竣工资料是竣工验收的重要依据。承包人应按竣工验收条件的规定,认真整理工程竣工资料。竣工资料包括工程项目开工报告,工程项目竣工报告,图纸会审和设计交底记录,设计变更通知单,技术变更核定单,工程质量事故发生后调查和处理资料,水准点位置,定位测量记录,沉降及位移观测记录,材料、设备、构件的质量合格证明资料和试验、检验报告,隐蔽工程验收记录及施工日志,竣工图,质量验收评定资料,工程竣工验收资料。

3.竣工验收

竣工验收主要包括五方面内容:单位工程所含各分部工程质量验收全部合格、单位工程所含分部工程的安全、功能检验资料完整,质量控制资料完整,主要功能项目的抽查结果符合相关专业质量验收规范规定,观感质量验收符合要求。

4.工程质量回访

回访是承包人为保证工程项目正常发挥功能而在工作计划、程序和质量体系方面制定的工作内容。回访中出现的质量问题应按质量保证书的承诺及时解决。

三、确保工程质量的技术组织措施

1.组织措施

(1)建立质量保证体系,建立、健全岗位责任制。明确质量目标及各级技术人员的职责范围,做到职责明确、各负其责。

(2)加强人员培训工作,加强技术管理,认真贯彻国家规定的施工质量验收规范及公司的各项质量管理制度。

(3)推行全面质量管理活动,开展质量竞赛,制定奖优罚劣措施。

(4)认真搞好现场内业资料的管理工作,做到工程技术资料真实、完整、及时。

(5)定期进行质量检查活动,召开质量分析会议,对影响质量的风险因素有识别管理办法和防范对策。

2.技术措施

(1)确保工程定位放线、轴线尺寸、标高测量等准确无误的措施。

(2)确保地基承载力及各种基础、地下结构、地下防水、土方回填施工质量的措施。

(3)保证主体结构中关键部位质量的措施,以及复杂特殊工程的施工技术措施;重点解决大体积及高强混凝土施工、钢筋连接等质量难题。

(4)对新工艺、新材料、新技术和新结构的施工操作提出质量要求,并制定有针对性的技术措施。

(5)屋面防水施工、各种装饰工程施工中确保施工质量的技术措施;装饰工程推行样板间,经业主认可后再进行大面积施工。

(6)季节性施工的质量保证措施。

(7)工程施工中经常发生的质量通病的防治措施。

(8)加强原材料进场的质量检查和施工过程中的性能检测,不合格的材料不准投入使用。

四、工程质量事故及处理

(一)工程质量事故分类

我国《生产安全事故报告和调查处理条例》对事故等级进行了分类。

根据生产安全事故(以下简称事故)造成的人员伤亡或者直接经济损失,事故一般分为以下等级:

做一做
归纳一下事故的类别。

(1)特别重大事故,是指造成 30 人以上死亡,或者 100 人以上重伤(包括急性工业中毒,下同),或者 1 亿元以上直接经济损失的事故;

(2)重大事故,是指造成 10 人以上 30 人以下死亡,或者 50 人以上 100 人以下重伤,或者 5000 万元以上 1 亿元以下直接经济损失的事故;

(3)较大事故,是指造成 3 人以上 10 人以下死亡,或者 10 人以上 50 人以下重伤,或者 1000 万元以上 5000 万元以下直接经济损失的事故;

(4)一般事故,是指造成 3 人以下死亡,或者 10 人以下重伤,或者 1000 万元以下直接经济损失的事故。

国务院安全生产监督管理部门可以会同国务院有关部门,制定事故等级划分的补充性规定。

事故分类中所称的"以上"包括本数,所称的"以下"不包括本数。

(二)工程质量事故的处理程序

工程质量事故处理的一般程序如图 5.1.3 所示。

1. 事故调查

事故发生后,施工项目负责人应按规定的时间和程序,及时向企业报告事故的状况,积极组织事故调查。事故调查应力求及时、客观、全面,以便为事故的分析与处理提供正确的依据。调查结果要整理撰写成事故调查报告,其主要内容包括工程概况,事故情况,事故发生后所采取的临时防护措施,事故调查中的有关数据、资料,事故原因分析与初步判断,事故处理的建议方案与措施,事故涉及人员及主要责任者的情况等。

2. 事故的原因分析

对调查所得到的数据、资料进行仔细的分析,去伪存真,找出造成事故的主要原因。

3. 制定事故处理方案

事故的处理要建立在原因分析的基础上,并广泛听取专家及有关方面的意见,经科学论证,决定是否对事故进行处理和怎样处理。在制定事故处理方案时,应做到安全可靠,技术可行,不留隐患,经济合理,具有可操作性,满足建筑功能和使用要求。

4. 事故处理

根据事故处理方案对质量事故进行认真的处理,处理内容主要包括:事故的技术

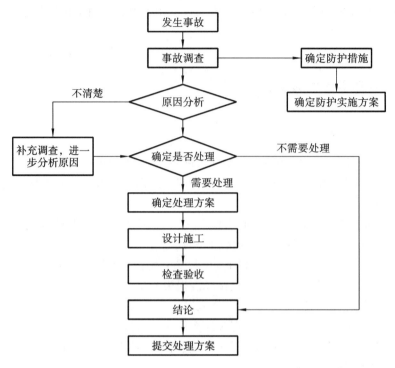

图 5.1.3　施工质量事故处理的一般程序

处理,以解决施工质量不合格和缺陷问题;事故的责任处罚,根据事故的性质、损失大小、情节轻重对事故的责任单位和责任人做出相应的行政处罚,构成犯罪的,依法追究刑事责任。

5.事故处理的鉴定验收

质量事故的处理是否达到预期的目的,是否依然存在隐患,应当通过检查鉴定和验收进行确认。事故处理的检查鉴定,应严格按施工验收规范和相关质量标准的规定进行,必要时还应通过实际测量、试验和仪器检测等方法获取必要的数据,以便准确地对事故处理的结果做出鉴定。事故处理完成后,必须尽快提交完整的事故处理报告,其内容包括事故调查的原始资料、测试数据,事故原因分析、论证,事故处理的依据,事故处理的方案及技术措施,实施质量处理中有关的数据、记录、资料,检查验收记录,事故处理的结论等。

（三）工程质量事故处理的基本方法

1.修补处理

如果工程某些部分的质量虽未达到规定的规范、标准或设计的要求,存在一定的缺陷,但经过修补后可以达到要求的质量标准,又不影响使用功能或外观的要求,可采取修补处理的方法。例如,某些混凝土结构表面出现蜂窝、麻面,经调查分析,该部位经修补处理后,不会影响其使用及外观。又如,混凝土结构出现裂缝,经分析研究,如果不影响结构的安全和使用,也可采取修补处理。其中,当裂缝宽度不大于 0.2 mm 时,可采用表面密封法;当裂缝宽度大于 0.3 mm 时,采用嵌缝密闭法;当裂缝较深时,则应采取灌浆修补的方法。

2.加固处理

加固处理主要是针对危及承载力的质量缺陷的处理。通过对缺陷的加固处理,建筑结构能够恢复或提高承载力,重新满足结构安全性和可靠性的要求,使结构能继续使用或改作其他用途。例如,对混凝土结构常用的加固方法有增大截面加固法、外包角钢加固法、黏钢加固法、增设支点加固法、增设剪力墙加固法、预应力加固法等。

3.返工处理

当工程质量缺陷经过修补处理后仍不能满足规定的质量标准要求,或不具备补救可能性时,必须采取返工处理。例如,某防洪堤坝填筑压实后,其压实土的干密度未达到规定值,经核算将影响土体的稳定且不满足抗渗能力的要求,须挖除不合格土重新填筑,进行返工处理;又如,某工厂设备基础的混凝土浇筑时掺入木质素磺酸钙减水剂,因施工管理不善,掺量多于规定值的 7 倍,导致混凝土坍落度大于 180 mm,石子下沉,混凝土结构不均匀,浇筑后 5 天仍然不凝固硬化,28 天的混凝土实际强度不到规定强度的 32%,不得不返工重浇。

4.限制使用

当工程质量缺陷按修补方法处理后无法保证达到规定的使用要求和安全要求,而又无法进行返工处理的情况下,不得已时可做出诸如结构卸荷或减荷以及限制使用的决定。

5.不做处理

某些工程质量虽然达不到规定的要求或标准,但其问题不严重,对工程或结构的使用及安全影响很小,经过分析、论证、法定检测单位鉴定和设计单位认可后可不做专门处理。一般可不做专门处理的情况有以下几种:

(1)不影响结构安全、生产工艺和使用要求的。例如,有的工业建筑物出现放线定位的偏差,且严重超过规范标准规定,若要纠正会造成重大经济损失,但经过分析、论证其偏差不影响生产工艺和正常使用,在外观上也无明显影响,可不做处理。又如,某些部位的混凝土表面的裂缝,经检查分析,属于表面养护不够的干缩微裂,不影响使用和外观,也可不做处理。

(2)后道工序可以弥补的质量缺陷。例如,混凝土结构表面的轻微麻面,可通过后续的抹灰、刮涂、喷涂等弥补,也可不做处理。又如,混凝土现浇楼面的平整度偏差达到 10 mm,但由于后续垫层和面层的施工可以弥补,因此也可不做处理。

(3)法定检测单位鉴定合格的。例如,某检验批混凝土试块强度值不满足规范要求,强度不足,但经法定检测单位对混凝土实体强度进行实际检测,确认其实际强度达到规范允许和设计要求值时,可不做处理。若经检测未达到要求值,但相差不多,经分析论证,只要使用前经再次检测达到设计强度,也可不做处理,但应严格控制施工荷载。

(4)出现的质量缺陷,经检测、鉴定达不到设计要求,但经原设计单位核算,仍能满足结构安全和使用功能的。例如,某一结构构件截面尺寸不足或材料强度不足,影响结构承载力,但按实际情况进行复核验算后仍能满足设计要求的承载力时,可不进行专门处理。这种做法实际上是挖掘设计潜力或降低设计的安全系数,应谨慎处理。

6.报废处理

对于出现质量事故的工程,经过分析或实践,采取上述处理方法后仍不能满足规

说一说

事故处理的方法有哪些?分别适用什么情况?

定的质量要求或标准的,则必须予以报废处理。

(四)工程质量事故处理的鉴定验收

质量事故的技术处理是否达到了预期目的?是否消除了工程质量不合格和工程质量问题?是否仍留有隐患?监理工程师应通过组织检查和必要的鉴定进行验收,并予以最终确认。

1.检查验收

工程质量事故处理完成后,监理工程师应在施工单位自检合格报验的基础上,严格按施工验收标准及有关规范的规定,结合监理人员的旁站、巡视和平行检验结果,依据质量事故技术处理方案设计要求,通过实际量测,检查各种资料数据,进行验收,并应办理交工验收文件,组织各有关单位会签。

2.鉴定

为确保工程质量事故的处理效果,凡涉及结构承载力等使用安全和其他重要性能的处理工作,常需做必要的试验和检验鉴定工作。在质量事故处理过程中建筑材料及构配件保证资料严重缺乏,或各参与单位对检查验收结果有争议时,也需要做必要的试验和检验鉴定工作。常见的检验工作有:混凝土钻芯取样,用于检查密实性和裂缝修补效果,或检测实际强度;结构荷载试验,确定其实际承载力;超声波检测焊接或结构内部质量;池、罐、箱柜工程的渗漏检验等。检测鉴定必须委托政府批准的有资质的法定检测单位进行。

3.验收结论

对于所有质量事故,无论是经过技术处理后通过检查验收的,还是不需要做专门处理的,均应有明确的书面结论。若对后续工程施工有特定要求,或对建筑物使用有一定限制条件,应在结论中提出。

验收结论通常有以下几种:

(1)事故已排除,可以继续施工。

(2)隐患已消除,结构安全有保证。

(3)经修补处理后,完全能够满足使用要求。

(4)基本满足使用要求,但使用时应有附加限制条件,例如限制荷载等。

(5)对耐久性的结论。

(6)对建筑物外观影响的结论。

(7)对短期内难以做出结论的,可提出进一步观测检验意见。

任务2 施工成本管理

任务描述

本任务学习施工成本管理,学生应了解成本管理的概念与任务,掌握成本管理的措施,了解成本的过程控制,掌握工程价款的结算与索赔。

课 前 任 务

1. 分组讨论"想一想"的问题,发挥团队合作精神。
2. 分组进行"问一问",了解施工成本管理。

课 中 导 学

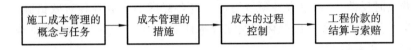

施工成本管理的概念与任务 → 成本管理的措施 → 成本的过程控制 → 工程价款的结算与索赔

一、施工成本管理的基本任务

(一)施工成本的概念

施工成本是指施工企业以施工项目作为成本核算对象,在建设工程项目的施工过程中所发生的全部生产费用的总和。建设工程项目施工成本由直接成本和间接成本组成。

(二)施工成本管理的概念

施工成本管理就是在满足质量要求和保证工期的前提下,通过计划、组织、控制和协调等活动,进行预测、计划、控制、核算和分析等一系列工作,从而实现预定成本目标的一种科学管理活动。它主要通过技术(如施工方案比选)、经济(如核算)和管理(如施工管理)活动达到预定目标,实现盈利的目的。

(三)施工成本管理的任务

施工成本管理的主要任务包括施工成本预测、施工成本计划、施工成本控制、施工成本核算、施工成本分析和施工成本考核。

1. 施工成本预测

施工成本预测是施工成本管理的第一个环节,是由施工企业和项目经理部有关人员根据施工项目的具体情况及成本信息,按照程序运用一定的方法,对未来的成本水平及其可能的发展趋势做出科学的估算。它是在工程施工前对成本进行的估算,目的是使项目业主和施工企业可以选择成本低、效益好的最佳成本方案,并能够在施工项目成本形成过程中,针对薄弱环节,加强成本控制,提高预见性。可见,施工成本预测是施工项目决策与计划的依据。

2. 施工成本计划

施工成本计划是以实行施工项目成本管理责任制、开展成本控制和核算为基础,由相关部门以货币形式编制施工项目在计划期内的生产费用、成本水平、成本降低率

施工成本管理的任务与措施

想一想
问什么要进行成本管理?

思政元素
钱要花在刀刃上,不能浪费,应做好成本管理。

说一说
成本管理的任务有哪些?

以及为降低成本所采取的主要措施和规划的书面方案。它是项目降低成本的指导性文件,是设立目标成本的依据。施工成本计划的编制是施工成本预控的重要手段,它应在项目实施方案确定和不断优化的前提下进行编制,而且要在工程开工前编制完成。

3.施工成本控制

施工成本控制是企业全面成本管理的关键环节,它贯穿于项目从投标阶段开始至竣工验收的全过程,可分为事先控制、事中控制(过程控制)和事后控制。施工成本控制是指工程项目在施工过程中,项目经理部对影响施工成本的各种因素加强管理,随时揭示并及时反馈,严格审查各项费用是否符合标准并采取各种有效措施,将施工中实际发生的各种消耗和支出严格控制在成本计划范围内,最终实现预期的成本目标。

4.施工成本核算

施工成本核算是对工程项目施工过程中直接发生的各种费用进行的核算,它为施工成本管理提供盈亏方面的数据。其基本内容包括人工费核算、材料费核算、周转材料费核算、结构件费核算、机械使用费核算、措施费核算、分包工程成本核算、间接费核算和项目月度施工成本报告编制。

施工成本核算包括两个基本环节:一是按照规定的成本开支范围对施工费用进行归集和分配,计算出施工费用的实际发生额;二是根据成本核算对象,采用适当的方法,计算出该施工项目的单位成本和总成本。施工成本核算所提供的各种成本信息是成本预测、成本计划、成本控制、成本分析和成本考核等各个环节的依据。

5.施工成本分析

施工成本分析是施工成本管理中的一个动态环节,它贯穿于施工成本管理的全过程。施工成本分析是在施工成本核算的基础上,对成本形成过程和影响成本升降的因素进行分析,将目标成本(计划成本)与施工项目的实际成本进行比较,了解成本的变动情况,确定成本管理成效,并找出成本盈亏的主要原因,通过对比评价和剖析总结,寻求进一步降低成本的途径,达到加强工程项目施工成本管理的目的。施工成本分析包括有利偏差的挖掘和不利偏差的纠正。成本偏差的控制,分析是关键,纠偏是核心。

6.施工成本考核

施工成本考核是项目成本管理的最后环节,是对项目成本的过程控制和事后确认的有效手段,也是项目实行成本控制的一个重要方面。它包括施工过程的中间考核和竣工后的成本考核,尤以中间考核最为重要。

施工成本考核是指在施工项目完成后,由公司有关部门对施工项目成本形成中的各责任者,按施工项目成本目标责任制的有关规定,将成本的实际指标与计划、定额、预算进行对比和考核,评定施工项目成本计划的完成情况和各责任者的业绩,并以此给予相应的奖励和处罚。考核的目的在于贯彻落实责权利相结合的原则,促进成本管理工作健康发展,更好地完成施工项目成本目标。

二、施工成本管理的措施

建设工程的投资主要发生在施工阶段,在这一阶段需要投入大量的人力、物力、资金等,是工程项目建设费用消耗最多的时期,也是施工企业成本管理最困难的阶段,因此对施工阶段的费用控制应予以足够重视。

为了取得施工成本管理的理想效果,应当从多方面采取措施实施管理,通常成本管理的措施可归纳为组织措施、技术措施、经济措施和合同措施。

做一做
归纳总结成本管理的措施。

1. 组织措施

组织措施是从施工成本管理的组织方面所采取的措施,成本控制工作只有建立在科学管理的基础之上,具备合理的管理体制、完善的规章制度、稳定的作业秩序、完整准确的信息传递,才能取得成效。一方面,施工企业所有相关人员都负有成本控制的责任,需要全员都行动起来;另一方面,要编制施工成本控制工作计划,确定合理详细的工作流程。

组织措施是其他各类措施的前提和保障,只要运用得当,就可以达到良好的效果。

2. 技术措施

采用先进合理的技术措施制定的方案,对降低施工成本的效果是显而易见的。一方面,技术的提高或先进技术的采用,可以提高劳动效率和节省材料,从而节约成本;另一方面,通过优化施工方案来提高工效、缩短工期,从而节省各施工过程所发生的费用。

施工过程中降低成本的技术措施包括:进行技术经济分析,确定最佳的施工方案;结合施工方法,进行材料使用的比选,在满足功能要求的前提下,通过代用、改变配合比及使用添加剂等方法降低材料消耗的费用;确定最合适的施工机械、设备使用方案。

技术措施不仅对解决施工成本管理过程中的技术问题是不可缺少的,而且对纠正施工成本管理目标偏差也有相当重要的作用。因此,运用技术纠偏措施的关键,一是要能提出多个不同的技术方案,二是要对不同的技术方案进行技术经济分析。

3. 经济措施

经济措施是最易为人们所接受和采取的措施。切实可行的经济措施应在保证工程质量和有效工期的情况下实施,同时经济措施的运用绝不仅仅是财务人员的事情,也需要施工项目管理人员的配合,才能达到预期的效果。

4. 合同措施

合同是成本管理的依据,因此合同措施尤为重要。采取合同措施控制施工成本应贯穿整个合同周期。首先,施工企业应争取选用适合于工程规模、性质和特点的合同结构模式;其次,在制定的合同条款中应仔细考虑一切影响成本和效益的因素。

施工成本管理是贯穿于整个项目施工全过程的流程性管理活动,在这个过程中,人人都负有成本责任,因此企业必须建立切实的成本管理体系,并制定详细的成本计划与指标,做到连续不断地进行成本计划、实施、检查、处置的循环管理,才能把施工成本控制在计划成本之内。

三、施工成本的过程控制

施工成本控制的方法很多,而且有一定的随机性,在不同的情况下,应采用与之相适应的控制手段和控制方法。下面论述施工成本的过程控制。

施工成本的
过程控制

（一）施工成本过程控制的概念

施工成本的过程控制是在成本发生和形成的过程中对成本进行的监督检查,成本的发生和形成是一个动态的过程,这就决定了成本的控制也是一个动态的过程。

（二）施工成本过程控制的对象和内容

1.材料费控制

1)材料供应的控制

在材料实际供应的过程中,应严格按照合同进行管理,明确各种材料的供应时间、数量和地点,并将各种材料的供应时间和供应数量记录在"材料计划表"中。通过实际进料与材料计划的对比,来检查材料供应与施工进度的相互衔接程度,以避免因材料供应脱节对施工进度的影响,进而造成施工成本失控。

2)材料价格的控制

由于材料价格是由买价、运杂费、运输中的损耗等组成的,因此材料价格主要应从这三方面加以控制。

想一想

如何控制材料价格?

（1）买价控制。买价的变动主要是由市场因素引起的,但在内部控制方面还有许多工作可做。应事先对供应商进行考察,建立合格供应商名册。采购材料时,必须在合格供应商名册中选定供应商,实行货比三家,在保质保量的前提下,争取最低买价。

（2）运杂费控制。就近购买材料、选用最经济的运输方式都可以降低材料成本。材料采购通常要求供应商在指定的地点按规定的包装条件交货,若供应商变更交货地点而引起费用增加,供应商应承担相关费用,若降低包装质量,则要按质论价。

（3）损耗控制。为防止将损耗或短缺计入项目成本,要求项目现场材料验收人员严格按照验收标准及时办理验收手续,准确计量材料数量。

3)材料用量的控制

在保证符合设计要求和质量标准的前提下,合理使用材料和节约材料,通过定额管理、计量管理等手段以及施工质量控制,避免返工等,有效控制材料物资的消耗。

（1）定额与指标控制。对于有消耗定额的材料,项目以消耗定额为依据,实行限额发料制度,项目各工长只能依据规定的限额分期分批领用,如需超限额领用材料,则须先查明原因,并办理审批手续;对于没有消耗定额的材料,应根据长期实际耗用情况,结合当月具体情况和节约要求,制定领用材料指标,按指标控制发料。

（2）计量控制。准确做好材料物资的收发计量检查和投料计量检查。

2.施工机械使用费控制

施工机械使用费应从合理选择施工机械和合理使用施工机械两方面进行控制。

1)合理选择施工机械

由于不同的施工机械有不同的用途和特点,因此在选择施工机械时,首先应根据工程特点和施工条件确定合适的机械设备及其组合方式。在确定采用何种组合方式时,首先应满足施工需要,其次要考虑到费用的高低和是否有较好的综合经济效益。

2)合理使用施工机械

想一想

如何控制机械使用费?

为提高机械使用效率及工作效率,从以下几个方面加以控制:

（1）合理安排施工生产,加强设备租赁计划管理,减少因安排不当引起的设备闲置。

（2）加强机械设备的调度工作，尽量避免窝工，提高现场设备利用率。

（3）加强现场设备的维修保养，避免因不正当使用造成机械设备的停置。

（4）做好机上人员与辅助生产人员的协调与配合，提高施工机械台班产量。

3.人工费控制

控制人工费的根本途径是提高劳动生产率，改善劳动组织结构，减少窝工浪费；实行合理的奖惩制度和激励办法，提高员工的劳动积极性和工作效率；加强劳动纪律，加强技术教育和培训工作；压缩非生产用工和辅助用工，严格控制非生产人员比例。

4.施工分包费用控制

大多数承包人都在实际工作中把自己不熟悉的、专业化程度高的、风险大的或利润低的一部分内容分包出去，例如地基处理、预应力筋张拉、钢结构的制作和安装、铝合金门窗和玻璃幕墙的供应和安装、中央空调工程、室内装饰工程等专业性较强的工作，往往采用分包的形式。工程分包实际上是二次招标，分包工程价格的高低，对施工成本影响较大，项目经理部应充分做好分包工程的询价工作。

对分包费用的控制，主要是抓好建立稳定的分包商关系网络、做好分包询价、订立平等互利的分包合同、加强施工验收和分包结算工作等。

5.现场临时设施费用的控制

施工现场临时设施费用是工程直接成本的一个组成部分。在满足计划工期对施工速度要求的前提下，尽可能组织均衡施工，以控制各类施工设施的配置规模，降低临时设施费用。

（1）现场生产及办公、生活临时设施和临时房屋的搭建数量、形式的确定。在满足施工基本需要的前提下，尽可能做到简洁适用，充分利用已有的和待拆除的房屋。

（2）材料堆场、仓库类型、面积的确定，尽可能在满足合理储备和施工需要的前提下，力求配置合理。

（3）临时供水、供电管网的铺设长度及容量确定，要尽可能合理。

（4）施工临时道路的修筑，材料工器具放置场地的硬化等，在满足施工需要的前提下，数量尽可能小，尽可能先做永久性道路路基，再修筑施工临时道路。

想一想
如何做好临时设施费用的控制？

6.施工管理费的控制

施工管理费在项目成本中占有一定比例，在控制与核算上都较难把握，项目在使用和开支时弹性较大，可采取的主要控制措施有：

（1）根据现场施工管理费占施工项目计划总成本的比例，确定施工项目经理部施工管理费总额。

（2）在施工项目经理的领导下，编制项目经理部施工管理费总额预算和各管理部门、岗位的施工管理费预算，作为现场施工管理费的控制依据。

（3）制定施工项目管理开支标准和范围，落实各部门和各岗位的控制责任。

（4）制定并严格执行施工项目经理部的施工管理费使用的审批、报销程序。

7.工程变更控制

工程变更是指在项目施工过程中，由于种种原因发生了没有预料到的情况，使得工程施工的实际条件与规划条件出现较大差异，需要采取一定措施做相应处理。施工中经常发生工程变更,而且工程变更大多会造成施工费用的增加。因此进行项目成本控制必须能够识别各种各样的工程变更情况,对发生的工程变更要有处理对策,以明确各方的责任和经济负担,最大限度减少由变更带来的损失。

1)工程变更确定

(1)设计单位对原设计存在的缺陷提出工程变更,应编制设计变更文件。当工程变更涉及安全、环保等内容时,应按规定经过有关部门审定。

(2)项目部及时确定工程变更项目的工程量,收集与变更有关的资料,办理签认。

(3)工程变更单应包括工程变更要求、工程变更说明、工程变更费用和工期、必要的附件内容等。由总监理工程师签发工程变更单。

2)工程变更价款确定方法

(1)合同中已有适用于变更工程的价格,按合同已有价格变更合同价款。

(2)合同中只有类似于变更工程的价格,可参照类似价格变更合同价款。

(3)合同中没有适用或类似于变更工程的价格,由承包方提出适当的变更价格,经专业工程师及项目总工程师确定后执行。

(4)工程量清单单价和价格:一是直接套用;二是间接套用,依据工程量清单,通过换算后采用;三是部分套用,取其价格中的某一部分使用。

8.索赔管理

索赔是指在合同的履行过程中,对于并非自己的过错,而应由对方承担责任的情况造成的实际损失,向对方提出给予补偿的要求。对于施工企业来说,一般只要不是企业自身责任,而是由外界干扰造成工期延长和成本增加,都有可能提出索赔。这包括两种情况:一是业主违约,未履行合同责任。如未按合同规定及时交付设计图纸造成工程拖延,未及时支付工程款;二是业主未违反合同,而由其他原因引起承包人费用增加或工期延长,如业主行使合同赋予的权力指令变更工程,工程环境出现事先未能预料到的情况或变化,施工过程中遇到与勘探报告不同的地质情况,国家法令的修改、物价上涨、汇率变化等。在计算索赔款额时,应准确地提出所发生的新增成本或者是额外成本,以确保索赔成功。

9.竣工结算成本控制

1)核对合同条款

核对竣工工程内容是否符合合同条件要求,按合同要求完成全部工程并验收合格后,及时办理竣工结算。办理竣工结算时,计价定额、取费标准、主材价格等必须在认真研究合同条款后予以确定。

2)及时办理设计变更签证

设计变更必须由原设计单位出具设计变更通知单和修改设计图纸,在实施前,必须由监理工程师审查同意、签证后方可实施,否则在办理结算时容易引起摩擦。

3)按图核实工程数量

竣工结算工程量应依据竣工图、设计变更通知单和现场签证等进行核算,按国家统一规定的计算规则计算工程量。

4)执行定额单价

结算单价应按合同约定或招标规定的计价定额与计价原则执行。

想一想

如何减少工程变更?

想一想

什么情况下可以索赔?

5)防止各种计算误差

工程竣工结算子目多、篇幅大,容易出现计算误差,应认真核算或多人把关,防止因计算误差多计或少算。

对照核实工程变动情况,重新核实各单位工程、单项工程造价。将竣工资料与原设计图纸进行查对、核实,必要时可实地测量,确认实际变更情况,根据审定的竣工原始资料,按照规定对原预算进行增减调整,重新核定工程造价。

四、工程价款的结算与索赔

(一)建筑安装工程费用的结算方法

对于已竣工工程,施工企业应与发包单位结算工程价款。

1.结算方式

(1)按月结算。先预付部分工程款,在施工过程中按月结算工程进度款,并按规定扣回工程预付款,竣工后进行竣工结算,这是我国应用较广的一种结算方式。

(2)竣工结算。建设工程项目或单项工程的工程建设期在 12 个月以内的,或者工程承包合同价在 100 万元以下的,可以实行工程价款每月月中预支,竣工后一次结算的结算方式。

工程价款的
结算

(3)分段结算。一般情况下,对于当年开工但当年不能竣工的单项工程或单位工程,可以按照工程形象进度划分为不同阶段来进行结算。分段结算可以按月预支工程款。

(4)结算双方约定的其他结算方式。实行竣工后一次结算和分段结算的工程,当年结算的工程款应与分年度的工作量一致,年终不再另行清算。

2.有关工程价款结算的规定

建设工程价款结算的一般程序包括:①工程预付款及其扣回;②工程进度款支付;③竣工结算;④质量保修金的支付及返还。

1)工程预付款及其扣回

工程预付款又称预付备料款,是建设工程施工合同订立后由发包人按照合同约定在正式开工前预先支付给承包人的工程款,作为承包工程项目施工开始时储备主要材料、构配件所需的流动资金和与本工程有关的动员费用。工程预付款的性质是预支,是保证施工所需材料和构件的正常储备。

工程预付款的具体数额是根据施工工期、建安工程量、主要材料和构配件费用占建安工程量的比例以及材料储备期等因素来确定的,一般为合同金额的 10%~30%。实行工程预付款的,预付时间应不迟于约定的开工日期前 7 天。

房屋建筑工程相关标准文件规定:实行工程预付款的,双方应在专用条款内约定发包人向承包人预付工程款的时间和数额,开工后按约定的时间和比例逐次扣回。工程预付款扣回的一般规定是:随着工程进度的推进,拨付的工程进度款数额不断增加,工程所需主要材料、构件的用量逐渐减少,原已支付的工程预付款应以抵扣的方式予以陆续扣回。

国际土木建筑施工承包合同的扣回规定比较简单,一般当工程进度款累计金额超过合同价格的 10%~20% 时开始起扣,每月从支付给承包人的工程进度款内按工程预付款占合同总价的同一百分比扣回。也可采用计算起扣点的方法,计算公式为

$$T = P - M/N \tag{5.2.1}$$

式中: T——起扣点;

　　　P——承包工程合同总额;

　　　M——工程预付款数额;

　　　N——主要材料、构件所占的比例。

2)工程进度款支付

工程进度款的计算方法可以分为可调工料单价法和全费用综合单价法两种。

(1)可调工料单价法。在确定已完工程量后,可按下列步骤计算工程进度款:根据已完工程量的项目名称、分项编号、单价,得出合价;将本月所完成的全部项目合价相加,得出直接工程费小计;按规定计算措施费、间接费、利润;按规定计算主材差价或差价系数;按规定计算税金;累计本月应收工程进度款。

(2)全费用综合单价法。采用全费用综合单价法计算工程进度款比采用可调工料单价法更方便、简单。在工程量得到确认后,只要将工程量与综合单价相乘得出合价,再累加即得本月工程进度款。这种方法适用于工程量不大且能够较准确计算、工期较短、技术不太复杂、风险不大的项目。

3)竣工结算

竣工结算是指承包单位按照合同规定的内容全部完成所承包的工程,并经质量验收合格,达到合同要求后,向发包单位进行的最终工程价款结算。

房屋建筑工程相关标准文件规定:工程竣工验收报告经发包人认可后 28 天内,承包人向发包人递交竣工结算报告及完工结算资料,双方按照协议书约定的合同价款及专用条款约定的合同价款调整内容,进行工程竣工结算。发包人收到承包人递交的竣工结算报告及结算资料后 28 天内进行核实,给予确认或者提出修改意见。发包人确认收到竣工结算报告后,通知经办银行向承包人支付工程竣工结算价款。承包人收到竣工结算价款后 14 天内将竣工工程交付发包人。发包人收到竣工结算报告及结算资料后 28 天内无正当理由不支付工程竣工结算价款,从第 29 天起按承包人同期向银行贷款利率支付拖欠工程价款的利息,并承担违约责任。工程竣工验收报告经发包人认可后 28 天内,承包人未能向发包人递交竣工结算报告及完整的结算资料,造成工程竣工结算不能正常进行或工程竣工结算价款不能及时支付,发包人要求交付工程的,承包人应当交付;发包人不要求交付工程的,承包人承担保管责任。

4)质量保修金的支付及返还

(1)质量保修金的支付。质量保修金由承包人向发包人支付,也可由发包人从应付承包人工程款内预留。质量保修金的比例及金额由双方约定,但不应超过施工合同价款的 3%。

(2)质量保修金的结算与返还。工程的质量保修期满后,发包人应当及时结算和返还质量保修金(如有剩余)。发包人应当在质量保修期满后 14 天内,将剩余保修金和按约定利率计算的利息返还给承包人。

想一想

为什么要支付工程预付款?什么时间开始扣回?

想一想

为什么要支付质量保修金?

（二）建筑安装工程价款的动态结算

工程价款的动态结算是指在进行工程价款结算的过程中,将影响工程造价的动态因素纳入结算过程中进行计算,从而能够如实反映工程项目的实际消耗费用,其主要内容是工程价款价差调整。常用的动态结算办法如下:

(1)按实际价格结算法。这种方法虽然方便,但不利于督促施工人员主动降低工程成本,因此造价管理部门要定期公布最高结算限价,同时合同文件中应规定建设单位或监理工程师有权要求承包商选择更廉价的供应来源。

(2)按主要材料计算价差。发包人在招标文件中列出需要调整价差的主要材料及其基期价格,工程竣工结算时按竣工当时当地工程造价管理机构公布的材料信息价或结算价,与招标文件中列出的基价进行比较,计算材料价差。

(3)竣工调价系数法。按工程造价管理机构公布的竣工调价系数及调价计算方法计算差价。

(4)调值公式法(又称动态结算公式法)。在发包方和承包方签订的合同中明确规定了调值公式,按此公式进行动态结算。

标准施工招标文件对物价波动引起的价格调整规定如下:采用价格指数调整价格差额,适用于使用材料品种少,但用量大的土木工程。

①首先将总费用分为固定部分、人工部分和材料部分。

②确定计算物价指数的品种,一般确定的是那些对项目成本影响较大、有代表性且便于计算的品种,如水泥钢材和工资等。

③指定考核工程所在的地点和时点。这里要确定两个时点的价格指数,即基准日期各可调成本要素的价格指数和约定的付款证书相关周期最后一天的前42天的各项价格指数,这两个时点就是计算调值的依据。

④确定各成本要素的系数和固定系数,各成本要素的系数要根据各成本要素对总造价的影响程度而定。各成本要素系数之和加上固定系数应该等于1。

⑤用调值公式来调整价差。当建筑安装工程的规模和复杂性增大时,公式会很复杂。一般常用的建筑安装工程费用的价格调值公式为

$$P = P_0(a_0 + a_1 A/A_0 + a_2 B/B_0 + a_3 C/C_0 + \cdots + a_i I/I_i) \qquad (5.2.2)$$

式中:P——调值后合同价款或工程实际结算款;

P_0——合同价款中工程预算进度款;

a_0——固定要素,代表合同支付中不能调整的部分,一般取 0.15～0.35;

$a_1, a_2, a_3, \cdots, a_i$——有关成本要素(如人工费用、钢材费用、水泥费用、运输费等)在合同总价中所占的比例,$a_0 + a_1 + a_2 + a_3 + \cdots + a_i = 1$;

$A_0, B_0, C_0, \cdots, I_i$——基准日前与 $a_1, a_2, a_3, \cdots, a_i$ 对应的各项费用的基期价格指数;

$A, B, C, \cdots, I$——约定的付款证书相关周期最后一天的前42天,与 $a_1, a_2, a_3, \cdots, a_i$ 对应的各项费用的现行价格指数。

关于各部分成本的比例系数,许多标书中要求承包方在投标时就提前提出,并在价格分析中予以论证,而有的是由发包方在标书中规定一个允许范围,由投标人在此范围内选定。

想一想

为什么建筑安装费要动态结算?

例 5.2.1：本工程合同价款为 3540 万元，施工承包合同中约定可针对人工费、材料费价格变化对竣工结算价进行调整。可调整各部分费用占总价款的百分比、基准期、竣工当期价格指数见表 5.2.1。

表 5.2.1　价格指数表

可调项目	人工费	材料Ⅰ	材料Ⅱ	材料Ⅲ	材料Ⅳ
因素比例	0.15	0.30	0.12	0.15	0.08
基期价格指数	0.98	1.01	0.99	0.96	0.78
当期价格指数	1.12	1.16	0.85	0.80	1.05

请列式计算人工费、材料费调整后的竣工结算价款(保留两位小数)。

解：

(1)算出不调值部分比例 a_0：

$$a_0 = 1 - (15\% + 30\% + 12\% + 15\% + 8\%) = 20\%$$

(2)代入调值公式计算可得：

$$P = P_0(a_0 + a_1 A/A_0 + a_2 B/B_0 + a_3 C/C_0 + \cdots + a_i I/I_i)$$

$$= 3540 \times (0.2 + 0.15 \times 1.12/0.98 + 0.3 \times 1.16/1.01 + 0.12 \times 0.85/0.99 +$$

$$0.15 \times 0.8/0.96 + 0.06 \times 1.05/0.78) 万元$$

$$= 3724.08 万元$$

即调整后的竣工结算价款为 3724.08 万元。

(三) 索赔费用的组成

索赔费用由以下几部分组成。

1. 人工费

工程价款
的索赔

人工费包括施工人员的基本工资、工资性质的津贴、加班费、奖金以及法定的安全福利等费用。

对于索赔费用中的人工费部分而言，人工费是指：

(1)完成合同之外的额外工作所花费的人工费用；

(2)由于非承包人责任造成工效降低所增加的人工费用；

(3)超过法定工作时间的加班劳动；

(4)法定人工费增长以及非承包人责任造成工程延期导致的人员窝工费和工资上涨费等。

2. 材料费

材料费的索赔包括：

(1)由于索赔事项材料实际用量超过计划用量而增加的材料费；

(2)由于客观原因，材料价格大幅度上涨；

(3)由于非承包人责任，工程延期所导致的材料价格上涨和超期储存费用。

材料费中应包括运输费、仓储费，以及合理的损耗费用。

3.施工机具使用费

施工机具使用费的索赔包括：

(1)由于完成额外工作而增加的机械使用费；

(2)由于非承包人责任,工效降低所增加的机械使用费；

(3)由于业主或监理工程师的原因导致机械停工而产生的窝工费。

窝工费的计算,对于租赁设备,一般按实际租金和调进调出费的分摊计算;对于承包人自有设备,一般按台班折旧费计算,而不能按台班费计算,因为台班费中包括设备使用费。

4.分包费用

分包费用索赔指的是分包商的索赔费,一般包括人工费、材料费、机械使用费的索赔。分包商的索赔应如数列入总承包商的索赔款总额以内。

5.现场管理费

索赔款中的现场管理费指承包商完成额外工程、索赔事项工作以外及工期延长期间的现场管理费,包括管理人员工资、办公费、通信费、交通费等。

6.利息

利息的索赔通常发生于下列情况:拖期付款的利息,错误扣款的利息。

关于这些利息的具体利率,主要有以下几种规定:

(1)按当时的银行贷款利率；

(2)按当时的银行透支利率；

(3)按合同双方协议的利率；

(4)按中央银行贴现率加三个百分点。

7.总部(企业)管理费

索赔款中的总部管理费主要指的是工程延期期间所增加的管理费,包括总部职工工资、办公大楼、办公用品、财务管理、通信设施以及总部领导人员赴工地检查指导工作等的开支。

8.利润

一般来说,由工程范围的变更、文件有缺陷或技术性错误、业主未能提供现场等引起的索赔,承包人可以列入利润。但对于工程暂停的索赔,一般监理工程师很难同意在索赔费用中加进利润损失。

索赔利润的款额计算通常与原报价单中的利润百分率保持一致。

(四) 国际上通行的可索赔费用的组成

国际上通行的可索赔费用的组成见图5.2.1。

(五) 索赔费用的计算方法

1.实际费用法

实际费用法是计算工程索赔时最常用的一种方法,是以承包商为某项索赔工作所支付的实际开支为依据,向业主要求费用补偿。

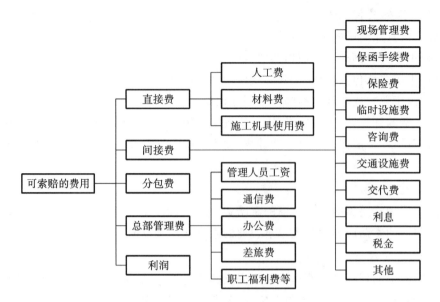

图 5.2.1　国际上通行的可索赔费用的组成

2.总费用法

当发生多次索赔事件以后,重新计算该工程的实际总费用,再减去投标报价时的估算费用,即为索赔金额。

$$索赔金额＝索赔工程的总费用－原合同报价 \qquad (5.2.3)$$

这种计算方法简单但不尽合理,一方面,实际完成工程的总费用中可能包括由于承包人的原因(如管理不善、材料浪费、效率太低等)所增加的费用,而这些费用是属于不该索赔的;另一方面,原合同价也可能因工程变更或单价合同中的工程量变化等原因而不能代表真正的工程成本。凡此种种原因,使得采用此法往往会引起争议,故一般不常用总费用法。

但是在某些特定条件下,当需要具体计算索赔金额很困难,甚至不可能时,也可以采用总费用法。这种情况下,应具体核实已开支的实际费用,取消其中的不合理部分,力求接近实际情况。

3.修正的总费用法

修正的总费用法是对总费用法的改进,即在用总费用法计算索赔费用的基础上,去掉一些不合理的因素,使计算更合理。修正的内容为:

①将计算索赔金额的时段局限于受到外界影响的时间,而不是整个施工期;

②只计算受影响时段内的某项工作所受影响的损失,而不是计算该时段内所有施工工作所受的损失;

③与该项工作无关的费用不列入总费用中;

④对投标报价费用重新进行核算:按受影响时段内该项工作的实际单价进行核算,乘以实际完成的该项工作的工程量,得出调整后的报价费用。

按修正后的总费用计算索赔金额的公式如下:

$$索赔金额＝某项工作调整后的实际总费用－该项工作的报价费 \qquad (5.2.4)$$

想一想

索赔有哪些计算方法?

修正的总费用法与总费用法相比,有了实质性的改进,它的准确程度已接近于实际费用法。

例5.2.2:某高速公路项目施工过程中,由于业主修改高架桥的设计,监理工程师下令工程暂停一个月。试分析在这种情况下承包商可索赔哪些费用。

解:

承包商可索赔如下费用。

(1)人工费:对于不可辞退的工人,索赔人工窝工费,应按人工工日成本计算;对于可以辞退的工人,可索赔人工上涨费。

(2)材料费:可索赔超期储存费用或材料价格上涨费。

(3)施工机械使用费:可索赔机械窝工费或机械台班上涨费。自有机械窝工费一般按台班折旧费索赔;租赁机械一般按实际租金和调进调出的分摊费计算。

(4)分包费用:由于工程暂停,分包商向总包索赔的费用。总包向业主索赔应包括分包商向总包索赔的费用。

(5)现场管理费:由于全面停工,可索赔增加的工地管理费。工地管理费可按日计算,也可按直接成本的百分比计算。

(6)保险费:可索赔延期一个月的保险费,按保险公司保险费率计算。

(7)保函手续费:可索赔延期一个月的保函手续费,按银行规定的保函手续费率计算。

(8)利息:可索赔延期一个月增加的利息支出,按合同约定的利率计算。

(9)总部管理费:由于全面停工,可索赔延期增加的总部管理费,可按总部规定的百分比计算。如果工程只是部分停工,监理工程师可能不同意总部管理费的索赔。

例5.2.3:某引水渠工程长5 km,渠道断面为梯形开敞式,用浆砌石衬砌。该工程采用单价合同发包给承包人A,合同条件采用《水利水电土建工程施工合同条件》。合同开工日期为3月1日。合同工程量清单中土方开挖工程量为10万 m^3,单价为10元/m^3。合同规定工程量清单中项目的工程量增减变化超过20%时,属于变更。

在合同实施过程中发生了下列重要事项:

(1)项目法人采用专家建议并通过专题会议论证,拟采用现浇混凝土板衬砌方案。承包人通过其他渠道得到信息后,在未得到监理人指示的情况下对现浇混凝土板衬砌方案进行了一定的准备工作,并对原有工作(如石料采购、运输、工人招聘等)进行了一定的调整。但是,由于其他原因,现浇混凝土板衬砌方案最终未予正式实施。承包人在分析了由此造成的费用损失和工期延误的基础上,向监理人提交了索赔报告。

(2)合同签订后,承包人按规定时间向监理人提交了施工总进度计划并得到监理人的批准。但是,由于6、7、8、9四个月为当地雨季,降雨造成了必要的停工、工效降低等,实际施工进度比原施工进度计划缓慢。为保证工程按照合同工期完工,承包人增加了挖掘、运输设备和衬砌工人。由此,承包人向监理人提交了索赔报告。

(3)渠线某段长500 m,为深槽明挖段。实际施工中发现,地下水位比招标资料提供的地下水位高3.10 m(属于发包人提供资料不准),需要采取降水措施才能正常施工。据此,承包人提出了降低地下水位措施并按规定程序得到监理人的批准。同时,承包人提出了费用补偿要求,但未得到发包人的同意。发包人拒绝补偿的理由是:地下水位变化属于正常现象,属于承包人风险。在此情况下,承包人采取了暂停施工的做法。

(4)在合同实施中,承包人实际完成并经监理人签认的土方开挖工程量为12万 m³,经合同双方协商,对超过合同规定百分比的工程量按照调整单价11元/m³结算。工程量的变化未发生规定的施工组织和进度计划调整引起的价格调整。

问题:

(1)对于事项(1),监理人是否应同意承包人的索赔?

(2)对于事项(2),监理人是否应同意承包人的索赔?

(3)对于事项(3),承包人是否有权得到费用补偿?承包人的行为是否符合合同约定?

(4)对于事项(4),承包人是否有权延长工期?承包人有权得到多少土方开挖价款?

解:

(1)对于事项(1),监理人应拒绝承包人提出的索赔。合同条件规定,未经监理人指示,承包人不得进行任何变更。承包人自行安排所造成的工期延误和费用增加应由承包人承担。

(2)对于事项(2),监理人应拒绝承包人提出的索赔。合同条件规定,非异常气候引起的工期延误属于承包人风险。

(3)对于事项(3),属于发包人提供资料不准确造成的损失,承包人有权得到费用补偿。但是,承包人的行为不符合合同约定。依据合同规定,承包人不得因索赔处理未果而不履行合同义务。

(4)对于事项(4),实际完成土方工程量12万 m³,虽然比工程量清单中的估计工程量10万 m³多,但未超过$(1+20\%) \times 10$万 m³,故不构成变更。因此,承包人无权延长工期。承包人有权得到土方开挖的价款为12×10万元$=120$万元。

任务3　施工进度管理

任务描述

本任务学习施工进度管理,学生应掌握实际进度与计划的比较,掌握成本管理的措施,了解成本的过程控制,掌握工程价款的结算与索赔。

课前任务

1.分组讨论"想一想"的问题,发挥团队合作精神。

2.分组进行"问一问",了解施工进度管理。

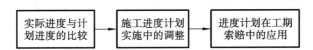

一、实际进度与计划进度的比较

（一）横道图比较法

横道图比较法是指将项目实施过程中检查实际进度收集到的数据，经加工整理后直接用横道线平行绘于原计划的横道线处，进行实际进度与计划进度的比较。采用横道图比较法，可以形象、直观地反映实际进度与计划进度的比较情况。

例如，某工程项目基础工程的计划进度和截至第 8 周末的实际进度如图 5.3.1 所示，其中双线条表示该工程的计划进度，粗实线表示实际进度。从图中可以看出，到第 8 周末进行实际进度检查时，挖土方和做垫层两项工作已经完成；支模板按计划应该完成 75％，但实际只完成 50％，任务量拖欠 25％；绑钢筋按计划应该完成 40％，而实际只完成 20％，任务量拖欠 20％。

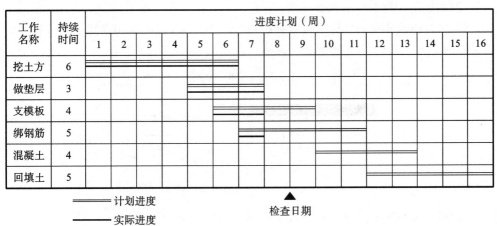

图 5.3.1 某基础工程实际进度与计划进度的比较图

根据各项工作的进度偏差，进度控制者可以采取相应的纠偏措施对进度计划进行调整，以确保该工程按期完成。

图 5.3.1 所表达的比较方法仅适用于工程项目中的各项工作都是均匀进展的情况，即每项工作在单位时间内完成的任务量都相等的情况。事实上，工程项目中各项工作的进展不一定是匀速的。根据工程项目中各项工作的进展是否匀速，可分别采用以下两种方法进行实际进度与计划进度的比较。

1. 匀速进展横道图比较法

匀速进展是指在工程项目中，每项工作在单位时间内完成的任务量都是相等的，即工作的进展速度是均匀的。此时，每项工作累计完成的任务量与时间呈线性关系，

想一想

实际进度的横道线的右端点落在检查日期的左侧，实际进度提前了还是落后了？

如图 5.3.2 所示。

　　完成的任务量可以用实物工程量、劳动消耗量或费用支出表示。为了便于比较，通常用上述物理量的百分比表示。

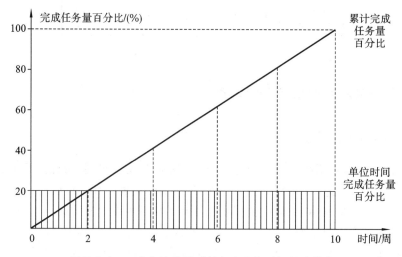

图 5.3.2　工作匀速进展时其任务量与时间关系曲线

　　采用匀速进展横道图比较法时，步骤如下：

（1）编制横道图进度计划。

（2）在进度计划上标出检查日期。

（3）将检查收集到的实际进度数据进行加工整理后，按比例用涂黑的粗线标于计划进度的下方，如图 5.3.3 所示。

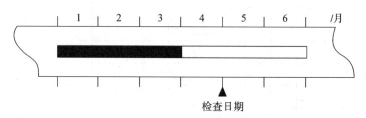

图 5.3.3　匀速进展横道图比较法

问一问

各项工作非匀速进展的情况下，用匀速进展横道图比较法会带来什么后果？

（4）对比分析实际进度与计划进度：

①如果涂黑的粗线右端落在检查日期左侧，表明实际进度拖后；

②如果涂黑的粗线右端落在检查日期右侧，表明实际进度超前；

③如果涂黑的粗线右端与检查日期重合，表明实际进度与计划进度一致。

　　必须指出，该方法仅适用于工作从开始到结束的整个过程中，其进展速度均为固定不变的情况。如果工作的进展速度是变化的，则不能采用这种方法进行实际进度与计划进度的比较；否则，会得出错误的结论。

　　例 5.3.1：某工程的基坑按施工进度计划安排需要 10 天时间完成，每天工作进度相同，在第 6 天检查时，工程实际完成 55%。试对此工程进行横道图比较。

　　解：

　　（1）编制横道图进度计划，如图 5.3.4 所示；

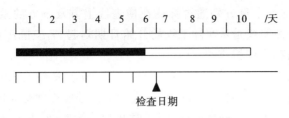

图 5.3.4　某工程匀速进展横道图

（2）在进度计划上标出检查日期；

（3）将前 6 天实际进度按比例用涂黑的粗线标于计划进度的下方，如图 5.3.4 所示；

（4）对比分析实际进度与计划进度：涂黑的粗线右端落在检查日期左侧，实际进度拖后。

2.非匀速进展横道图比较法

当工作在不同单位时间里的进展速度不相等时，累计完成的任务量与时间的关系就不可能是线性关系。此时，应采用非匀速进展横道图比较法进行工作实际进度与计划进度的比较。

非匀速进展横道图比较法有双比例单侧横道图比较法和双比例双侧横道图比较法两种。由于双比例双侧横道图比较法绘制和识别都较复杂，故本书所讲的非匀速进展横道图比较法指的只是双比例单侧横道图比较法，即在用涂黑粗线表示工作实际进度的同时，还要标出其对应时刻完成任务量的累计百分比，并将该百分比与其同时刻计划完成任务量的累计百分比相比较，判断工作实际进度与计划进度之间的关系。

采用非匀速进展横道图比较法时，步骤如下：

（1）编制横道图进度计划。

（2）在横道线上方标出各主要时间工作的计划完成任务量累计百分比。

（3）在横道线下方标出相应时间工作的实际完成任务量累计百分比。

（4）用涂黑粗线标出工作的实际进度，从开始之日标起，同时反映出该工作在实施过程中的连续与间断情况。

（5）通过比较同一时刻实际完成任务量累计百分比和计划完成任务量累计百分比，判断工作实际进度与计划进度之间的关系：

①如果同一时刻横道线上方累计百分比大于横道线下方累计百分比，表明实际进度拖后，拖欠的任务量为二者之差；

②如果同一时刻横道线上方累计百分比小于横道线下方累计百分比，表明实际进度超前，超前的任务量为二者之差；

③如果同一时刻横道线上下方两个累计百分比相等，表明实际进度与计划进度一致。

这种比较法适合于在施工速度变化的情况下进行进度比较，除反映检查日期的进度比较情况外，还能提供某一指定时间段实际进度与计划进度比较情况的信息。当然，这就必须要求实施部门按规定的时间记录当时的工作完成情况。

需要指出：由于施工速度是变化的，因此横道图中的横道线不管是计划进度的还是实际进度的，都只表示工作的开始时间、持续天数和完成的时间，并不表示计划完成

想一想

如何表示工程停工现象？

量和实际完成量,这两个量分别通过标注在横道线上方及下方的累计百分比数量表示。实际进度的涂黑粗线是从实际工程的开始日期划起,若实际工程中有施工间断,亦可在图中将涂黑粗线作相应的空白。

横道图比较法虽有记录和比较简单、形象直观、易于掌握、使用方便等优点,但由于其以横道计划为基础,因而带有局限性。由于工作进展速度是变化的,因此,横道图中的横道线只能表示工作的开始时间、完成时间和持续时间,并不表示计划完成的任务量和实际完成的任务量。横道计划不能够明确地反映各项工作之间的逻辑关系,关键工作和关键线路无法确定,一旦某些工作实际进度出现偏差,就难以预测其对后续工作和工程总工期的影响,也就难以确定相应的进度计划调整方法。因此,横道图比较法主要用于工程项目中某些工作实际进度与计划进度的局部比较。

例 5.3.2:某工程的钢筋绑扎工程按施工计划安排需要 9 天完成,工程每天计划完成任务的累计百分比分别为 5％、10％、20％、35％、50％、65％、80％、90％、100％。第 4 天检查情况是:工作 1 天、2 天、3 天末和检查日期的实际完成任务的百分比分别为 6％、12％、22％、40％。试对此工程进行横道图比较。

解:

(1)编制横道图进度计划,如图 5.3.5 所示。

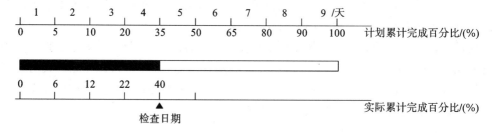

图 5.3.5　某钢筋绑扎工程非匀速进展横道图

(2)在横道线上方标出钢筋绑扎工程每天计划完成任务的累计百分比(5％、10％、20％、35％、50％、65％、80％、90％、100％)。

(3)在横道线下方标出工作 1 天、2 天、3 天末和检查日期的实际完成任务的百分比(6％、12％、22％、40％)。

(4)用涂黑粗线标出实际进度线。

(5)比较实际进度与计划进度的偏差。从图 5.3.5 中可以看出,该工作在第 1 天实际进度比计划进度提前 1％,第 2 天实际进度比计划进度提前 2％,第 3 天实际进度比计划进度提前 2％,第 4 天实际进度比计划进度提前 5％。

例 5.3.3:某工作第 4 周之后的计划进度与实际进度如图 5.3.6 所示。

从图中可获得哪些正确的信息?

解:

分析此图可得到如下信息:

(1)原计划第 4 周至第 6 周为匀速进展;

(2)原计划第 8 周至第 10 周为匀速进展;

(3)实际第 6 周后半周末进行本工作;

(4)第 9 周末实际进度与计划进度相同。

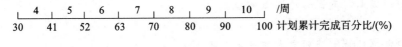

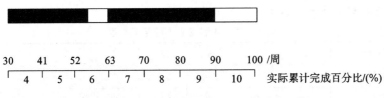

图 5.3.6　某工作的实际进度与计划进度比较

（二）S 曲线比较法

1.S 曲线的概念

S 曲线比较法是以横坐标表示时间,纵坐标表示累计完成任务量,绘制一条按计划时间累计完成任务量的 S 形曲线;然后将工程项目实施过程中各检查时间实际累计完成任务量的 S 曲线也绘制在同一坐标系中,进行实际进度与计划进度比较的一种方法。

S 曲线比
较法

从整个工程项目实际进展全过程看,单位时间投入的资源量一般是开始和结束时较少,中间阶段较多。与其相对应,单位时间完成的任务量也呈同样的变化规律。而随工程进展累计完成的任务量则呈 S 形变化,S 曲线因此而得名。

2.S 曲线的绘制

S 曲线的绘制步骤如下:

(1)确定单位时间计划完成任务量。

(2)计算不同时间累计完成任务量。

(3)根据累计完成任务量绘制 S 曲线。

例 5.3.4:某土方工程总的开挖量为 $2000\ m^3$,按照施工方案,计划 8 天完成,每天计划完成的土方开挖量如图 5.3.7 所示。

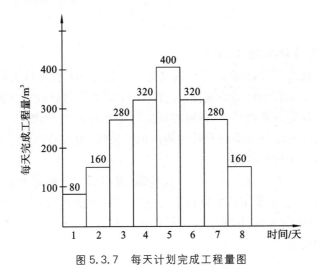

图 5.3.7　每天计划完成工程量图

试绘制该土方工程的计划 S 曲线。

解：

1.确定单位时间计划完成任务量

将每天计划完成的土方开挖量列于表5.3.1中。

可以从 S 曲线中获得什么信息？

表 5.3.1　计划完成工程量汇总表

时间/天	1	2	3	4	5	6	7	8
每天完成量/m³	80	160	280	320	400	320	280	160
累计完成量/m³	80	240	520	840	1240	1560	1840	2000

2.计算不同时间累计完成任务量

依次计算每天累计完成的工程量,结果列于表5.3.1中。

3.根据累计完成任务量绘制 S 曲线

根据每天计划累计完成的土方开挖量绘制 S 曲线,如图5.3.8所示。

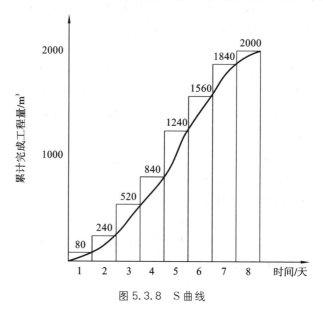

图 5.3.8　S 曲线

3.实际进度与计划进度比较

同横道图比较法一样,S 曲线比较法也是在图上进行工程项目实际进度与计划进度的直观比较。在工程项目实施过程中,按照规定时间将检查收集到的实际累计完成任务量绘制在原计划 S 曲线图上,即可得到实际进度 S 曲线,如图5.3.9所示。

通过比较实际进度的 S 曲线和计划进度的 S 曲线,可以获得如下信息。

1)工程项目实际进展状况

如果工程实际进展点落在计划 S 曲线左侧,表明此时实际进度比计划进度超前,如图5.3.9中的 a 点;如果工程实际进展点落在计划 S 曲线右侧,表明此时实际进度拖后,如图5.3.9中的 b 点;如果工程实际进展点正好落在计划 S 曲线上,则表示此时实际进度与计划进度一致。

2)工程项目实际进度超前或拖后的时间

在 S 曲线比较图中可以直接读出实际进度比计划进度超前或拖后的时间。如图

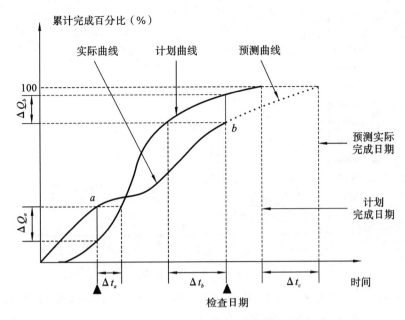

图 5.3.9 S曲线比较图

5.3.9 所示，Δt_a 表示 T_a 时刻实际进度超前的时间；Δt_b 表示 T_b 时刻实际进度拖后的时间。

3）工程项目实际超额完成或拖欠的任务量

在 S 曲线比较图中也可直接读出实际进度比计划进度超额完成或拖欠的任务量。如图 5.3.9 所示，ΔQ_a 表示 T_a 时刻超额完成的任务量，ΔQ_b 表示 T_b 时刻拖欠的任务量。

4）后期工程进度预测

如果后期工程按原计划速度进行，则可做出后期工程计划 S 曲线，如图 5.3.9 中虚线所示，从而可以确定工期拖延预测值 Δt_c。

例 5.3.5：某土方工程的总开挖量为 10 000 m³，要求在 10 天内完成，不同时间计划土方开挖量和实际完成任务情况如表 5.3.2 所示。

表 5.3.2 土方开挖量

时间/天	1	2	3	4	5	6	7	8	9	10
计划完成量/m³	200	600	1000	1400	1800	1800	1400	1000	600	200
实际完成量/m³	800	600	600	700	800	1000				

试应用 S 曲线对第 2 天和第 6 天的工程实际进度与计划进度进行比较分析。

解：

（1）绘制出的计划和实际累计完成工程量 S 曲线如图 5.3.10 所示。

（2）由 S 曲线图可知：在第 2 天检查时实际完成工程量与计划完成工程量的偏差 $\Delta Q_2 = 600$ m³，即实际超计划完成 600 m³；在时间进度上提前 $\Delta t_2 = 1$ 天完成相应工程量。

想一想
S 曲线比较法和横道图比较法相比，有哪些优缺点？

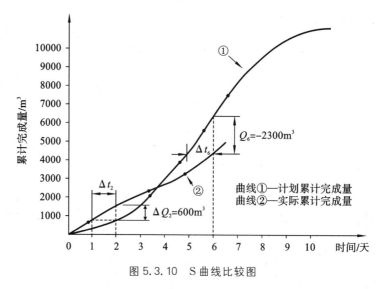

图 5.3.10　S 曲线比较图

(3)在第 6 天检查时，实际完成工程量与计划完成工程量的偏差 $\Delta Q_6 = -2300\ m^3$，即实际完成量比计划完成量少 $2300\ m^3$。

(三)香蕉曲线比较法

1. 香蕉曲线的概念

香蕉曲线
比较法

香蕉曲线是由两条 S 曲线组合而成的闭合曲线。由 S 曲线比较法可知，工程项目累计完成的任务量与计划时间的关系可以用一条 S 曲线表示。对于一个工程项目的网络计划来说，以其中各项工作的最早开始时间安排进度而绘制成的 S 曲线称为 ES 曲线，以其中各项工作的最迟开始时间安排进度而绘制成的 S 曲线则称为 LS 曲线。两条 S 曲线具有相同的起点和终点，因此两条曲线是闭合的。在一般情况下，ES 曲线上的各点均落在 LS 曲线相应点的左侧，由于形似"香蕉"，故称为香蕉曲线，如图 5.3.11所示。

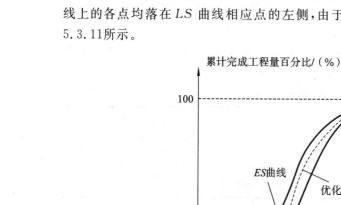

图 5.3.11　香蕉曲线比较图

2. 香蕉曲线的绘制

香蕉曲线的绘制方法与 S 曲线的绘制方法基本相同,所不同的是,香蕉曲线是由按工作最早开始时间和最迟开始时间安排进度分别绘制成的两条 S 曲线组合而成的。其绘制步骤如下:

(1)以工程项目的网络计划为基础,分别绘制出各项工作按最早开始时间安排进度的时标网络图和按最迟开始时间安排进度的时标网络图。

(2)分别计算各项工作的最早开始时间和最迟开始时间。

(3)计算项目总任务量,即对所有工作在各单位时间计划完成的任务量累加求和。

(4)根据各项工作按最早开始时间安排的进度计划,确定各项工作在各单位时间的计划完成任务量,即将各项工作在某一单位时间计划完成的任务量累加求和,再确定不同的时间累计完成的任务量或任务量的百分比。

想一想

香蕉曲线是如何形成的?

(5)根据各项工作按最迟开始时间安排的进度计划,确定各项工作在各单位时间的计划完成任务量,即将各项工作在某一单位时间计划完成的任务量累加求和,再确定不同的时间累计完成的任务量或任务量的百分比。

(6)绘制香蕉曲线。分别根据各项工作按最早开始时间、最迟开始时间安排的进度计划而确定的累计完成任务量或任务量的百分比描绘各点,并连接各点,从而得到 ES 曲线和 LS 曲线,由 ES 曲线和 LS 曲线组成香蕉曲线。

例 5.3.6:已知某工程项目网络计划如图 5.3.12 所示,图中箭线上方括号内的数字表示各项工作计划完成的任务量,以劳动消耗量表示,箭线下方的数字表示各项工作的持续时间。

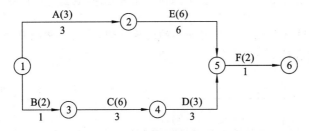

图 5.3.12　某工程项目网络计划图

试绘制此工程的香蕉曲线。

想一想

如何绘制香蕉曲线?

解:

(1)以网络图为基础,计算各工作的最早开始时间和最迟开始时间,如表 5.3.3 所示。

表 5.3.3　各工作的有关时间参数

序号	工作编号	工作名称	$D_{i,j}$/天	ES_i	LS_i
1	1—2	A	3	0	0
2	1—3	B	1	0	2
3	3—4	C	3	1	3
4	4—5	D	3	4	6
5	2—5	E	6	3	3
6	5—6	F	1	9	9

(2)假设各工作匀速进行,即各工作每天的劳动消耗量相同,确定每项工作每天的劳动消耗量如下。

工作 A:3÷3＝1　　　工作 B:2÷1＝2　　　工作 C:6÷3＝2

工作 D:3÷3＝1　　　工作 E:6÷6＝1　　　工作 F:2÷1＝2

计算工程项目劳动消耗总量 Q:

$$Q=3+2+6+6+3+2=22$$

根据各项工作按最早开始时间安排的进度计划,确定工程项目每天的计划劳动消耗量和累计劳动消耗量,如图 5.3.13 所示。

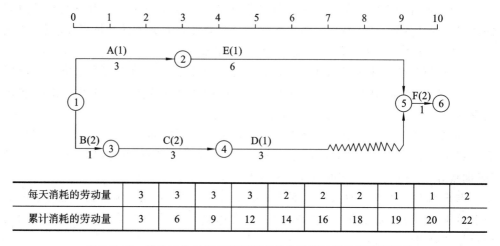

每天消耗的劳动量	3	3	3	3	2	2	2	1	1	2
累计消耗的劳动量	3	6	9	12	14	16	18	19	20	22

图 5.3.13　按各工作最早开始时间安排的进度计划及劳动消耗量

根据各项工作按最迟开始时间安排的进度计划,确定工程项目每天的计划劳动消耗量和累计劳动消耗量,如图 5.3.14 所示。

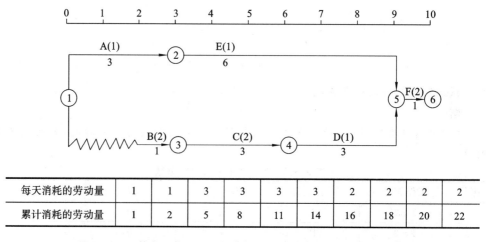

每天消耗的劳动量	1	1	3	3	3	3	2	2	2	2
累计消耗的劳动量	1	2	5	8	11	14	16	18	20	22

图 5.3.14　按各工作最迟开始时间安排的进度计划及劳动消耗量

(3)根据不同的累计劳动消耗量分别绘制 ES 曲线和 LS 曲线,便得到香蕉曲线,如图 5.3.15 所示。

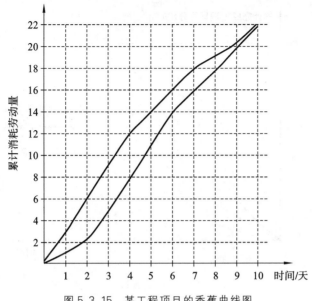

图 5.3.15　某工程项目的香蕉曲线图

3.香蕉曲线比较法的作用

在工程项目实施过程中,根据检查得到的实际累计完成任务量,按同样的方法在原计划香蕉曲线上绘出实际进度曲线,便可以进行实际进度与计划进度的比较。

在项目实施中,进度控制的理想状态是任意时刻按实际进度描绘的点都落在香蕉曲线的闭合区域内。利用香蕉曲线不但可以进行计划进度的合理安排,实际进度与计划进度的比较,还可以对后期工程进行预测,其主要作用如下。

1)合理安排工程项目进度计划

如果工程项目中的各项工作均按最早开始时间安排进度,将导致项目的投资加大;而如果各项工作都按最迟开始时间安排进度,一旦工程进度受到影响因素的干扰,将导致工期延期,使工程进度风险加大。因此,一个科学合理的进度计划优化曲线应处于香蕉曲线所包括的区域内,如图 5.3.16 中的中间那条曲线。

2)定期比较工程项目的实际进度与计划进度

在工程项目的实施过程中,根据每次检查收集到的实际完成任务量,绘制出实际进度 S 曲线,便可以与计划进度进行比较。工程项目实际进度的理想状态是任一时刻工程实际进展点落在香蕉曲线的范围之内,如果工程实际进展点落在 ES 曲线的左侧,表明此刻实际进度比各项工作按最早开始时间安排的计划进度超前;如果落在 LS 曲线的右侧,则表明此刻实际进度比各项工作按最迟开始时间安排的计划进度落后。

3)预测后期工程进展趋势

利用香蕉曲线可以对后期工程的进展情况进行预测。如在图 5.3.16 中,该工程项目在检查日实际进度超前,检查日期之后的后期工程进度安排如图中虚线所示,预计该工程项目可提前完成。

想一想

绘制香蕉曲线这么复杂,为什么要绘制香蕉曲线?

想一想

香蕉曲线与S曲线相比，有哪些优缺点？

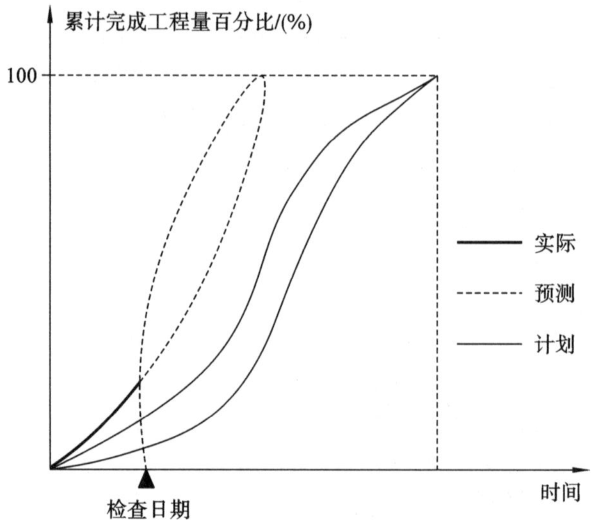

图 5.3.16　工程进展趋势预测图

（四）前锋线比较法

1.前锋线比较法的概念

前锋线比较法

前锋线比较法是通过绘制某检查时刻的工程项目实际进度前锋线，进行工程实际进度与计划进度比较的方法，它主要适用于时标网络计划。所谓前锋线，是指在原时标网络计划上，从检查时刻的时标点出发，用点划线依此将各项工作实际进展位置点连接而成的折线。前锋线比较法就是通过实际进度前锋线与原进度计划中各工作箭线交点的位置来判断工作实际进度与计划进度的偏差，进而判定该偏差对后续工作及总工期影响程度的一种方法。

2.前锋线比较法的步骤

采用前锋线比较法进行实际进度与计划进度的比较，步骤如下。

1)绘制时标网络计划图

工程项目实际进度前锋线是在时标网络计划图上标示的，为清楚起见，可在时标网络计划图的上方和下方各设一时间坐标。

2)绘制实际进度前锋线

一般从时标网络计划图上方时间坐标的检查日期开始绘制，依次连接相邻工作的实际进展位置点，最后与时标网络计划图下方坐标的检查日期相连接。

工作实际进展位置点的标定方法有两种：

(1)按该工作已完任务量比例进行标定。

假设工程项目中各项工作均为匀速进展，根据实际检查时刻该工作已完成任务量占计划完成任务量的比例，在工作箭线上从左至右按相同的比例标定其实际进展位置点。

(2)按尚需作业时间进行标定。

当某些工作的持续时间难以按实物工程量来计算，而只能凭经验估算时，可以先估算出检查时刻到该工作全部完成尚需作业的时间,然后在该工作箭线上从右至左逆向标定其实际进展位置点。

3)进行实际进度与计划进度的比较

前锋线可以直观地反映出检查日期有关工作实际进度与计划进度之间的关系。对某项工作来说,其实际进度与计划进度之间的关系可能存在以下三种情况:

(1)工作实际进展位置点落在检查日期的左侧,表明该工作实际进度拖后,拖后的时间为二者之差;

(2)工作实际进展位置点与检查日期重合,表明该工作实际进度与计划进度一致;

(3)工作实际进展位置点落在检查日期的右侧,表明该工作实际进度超前,超前的时间为二者之差。

4)预测进度偏差对后续工作及总工期的影响

通过实际进度与计划进度的比较确定进度偏差后,还可根据工作的自由时差和总时差预测该进度偏差对后续工作及项目总工期的影响。由此可见,前锋线比较法既适用于工作实际进度与计划进度之间的局部比较,又可用来分析和预测工程项目整体进度状况。

值得注意的是,以上比较针对的是匀速进展的工作。对于非匀速进展的工作,比较方法较复杂,此处不赘述。

例 5.3.7:已知某工程双代号网络计划如图 5.3.17 所示,该项任务要求工期为 14 天。第 5 天末检查发现:A 工作已完成 3 天工作量,B 工作已完成 1 天工作量,C 工作已全部完成,E 工作已完成 2 天工作量,D 工作已全部完成,G 工作已完成 1 天工作量,H 工作尚未开始,其他工作均未开始。

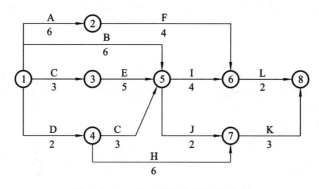

图 5.3.17　某工程双代号网络计划

试应用前锋线比较法分析工程实际进度与计划进度。

解:

1.绘制前锋线比较图

将题示的网络进度计划图绘成时标网络图,如图 5.3.18 所示。再根据题示的有关工作的实际进度,在该时标网络图上绘出实际进度前锋线。

想一想

前锋线法与 S 曲线、横道图比较法有何不同?

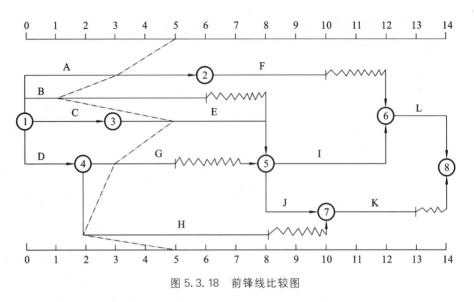

图 5.3.18　前锋线比较图

想一想
为什么工程实践中,前锋线法应用较为广泛?

2. 实际进度与计划进度比较及预测

由图 5.3.18 可见,工作 A 进度偏差 2 天,不影响工期;工作 B 进度偏差 4 天,影响工期 2 天;工作 E 无进度偏差,正常;工作 G 进度偏差 2 天,不影响工期;工作 H 进度偏差 3 天,不影响工期。

例 5.3.8:某分部工程双代号时标网络计划执行到第 2 周末及第 8 周末时,检查实际进度后绘制的前锋线如图 5.3.19 所示。

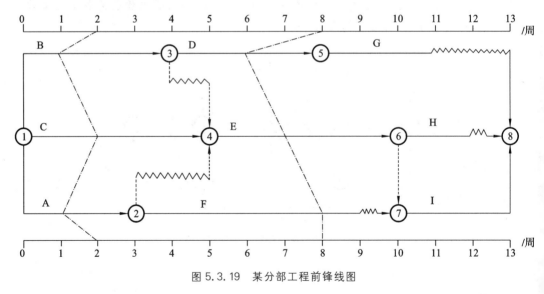

图 5.3.19　某分部工程前锋线图

能从图中可获得哪些信息?

解:

(1)第 2 周末检查时,A 工作拖后 1 周,F 工作变为关键工作。

(2)第 2 周末检查时,B 工作拖后 1 周,但不影响工期。

(3)第 2 周末检查时,C 工作正常。

(4)第 8 周末检查时,D 工作拖后 2 周,但不影响工期。

(5)第 8 周末检查时,E 工作拖后 1 周,并影响工期 1 周。

（五）列表比较法

1.列表比较法的概念

当采用无时间坐标网络计划时也可以采用列表比较法。

列表比较法

列表比较法是通过将某一检查日期某项工作的尚有总时差与原有总时差的计算结果列于表格之中进行比较，以判断工程实际进度与计划进度相比超前或滞后情况的方法；也就是记录检查时正在进行的工作名称和已进行的天数，然后列表计算有关参数，根据原有总时差和尚有总时差比较实际进度与计划进度的方法。

2.列表比较法的步骤

(1)计算检查时正在进行的工作。

(2)计算工作最迟完成时间、总时差、自由时差。

(3)列表计算各参数，分析工作实际进度与计划进度的偏差。

具体结论可归纳如下：

(1)若工作总时差大于原总时差，说明实际进度超前，且为两者之差。

(2)若工作总时差等于原总时差，说明实际进度与计划进度一致。

(3)若工作总时差小于原总时差且为非负值，说明实际进度落后但计划工期不受影响，此时滞后的天数为两者之差。

(4)若工作总时差小于原总时差且为负值，说明实际进度落后且计划工期已受影响，此时滞后的天数为两者之差，而计划工期的延迟天数与工序尚有总时差相等，此时应当调整计划。

例 5.3.9：某工程进度计划如图 5.3.20 所示，第 5 天末检查发现：A 工作已完成 3 天工作量，B 工作已完成 1 天工作量，C 工作已全部完成，E 工作已完成 2 天工作量，D 工作已全部完成，G 工作已完成 1 天工作量，H 工作尚未开始，其他工作均未开始。

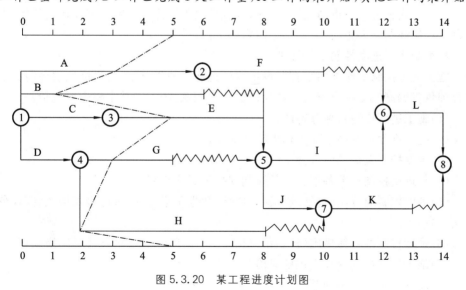

图 5.3.20 某工程进度计划图

试应用列表比较法分析工程实际进度与计划进度。

解：

应用列表比较法，检查分析结果如表 5.3.4 所示。

表 5.3.4   列表比较法检查分析结果

工作名称	检查计划时尚需作业天数	到计划最迟完成时尚余天数	原有总时差	尚有总时差	进度偏差	情况判别	
						影响基期	影响紧后工作最早开始时间
A	6－3＝3	8－5＝3	2	3－3＝0	2	否	影响 F 工作 2 天
B	6－1＝5	8－5＝3	2	3－5＝－2	4	影响工期 2 天	影响 I,J 工作各 2 天
E	5－2＝3	8－5＝3	0	3－3＝0	0	否	否
G	3－1＝2	8－5＝3	3	3－2＝1	2	否	否
H	6－0＝6	11－5＝6	3	6－6＝0	3	否	影响 K 工作 1 天

想一想
列表比较法什么时候用?

想一想
学习了几种进度比较法,若上级领导来检查进度,你用哪种比较方法能让领导对工程进度一目了然?

二、施工进度计划实施中的调整

(一)施工阶段进度控制工作流程

思政元素
学习要多总结,学而不思则罔,思而不学则殆。

建设工程施工阶段进度控制工作流程如图 5.3.21 所示。

(二)施工阶段进度控制工作内容

1.监理单位的主要工作内容

建设工程施工阶段进度控制工作从审核承包单位提交的施工进度计划开始,直至建设工程保修期满为止,其主要工作内容如下。

1)编制施工进度控制工作细则

施工进度控制工作细则是在建设工程监理规划的指导下,由进度控制部门的监理工程师负责编制的更具有实施性和操作性的监理业务文件,其主要内容包括:

(1)施工进度控制目标分解图;

(2)施工进度控制的主要工作内容和深度;

(3)进度控制人员的职责分工;

(4)与进度控制有关各项工作的时间安排及工作流程;

(5)进度控制的方法(包括进度检查周期、数据采集方式、进度报表格式、统计分析方法等);

(6)进度控制的具体措施(包括组织措施、技术措施、经济措施及合同措施等);

(7)施工进度控制目标实现的风险分析;

(8)尚待解决的有关问题。

2)编制或审核施工进度计划

想一想
为什么要对工程进行进度控制?进度控制为什么要按流程进行?

为了保证建设工程的施工任务按期完成,监理工程师必须严格审核承包单位提交的施工进度计划。对于采取平行承发包模式发包的某些大型建设工程,或单位工程较

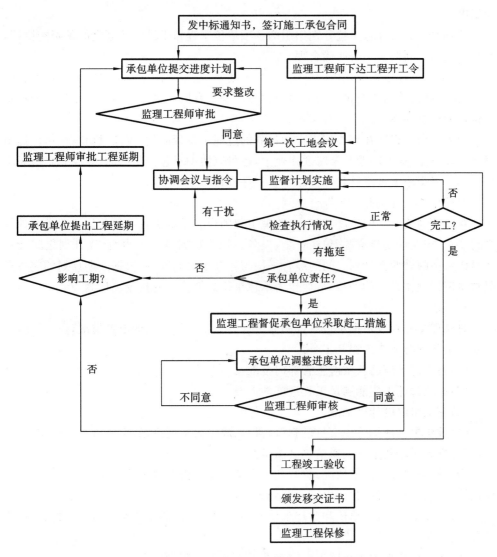

图 5.3.21 建筑工程施工进度控制的工作流程图

多,业主采取分批发包模式的建设工程,由于其没有一个负责全部工程的总承包单位,这时业主的协调工作增加,而接受业主委托进行监理的监理工程师就要编制施工总进度计划;当建设工程有一个总负责的总承包单位时,监理工程师只需对其提交的施工总进度计划进行审核而不需要编制。

监理工程师对施工进度计划的审核内容主要有:

(1)审核进度安排是否符合工程项目建设总进度计划中总目标和分目标的要求,是否符合施工合同中开工日期、竣工日期的规定。

(2)审核施工总进度计划中的项目是否有遗漏,分期施工是否满足分批动用的需要和配套动用的要求。

(3)审核施工顺序的安排是否符合施工工艺的要求。

(4)审核劳动力、材料、构配件、设备及施工机具、水、电等生产要素的供应计划是否能保证施工进度计划的实现,供应是否均衡及资源需求高峰期是否有足够能力实现计划供应。

(5)审核总包、分包单位分别编制的各项单位工程施工进度计划之间是否相协调，专业分工与计划衔接是否明确合理。

(6)审核由业主负责提供的施工条件(包括资金、施工图纸、施工场地、采供的物资等)在施工进度计划中安排得是否明确、合理，是否有因业主违约而导致工程延期和费用索赔的可能存在。

如果监理工程师在审查施工进度计划的过程中发现问题，应及时向承包单位提出书面整改意见，重大问题要及时通知业主，也可以协助承包单位修改，修改完之后要求承包单位提交施工进度计划并按原审核程序进行审核，直至通过。

3)按年、季、月编制工程综合计划

做一做
请自己总结四种进度控制措施的适用情况。

在按计划期编制的进度计划中，监理工程师应着重解决各承包单位施工进度计划之间、施工进度计划与资源(包括资金、设备、机具、材料及劳动力)保障计划之间及外部协作条件的延伸性计划之间的综合平衡与相互衔接问题；并根据上期计划的完成情况对本期计划做必要的调整，从而作为承包单位近期执行的指令性计划。

4)下达工程开工令

总监理工程师应根据承包单位和业主双方关于工程开工的准备情况，在满足以下必要开工条件时下达工程开工令。

(1)施工许可证已获政府主管部门批准。

(2)征地拆迁工作能满足工程进度的需要。

问一问
监理工程师审核进度计划的程序是什么？

(3)施工组织设计已批准。

(4)承包单位现场管理人员已到位，机具、施工人员已进场，主要材料已落实。

(5)进场道路及水、电、通信等已满足开工要求。

为了检查双方的准备情况，总监理工程师应参加由业主主持召开的第一次工地会议。第一次工地会议应包括以下主要内容：

(1)建设单位、承包单位和监理单位分别介绍各自驻施工现场的组织机构、人员及其分工。

问一问
第一次工地会议的会议纪要由谁起草？

(2)建设单位根据委托监理合同宣布对总监理工程师的授权。

(3)建设单位介绍开工准备情况。

(4)承包单位介绍施工准备情况。

(5)建设单位和总监理工程师对施工准备情况提出意见和要求。

(6)总监理工程师介绍监理规划的主要内容。

(7)研究确定各方在施工过程中参加工地例会的主要人员，召开工地例会的周期、地点及主要议题。

5)协助承包单位实施进度计划

监理工程师要随时对建设工程进度进行跟踪检查，及时发现进度计划在实施过程中所存在的问题，并向承包单位提出。当承包单位内外协调能力薄弱时，应适当帮助承包单位，解决存在的进度问题。

6)监督施工进度计划的实施

监理人员应在建设工程施工过程中做好监理日志、监理工作记录，进行现场监督和旁站监理，监督好每一道工序、每一个分部分项工程的实施进度，从而保证项目整体进度计划的实施与实现。

7)组织现场协调会

监理工程师应定期、根据需要及时组织召开不同层级的现场协调会,以解决工程施工过程中的协调与配合问题。现场协调会的内容主要包括:

(1)承包人报告近期的施工活动,提出近期的施工计划安排和要求,简要陈述发生或存在的问题。

(2)监理单位就施工进度和质量予以简要评述,并根据承包人提出的施工活动安排和要求,安排监理人员进行施工监理和相关方之间的协调工作。

在平行、交叉施工单位多,工序交接频繁且工期紧迫的情况下,现场协调会甚至需要每日召开。

对于某些未曾预料的突发变故或问题,监理工程师还可以通过发布紧急协调指令,督促有关单位采取应急措施以维护正常的施工秩序。

8)签发工程进度款支付凭证

监理工程师应对承包单位申报的已完分项工程量进行核实,在质量监理人员检查验收后,签发工程进度款支付凭证。

9)审批工程延期

造成工程进度拖延的原因有两个方面:一是承包单位自身的原因,一是承包单位以外的原因。前者所造成的进度拖延称为工程延误;而后者所造成的进度拖延称为工程延期。

10)向业主提供进度报告

监理工程师应随时整理进度资料,并做好工程记录,定期向业主提交工程进度报告。

11)督促承包单位整理技术资料

监理工程师要根据工程进展情况,督促承包单位及时整理有关技术资料。

12)签署工程竣工报验单、提交质量评估报告

当单位工程达到竣工验收条件后,承包单位在自行预验的基础上提交工程竣工报验单,申请竣工验收。监理工程师在对竣工资料及工程实体进行全面检查且验收合格后,签署工程竣工报验单,并向业主提出质量评估报告。

13)整理工程进度资料

在工程完工以后,监理工程师应将工程进度资料收集起来,进行归类、编目和建档,以便为今后其他类似工程项目的进度控制提供参考。

14)工程移交

监理工程师应督促承包单位办理工程移交手续,颁发工程移交证书。在工程移交后的保修期内,还要处理验收后质量问题的原因及责任等争议问题,并督促责任单位及时修理。当保修期结束且再无争议时,建设工程进度控制的任务即告完成。

2.施工进度控制的工作内容

施工进度控制是确保各项目标实现的重要工作,其任务是实现项目的工期或进度目标,主要分为进度的事前控制、事中控制和事后控制。

1)进度的事前控制内容

(1)编制项目实施总进度计划,确定工程目标,作为合同条款和审核施工计划的

依据。

(2)审核施工进度计划,看其是否符合总工期控制的目标要求。

(3)审核施工方案的可行性、合理性和经济性。

(4)编制主要材料、设备的采购计划。

(5)审核施工总平面图,看其是否合理、经济。

(6)完成现场的障碍物拆除,进行"七通一平",创造必要的施工条件。

(7)按合同规定接收设计文件、资料及地方政府和上级的批文。

(8)按合同规定准备工程款项。

2)进度的事中控制内容

(1)进行工程进度的检查。审核每旬、每月的施工进度报告,一是审核计划进度和实际进度的差异;二是审核形象进度、实物工程量与工程量指标完成情况的一致性。

(2)进行工程进度的动态管理,即分析进度差异的原因,提出调整的措施和方案,相应调整施工进度计划、设计计划、材料供应计划和资金计划,必要时调整工期计划。

(3)组织现场协调会,实施进度计划调整后的安排。

(4)定期向业主、监理单位及上级机关报告工程进展情况。

3)进度的事后控制内容

当实际进度与计划进度发生差异时,在分析原因的基础上采取以下措施:①制定保证总工期不突破的对策措施;②制定总工期突破后的补救措施;③调整相应的施工计划,并组织协调和平衡。

4)项目经理部的进度控制程序

(1)根据施工合同确定的开工日期、总工期和竣工日期确定施工目标,明确计划开工日期、计划总工期和计划竣工日期,确定项目分期分批的开、竣工日期。

(2)编制施工进度计划,具体安排实现前述目标的工艺关系、组织关系、搭接关系、起止时间、劳动力计划、材料计划、机械计划、其他保证性计划。

(3)向监理工程师提出开工报告,按监理工程师开工令指定的开工日期开工。

(4)实施施工进度计划,在实施中加强协调和检查,若出现偏差(不必要的提前或延误)及时进行调整,并不断预测未来的进度情况。

(5)项目竣工验收前抓紧收尾阶段进度控制,全部任务完成前后进行进度控制总结,并编写进度控制报告。

(三)施工进度计划实施中的检查与调整

1.影响工程项目施工进度的因素

为了对工程项目的施工进度进行有效控制,必须在施工进度计划实施之前对影响工程项目工程进度的因素进行分析,进而提出保证施工进度计划实现的措施,以实现对工程项目施工进度的主动控制。影响工程项目施工进度的因素有很多,归纳起来,主要有以下几个方面。

1)工程建设相关单位的影响

影响工程项目施工进度的单位不只是施工承包单位,事实上,只要是与工程建设有关的单位(如政府有关部门、业主,设计单位、物资供应单位、贷款机构,以及运输、通信、供电等部门等),其工作进度的拖后必将对施工进度产生影响。因此,控制施工进度仅仅考虑施工承包单位是不够的,必须充分发挥监理的作用,协调各相关单位之间的进度关系。而对于那些无法进行协调控制的因素,在进度计划的安排中应留有足够的机动时间。

2)物资供应进度的影响

施工过程中需要的材料、构配件、机具和设备等如果不能按期运抵施工现场或者运抵施工现场后发现其质量不符合有关标准的要求,都会对施工进度产生影响。因此,项目进度控制人员应严格把关,采取有效措施控制物资供应进度。

3)资金的影响

工程施工的顺利进行必须有足够的资金做保障。一般来说,资金的影响主要来自业主,业主没有及时给足工程预付款或者拖欠了工程进度款,都会影响到承包单位流动资金的周转,进而影响施工进度。项目进度控制人员应根据业主的资金供应能力安排好施工进度计划,并督促业主及时拨付工程预付款和工程进度款,以免因资金供应不足而拖延进度,导致工期索赔。

4)设计变更的影响

在施工过程中出现设计变更是难免的,有时是由于原设计有问题需要修改,有时是由于业主提出了新的要求。项目进度控制人员应加强图纸审查,严格控制工程变更,特别是业主的变更要求,应引起重视。

5)施工条件的影响

在施工过程中,一旦遇到气候、水文、地质及周围环境等方面的不利因素,施工进度必然会受到影响。此时,承包单位应利用自身的技术组织能力予以克服。监理工程应积极疏通关系,协助承包单位解决那些自身不能解决的问题。

6)各种风险因素的影响

风险因素包括政治、经济、技术及自然等方面的各种可预见或不可预见的因素。政治方面的有战争、内乱、罢工、拒付债务、制裁等;经济方面的有延迟付款、汇率浮动、换汇控制、通货膨胀、分包单位违约等;技术方面的有工程事故、试验失败、标准变化等;自然方面的有地震、洪水等。

7)承包单位自身管理水平的影响

施工现场的情况千变万化,如果承包单位的施工方案不当、计划不周、管理不善、解决问题不及时等,都会影响工程项目的施工进度。

做一做
总结一下影响进度的因素。

8)其他

计划欠周密,参建各方协调不力,使计划实施脱节等。

正是由于上述各种因素的影响,施工进度计划的执行过程难免会产生偏差,一旦发现进度偏差,就应及时分析偏差产生的原因,采取必要纠偏措施或调整原进度计划,这种调整过程是一种动态控制的过程。

2.建设工程进度监测的系统过程和监测手段

在工程项目实施过程中,往往由于某些因素的干扰,实际进度与计划进度不能始终保持一致,也就是说,进度计划不变只是相对的,变化是绝对的。因此,为保证按期实现进度目标,在项目实施过程中需要不断对实际进度进行监测,将其进展情况与计划进度进行比较。

1)监测体系

在工程实施过程中,监理工程师应根据进度监测的系统过程(图5.3.22),经常地、定期地对进度计划的执行情况进行跟踪检查,发现问题后及时采取措施加以解决。

想一想

为什么要对工程进度进行监测?

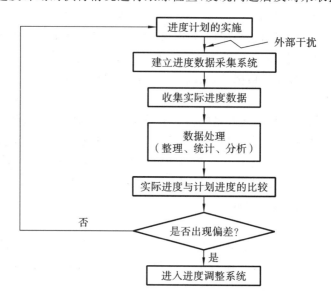

图5.3.22　建设工程进度监测系统过程

2)监测手段

为了全面、准确地掌握进度计划的执行情况,监理工程师应认真做好以下三方面的工作。

(1)定期收集进度报表。进度报表是反映工程实际进度的主要方式之一。工程施工进度报表不仅是监理工程师实施进度控制的依据,也是其核对工程进度款的依据。在一般情况下,进度报表格式由监理单位提供给施工承包单位,施工承包单位按时填写完后提交给监理工程师核查。报表的内容根据施工对象及承包方式的不同而有所区别,但一般应包括工作的开始时间、完成时间、持续时间、逻辑关系、实物工程量和工作量,以及工作时差的利用情况等。承包单位若能准确地填报进度报表,监理工程师就能从中了解到建设工程的实际进展情况。

进度计划执行单位应按照进度管理制度规定的时间和报表内容,定期填写进度报表。监理工程师通过收集进度报表来掌握工程实际进展情况。

(2)现场实地检查工程进展情况。派监理人员常驻现场,随时检查进度计划的实际执行情况,这样可以加强进度监测工作,掌握工程实际进度的第一手资料,使获取的数据更加及时、准确。至于每隔多长时间检查一次,应视建设工程的类型、规模,监理范围及施工现场的条件等多方面的因素而定。可以每月或每半月检查一次,也可每星期或每周检查一次。如果在某一施工阶段出现不利情况,甚至需要每天检查。

问一问

监理工程师如何掌握工程实际进展情况?

(3)定期召开现场会议。定期召开现场会议,监理工程师通过与进度计划执行单位的有关人员进行面对面的交谈,既可以了解工程实际进度状况,也可以协调有关方面的进度关系。

3.进度控制的检查

在施工项目的实施过程中,为了进行进度控制,进度控制人员应经常地、定期地跟踪检查施工实际进度情况,主要是收集施工进度材料,进行统计整理和对比分析,确定实际进度与计划进度之间的关系,以便主动地、及时地进行进度控制。

图5.3.23是进度控制系统的组成单元,进度控制人员对施工进度进行检查时的主要工作有以下几点。

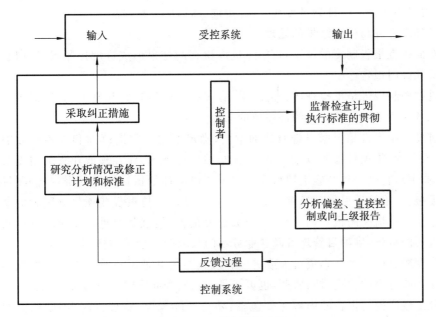

图 5.3.23 进度控制系统

1)跟踪检查施工实际进度

为了对施工进度计划的完成情况进行统计为进度分析和计划调整提供信息,应对施工进度计划依据其实施记录进行跟踪调查。

跟踪检查施工实际进度是控制项目施工进度的关键措施,其目的是收集实际施工进度的有关数据。跟踪检查的时间和收集数据的质量,直接影响到控制工作的质量和效果。

一般检查的时间间隔与施工项目的类型、规模、施工条件和对进度执行要求程度有关,通常可以每月、每半月、每旬或每周进行一次。如施工中遇到天气、资源供应等不利因素的严重影响,检查的时间间隔可以临时缩短,次数应频繁,甚至可以每日进行检查,或派人员现场督阵。检查和收集资料的方式一般采用进度报表的方式或定期召开进度工作报告会。为了保证资料汇报的准确性,进度控制人员要经常到现场查看施工项目的实际进度情况,从而保证经常、定期地准确掌握施工项目的实际进度。

根据不同的需要,进行日检查或定期检查的内容包括:①检查期内实际完成和累计完成工程量;②实际参加施工的人力、机械数量和生产效率;③窝工人数、窝工机械台班数及其原因分析;④进度偏差情况;⑤进度管理情况;⑥影响进度的特殊原因分析;⑦整理统计检查数据。

对收集到的施工项目实际进度数据进行必要的整理,按计划控制的工作项目进行统计,形成与计划进度有可比性的数据、相同的量纲和形象进度。一般按实物工程量、工程量和劳动消耗量以及累计百分比整理和统计实际检查数据,以便与相应的计划完成量进行对比。

想一想

进度比较的方法有哪些?

2)对比实际进度与计划进度

将收集到的资料整理和统计成与计划进度具有可比性的数据后,将施工项目实际进度与计划进度进行比较。通常用的比较方法有横道图比较法、S曲线比较法、香蕉曲线比较法、前锋线比较法和列表比较法等(具体方法的应用请参照前文)。通过比较,可得出实际进度与计划进度相一致、提前、滞后的三种情况。

3)施工进度与检查结果的处理

按照检查报告制度的规定,将施工进度检查的结果形成进度控制报告,向有关主管人员和部门报告。

进度控制报告是把检查比较的结果、有关施工进度现状和发展趋势,提供给项目经理及各级业务职能负责人的最简单的书面报告。

进度控制报告是根据报告对象的不同,确定不同的编制范围和内容而分别编制的,一般分为:①项目概要级进度报告,报给项目经理、企业经理或业务部门以及建设单位(业主),它是以整个施工项目为对象说明进度计划执行情况的报告;②项目管理级进度报告,报给项目经理及企业业务部门,它是以单位过程或项目分区为对象说明进度报告执行情况的报告;③业务管理级进度报告,是就某个重点部位或重点问题为对象编写的报告,供项目管理者及各业务部门采取应急措施而使用。

想一想

进度控制报告有哪几种?呈报的对象是谁?

进度控制报告由计划负责人或进度管理人员与其他项目管理人员协作编写。报告时间一般与进度检查时间协调,也可按月、旬、周等间隔时间进行编写上报。

施工进度控制报告的内容主要包括:项目实际概况、管理概况、进度概况的总说明,施工图纸提供进度,材料物资、构配件供应进度,劳务记录及预测,日历计划,对建设单位、监理和施工者的工程变更指令、价格调整、索赔及工程款收支情况,进度偏差的状况和导致偏差的原因分析,解决措施,计划调整意见等。

4.进度计划的调整

1)进度计划调整的系统过程

在建设工程实施过程中,进度计划调整的系统过程如图5.3.24所示。

2)动态调整

监理机构要对进度计划进行动态的调整,必须对进度计划的实施状况进行动态的检查与分析。进度动态控制的原理如图5.3.25所示。

(1)检查施工进度的实际进展。

在施工进度计划的实施过程中,由于各种因素的影响,原始计划安排常常会被打乱而出现进度偏差。因此,监理工程师必须对施工进度计划的执行情况进行动态检查,并分析进度偏差产生的原因,以便为施工进度计划的调整提供必要信息。

(2)实际进度与计划进度相比较,找出偏差。

在工程项目实施过程中,当通过实际进度与计划进度的比较发现有进度偏差时,需要分析该偏差对后续工作及总工期的影响,从而采取相应的调整措施,对原进度计划进行调整,以确保工期目标顺利实现。进度偏差的大小及其所处的位置不同,对后续工作和总工期的影响程度是不同的,分析时需要利用网络计划中工作总时差和自由时差的概念进行判断。横道图、S曲线、香蕉曲线以及实际进度前锋线都能方便地记录和对比工程进度,提供进度提前或滞后的信息。

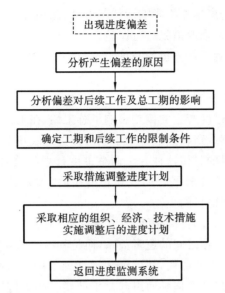

图 5.3.24　建设工程进度计划调整系统过程

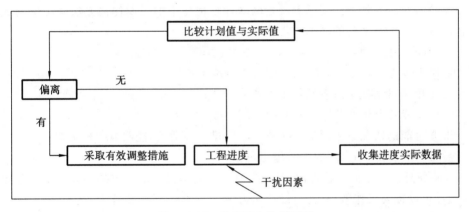

图 5.3.25　进度动态控制原理

分析步骤如下：

①分析出现进度偏差的工作是否为关键工作。

如果出现进度偏差的工作位于关键线路上，即该工作为关键工作，则无论其偏差有多大，都将对后续工作和总工期产生影响，必须采取相应的调整措施；如果出现偏差的工作是非关键工作，则需要根据进度偏差值与总时差和自由时差的关系做进一步分析。

②分析进度偏差是否超过总时差。

如果工作的进度偏差大于该工作的总时差，则此进度偏差必将影响其后续工作和总工期，必须采取相应的调整措施；如果工作的进度偏差未超过该工作的总时差，则此进度偏差不影响总工期。至于对后续工作的影响程度，还需要根据偏差值与其自由时差的关系做进一步分析。

③分析进度偏差是否超过自由时差。

如果工作的进度偏差大于该工作的自由时差，则此进度偏差将对其后续工作产生影响，此时应根据后续工作的限制条件确定调整方法；如果工作的进度偏差未超过该工作的自由时差,则此进度偏差不影响后续工作,因此,原进度计划可以不做调整。

(3)对偏差进行分析,采取措施进行调整。

在对实施的进度计划进行分析的基础上,应确定调整原计划的方法,一般有以下两类方法。

第一类:改变某些工作间的逻辑关系。

若检查的实际施工进度产生的偏差影响了总工期,在工作之间的逻辑关系允许改变的条件下,可改变关键线路和超过计划工期的非关键线路上的有关工作之间的逻辑关系,达到缩短工期的目的。用这种方法调整进度计划的效果是很显著的,例如可以把依次进行的有关工作改变成平行的或互相搭接的,或分成几个施工段进行流水施工,都可以达到缩短工期的目的。

第二类:缩短某些工作的持续时间。

想一想
施工进度检查的方法有哪些?

这种方法是不改变工作之间的逻辑关系,而是利用技术或组织的方法缩短某些工作的持续时间,而使施工进度加快,并保证实现计划工期。这些被压缩持续时间的工作是位于由于实际施工进度的拖延而引起总工期增长的关键线路和某些非关键线路上的工作;同时,这些工作是可压缩的工作,即压缩后工作的持续时间不能短于工作的极限持续时间。这种方法实际上就是网络计划优化中的工期优化方法和工期与成本优化的方法。压缩工期的措施通常有四大类。

①组织措施。例如:

a.原来按先后顺序实施的工作改为平行施工;

b.采用多班制施工或者延长工人作业时间;

c.增加劳动力和设备等资源的投入;

d.在可能的情况下采用流水作业方法安排一些活动,能明显缩短工期;

e.科学的安排(如合理的搭接施工);

f.将原计划自己制作构件改为购买,将原计划由自己承担的某些分项工程分包出去,这样可以提高工作效率,将自己的人力、物力集中到关键工作上;

g.重新进行劳动组合,在条件允许的情况下,减少非关键工作的劳动力和资源的投入强度,将它们转向关键工作。

②技术措施。例如:

a.将占用工期时间长的现场制造方案改为场外预制,场内拼装;

b.采用外加剂,以缩短混凝土的凝固时间、缩短拆模期等。

上述措施都会带来一些不利影响,都有一些使用条件。它们可能导致资源投入增加、劳动效率低下,使工程成本增加或质量降低。

③经济措施。例如:

a.对承包商实行包干奖励;

b.提高提前竣工的奖金数额;

c.对所采取的缩短工作持续时间的技术措施给予相应的经济补偿。

问一问
调整进度计划的方法有哪些?

④其他配套措施。

a.改善外部配合条件;

b.改善劳动条件;

c.实施强有力的调度等。

例 5.3.10：某开发商开发甲、乙、丙、丁四幢住宅楼，分别与监理单位和施工单位签订了监理合同和施工合同。地下室为砼箱形结构、一至六层为砖混结构，施工单位确定的基础工程进度安排如表 5.3.5 所示。

表 5.3.5　基础工程进度安排　　　　　　　　　　　　　　单位：周

施工过程	各幢住宅基础施工时间			
	甲	乙	丙	丁
土方开挖	3	2	1	2
基础施工	4	5	2	5
基坑回填	2	2	1	2

问题：(1)试根据表 5.3.5 的时间安排，以双代号网络图编制该工程的施工进度计划。

(2)从工期目标控制的角度来看，该工程的重点控制对象是哪些施工过程？工期为多长？

(3)在甲幢基坑土方开挖时发现土质不好，需在基坑一侧(临街)打护桩，致使甲幢基坑土方开挖时间增加 1 周；同时业主对乙、丁两幢地下室要求变更设计，将原来的地下室改为地下车库。该变更将使两幢住宅每幢基坑土方开挖时间增加 0.5 周，基础施工时间均增加 1 周；甲、乙、丁每幢基坑回填时间增加 0.5 周。该工程的工期将变为多长？

(4)现要缩短工期，如何调整？

解：

(1)以双代号网络图的形式编制该工程的施工进度计划，如图 5.3.26 所示。

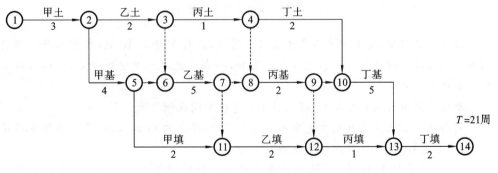

图 5.3.26　双代号网络图

(2)关键线路为甲土→甲基→乙基→丙基→丁基→丁填。关键线路中的工作即为重点控制对象，工期 21 周。

(3)由于施工过程中的打护桩和设计变更等事项的发生，工期延长了 3.5 周，实际总工期为 24.5 周，如图 5.3.27 所示。

(4)可以采取压缩某些工作持续时间的方法，应考虑压缩关键线路上的施工过程的施工时间，即压缩甲基、乙基、丙基、丁基、丁填的施工时间。

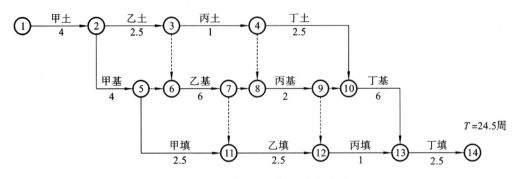

图 5.3.27　变更后的施工进度计划

例 5.3.11：某工程项目开工之前,承包方向监理工程师提交了施工进度计划,如图 5.3.28 所示,该计划满足合同工期 100 天的要求。

在此施工进度计划中,由于工作 E 和工作 G 共用一台塔吊(塔吊原计划在开工第 25 天进场投入使用),因此必须顺序施工,使用塔吊的先后顺序不受限制(其他工作不使用塔吊)。

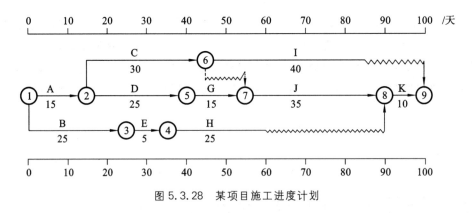

图 5.3.28　某项目施工进度计划

在施工过程中,由于业主要求变更设计图纸,工作 E 停工 10 天(其他工作持续时间不变),监理工程师及时向承包方发出通知,要求承包方调整进度计划,以保证该工程按合同工期完工。

承包方提出的调整方案为：将工作 J 的持续时间压缩 5 天。

问题：(1)如果在原计划中先安排工作 E,后安排工作 G 施工,塔吊应安排在第几天(上班时刻)进场投入使用较为合理? 为什么?

(2)工作 E 停工 10 天后,承包方提出的进度计划调整方案是否合理? 该计划如何调整更为合理?

解：

(1)塔吊应安排在第 31 天(上班时刻)进场投入使用。因为这样安排,塔吊在工作 E 与工作 G 之间没有闲置。

(2)不合理。可以先进行工作 G,后进行工作 E,如图 5.3.29 所示,因为 工作 E 的总时差为 30 天,这样安排不影响合同工期。

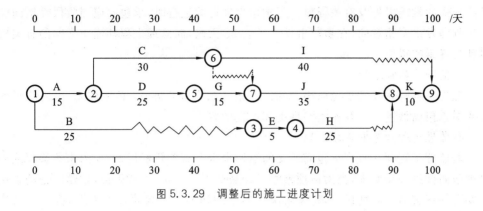

图 5.3.29 调整后的施工进度计划

三、进度计划在工期索赔中的应用

(一)工程延期与工程延误

1.工程延期与工程延误的概念

土木工程施工过程中,工期延长分为工程延期和工程延误两种情况,两者都使工程拖延,但由于性质不同,因此业主与承包单位所承担的责任也不同。另外,监理工程师是否将施工过程中工期的延长批准为工期延期,对业主和承包单位都很重要。

1)工程延期

工程延期指按合同规定,非承包单位自身原因造成的、经监理工程师书面批准的合理的工期延长。如果工期延长属于工程延期,则承包单位不仅有权要求延长工期,而且有权向业主提出赔偿费用的要求,以弥补由此造成的额外损失。

2)工程延误

工程延误指按合同规定,由承包单位自身原因造成的工期拖延,而承包单位又未按照监理工程师的指令改变工程延期状态。如果工期延长属于工程延误,则由此造成的一切损失由承包单位承担。同时,业主有权对承包单位实行延期罚款。

2.工程索赔的程序

1)提出索赔要求

当出现索赔事项时,承包商以书面的索赔通知书形式,在索赔事项发生后 28 天内,向工程师正式提出索赔意向通知。索赔通知书一般包括以下内容:

(1)索赔的合同依据。

(2)索赔事件发生的时间、地点。

(3)事件发生的原因、性质、责任。

(4)承包商在事情发生后所采取的控制事情进一步发展的措施。

(5)说明索赔事件的发生给承包商带来的后果,如工期、费用的增加。

(6)申明保留索赔的权利。

2)报送索赔报告和索赔资料

承包商在索赔通知书发出之后 28 天内,向监理工程师提出延长工期和(或)补偿

工程延期与延误和延期的申报与控制

想一想
工程延误与工程延期有什么区别?

经济损失的索赔报告及有关资料。当索赔事件持续进行时,承包商应当阶段性地向监理工程师发出索赔意向,在索赔事件终了后28天内,向监理工程师递交索赔的有关资料和最终索赔报告。

3)监理工程师答复

监理工程师在收到承包商递交的索赔报告及有关资料后,必须在28天内给予答复或对承包商做进一步补充索赔理由和证据的要求。

4)监理工程师逾期答复后果

若监理工程师在收到承包商递交的索赔报告及有关资料后28天内未予答复或未对承包商做进一步要求,视为该项索赔已经被认可。但是,一般来说,索赔问题的解决需要合同双方面对面地讨论,将未解决的索赔问题列为会议协商的专题,提交会议协商解决。

问一问
监理工程师在工程索赔中起到什么作用?

5)仲裁与诉讼

若承包商或发包人不能接受监理工程师对索赔的答复,则可通过仲裁或诉讼方式予以解决。

3.工程延期的控制

发生工程延期事件,不仅影响工程的进度,而且会给业主带来损失。因此,监理工程师应做好以下工作,以减少或避免工程延期事件的发生。

1)选择合适的时间下达工程开工命令

监理工程师下达工程开工命令之前,应充分考虑业主前期准备工作是否充分,特别是征地、拆迁问题是否解决,设计图纸能否及时提供,以及付款方面有无问题等,以避免由上述问题造成的工程延期。

2)提醒业主履行施工承包合同所规定的职责

在施工过程中,监理工程师应经常提醒业主履行自己的职责,提前做好施工场地及设计图纸的提供工作,并能及时支付工程进度款,以减少或避免由此造成的工程延期。

3)妥善处理工程延期事件

想一想
如何减少或避免工程延期事件的发生?

当延期事件发生以后,监理工程师应根据合同规定进行妥善处理。既要尽量减少工程延期时间及其损失,又要在详细调查研究的基础上合理批准工程延期的时间。此外,业主在施工过程中应尽量减少干预、多协调,以避免因业主的干扰和阻碍而导致延期事件的发生。

4.工程延误的处理

如果由于承包单位自身的原因造成工期延误,而承包单位又未按监理工程师的指令改变延期状态时,通常采用下列手段进行处理。

1)停止付款

当承包单位的施工活动不能使监理工程师满意时,监理工程师有权利拒绝承包单位的支付申请。因此,当承包单位的施工进度拖后且又不采取积极措施时,监理工程师可以采取停止付款的手段制约承包单位。

2)误期损失赔偿

停止付款一般是监理工程师在施工过程中对承包单位延误工期的制约手段,误期损失赔偿则是承包单位未能按合同规定的工期完成合同范围内的工作时对其的处罚。

如果承包单位未能按合同规定的工期完成整个工程,则应向业主支付投标书附件中规定的金额,作为该项违约的损失补偿费。

3)取消承包资格

想一想
如何准备工程
延误的证据?

如果承包单位严重违反合同,又不采取补救措施,则业主为了保证合同工期有权取消其承包资格。例如,承包单位接到监理工程师的开工通知后,无正当理由推迟开工时间,或在施工工程中无任何理由要求延长工期,施工进度缓慢,又无视监理工程师的书面警告等,都要受到取消承包资格的处罚。取消承包资格是对承包单位违约的严厉制裁。业主一旦取消承包单位的承包资格,承包单位不但要被驱逐出施工现场,还要承担由此造成的损失费用。这种惩罚措施一般不轻易采取,此外,在做出这项决定前,业主必须事先通知承包单位,并要求其在规定的期限内做好辩护准备。

例 5.3.12:

1. 背景资料

某宿舍楼工程,地下 1 层,地上 9 层,建筑高度 31.95 m,钢筋混凝土框架结构,基础为梁板式筏形基础,钢门窗框、木门,采取集中空调设备。施工组织设计确定,土方采用大开挖放坡施工方案,开挖土方工期 15 天,浇筑基础底板混凝土 24 小时连续施工,需 3 天。施工过程中发生以下事件。

事件 1:施工单位在合同条款约定的开工日期前 6 天提交了一份请求报告,报告请求延期 10 天开工,理由如下。

(1)电力部门通知,施工用电变压器在开工 4 天后才能投入使用。

(2)由铁道部门运输的 3 台属于施工单位自有的施工主要机械在开工后 8 天才能运到施工现场。

(3)工程开工所必需的辅佐施工设施在开工后 10 天才能投入使用。

事件 2:工程所需的 100 个钢门窗框由业主负责供货,钢门窗框运达施工单位工地仓库,并经入库验收。施工过程中进行质量检验时,发现有 5 个钢门窗框有较大变形,甲方代表下令施工单位拆除,经检查,钢门窗框使用的材料不符合要求。

事件 3:由施工单位供货并选择的分包商将集中空调安装完毕,进行联动无负荷试车时需电力部门和施工单位进行某些配合工作。试车检查结果表明,该集中空调设备的某些主要部件存在严重的质量问题,需要更换,分包方增加工作量和费用。

事件 4:在基础回填过程中,总包单位已按规定取土样,实验合格。监理工程师对填土质量表示异议,责成总包单位再次取样复验,结果合格。

2. 问题

(1)事件 1 中,施工单位请求延期的理由是否成立?应如何处理?

(2)事件 2、事件 3、事件 4 的责任方是哪个?责任方应如何处理?

解:

(1)理由 1 成立,应批准顺延工期 4 天。理由 2、3 不成立,施工主要机械和辅佐设施未能按期运到现场投入使用的责任应由施工单位承担。

(2)事件 2 的责任方是甲方,业主供料有质量缺陷,拆除、返工费用由甲方负责并顺延工期。事件 3 的责任方是施工单位,分包方损失应由施工方负责补偿。事件 4 的责任方是甲方,对已检验合格的施工部位进行复检仍合格,由甲方负责相关费用。

例 5.3.13:

1.背景资料

某建筑公司(乙方)于某年 4 月 20 日与某厂(甲方)签订了修复建筑面积为 3000 m^2 的工业厂房(带地下室)的施工合同。乙方编制的施工方案和进度计划已获监理工程师批准。该工程的基坑施工方案规定:土方工程采用租赁的一台斗容量为 1 m^3 的反铲挖掘机施工。甲、乙双方合同约定 5 月 11 日开工,5 月 20 日完工。在实际施工中发生如下几项事件。

(1)因租赁的挖掘机大修,晚开工 2 天,造成人员窝工 10 个工日;

(2)基坑开挖后,因遇软土层,接到监理工程师 5 月 15 日停工的指令,进行地质复查,配合用工 15 个工日;

(3)5 月 19 日接到监理工程师于 5 月 20 日复工的指令,5 月 20 日至 5 月 22 日,因下罕见的大雨迫使基坑开挖暂停,造成人员窝工 10 个工日;

(4)5 月 23 日用 30 个工日修复冲坏的永久道路,5 月 24 日恢复正常挖掘工作,最终基坑于 5 月 30 日开挖完毕。

2.问题

(1)简述工程施工索赔的程序。

(2)建筑公司对上述哪些事件可以向厂方索赔?哪些事件不可以索赔?回答并说明原因。

(3)每项事件工期索赔各是多少天?总计工期索赔是多少天?

解:

(1)我国《建设工程施工合同(示范文本)》规定的施工索赔程序如下:

①承包人应在知道或应当知道索赔事件发生后 28 天内,向监理人递交索赔意向通知书,并说明发生索赔事件的事由;承包人未在前述 28 天内发出索赔意向通知书的,丧失要求追加付款和(或)延长工期的权利;

②承包人应在发出索赔意向通知书后 28 天内,向监理人正式递交索赔报告,索赔报告应详细说明索赔理由以及要求追加的付款金额和(或)延长的工期,并附必要的记录和证明材料;

③索赔事件具有持续影响的,承包人应按合理时间间隔继续递交延续索赔通知,说明持续影响的实际情况和记录,列出累计的追加付款金额和(或)工期延长天数;

④在索赔事件影响结束后 28 天内,承包人应向监理人递交最终索赔报告,说明最终要求索赔的追加付款金额和(或)延长的工期,并附必要的记录和证明材料。

(2)事件 2:索赔成立。因施工地质条件的变化是一个有经验的承包商所无法合理预见的。

事件 3:索赔成立。这是反常的恶劣天气所造成的工程延误。

事件 4:索赔成立。因恶劣的自然条件或不可抗力引起的工程损坏及修复应由业主承担责任。

(3)事件 2:索赔工期 5 天(5 月 15 日至 5 月 19 日)。

事件 3:索赔工期 3 天(5 月 20 日至 5 月 22 日)。

事件 4:索赔工期 1 天(5 月 23 日)。

共计索赔工期为(5+3+1)天=9 天。

(二)工程延期的申报与审批

1.申报工程延期的条件

由以下原因导致工程拖期,承包单位有权提出延长工期的申请,监理工程师应按合同规定,批准工程延期时间。

(1)监理工程师发出工程变更指令而导致工程量增加。

(2)合同所涉及的任何可能造成工程延期的原因,如延期交图、工程暂停、对合格工程的剥离检查及不利的外界条件等。

(3)异常恶劣的气候条件。

(4)由业主造成的任何延误、干扰或障碍,如未及时提供施工场地、未及时付款等。

(5)除承包单位自身以外的其他任何原因。

想一想
哪些情况属于工程延期?

2.工程延期的审批程序

工程延期的审批程序详见图5.3.30所示。当工程延期事件发生后,承包单位应在合同规定的有效期内以书面形式通知监理工程师(即工程延期意向通知),以便监理工程师尽早了解所发生的事件,及时做出一些减少延期损失的决定。随后承包单位应在合同规定的有效期内(或监理工程师可以同意的合理期限内)向监理工程师提交详细的申述报告(延期理由及依据)。监理工程师收到该报告后应及时进行调查核实,准确地确定出工程延期时间。

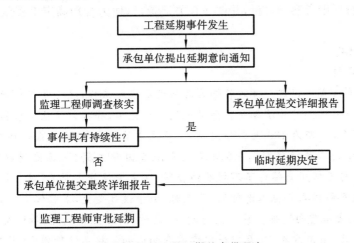

图5.3.30 工程延期的审批程序

当延期事件具有持续性,承包单位在合同规定的有效期内不能提交最终的详细申述报告时,应向监理工程师提交阶段性的详细报告。监理工程师应在调查核实阶段性详细报告的基础上,尽快做出延长工期的临时决定。临时决定的延期时间不宜太长,一般来说不超过最终批准的延期时间。

待延期事件结束后,承包单位应在合同规定的期限内向监理工程师提交最终的详细报告,监理工程师应复查详细报告的全部内容,然后确定该延期事件所需要的延期时间。如果遇到比较复杂的延期事件,监理工程师可以成立专门小组进行处理。对于一时难以做出结论的延期事件,即使该事件不属于持续性事件,也可以采用先做出临时延期决定,再做出最后决定的方法。这样既可以保证有充足的时间处理延期事件,

想一想
在工程延期的审批程序中,监理工程师具有哪些职责?

又可以避免由处理不及时而造成的损失。监理工程师在做出临时工程延期批准或最终工程延期批准之前,均应与业主和承包单位进行协商。

3.工程延期的审批原则

监理工程师在审批工程延期时应遵循下列原则。

1)合同条件

监理工程师批准的工程延期必须符合合同条款,即导致工期拖延的原因确实属于承包单位自身以外的,否则不能批准为工程延期。

2)影响工期

发生延期事件的工程部位,无论其是否在施工进度计划的关键路线上,只有当延长的时间超过其相应的总时差时,才能批准工程延期。如果延期事件在非关键路线上,且延长的时间并不超过总时差时,即使符合批准为工程延期的合同条件,也不能批准工程延期。

土木工程施工进度计划中的关键路线并不是固定不变的,它会随着工程的进展和情况的变化而转移。监理工程师应以承包单位提交的、经自己审核的施工进度计划(不断调整后)为依据,来决定是否批准工程延期。

■ 思政元素 ■
严格按审批原则办事,不能徇私舞弊。

想一想
关键线路是否固定不变?

3)实际情况

批准的工程延期必须符合实际情况,为此,承包单位应对延期事件发生后的各类有关细节进行记载,并及时向监理工程师提交详细报告。与此同时,监理工程师应对施工现场进行详细考察和分析,并做好有关记录,以便为合理确定工程延期时间提供可靠数据。

例5.3.14:

1.背景资料

某建设单位有一宾馆大楼的装饰装修和设备安装工程,经公开招投标确定了由某建筑装饰装修工程公司和设备安装公司承包工程施工,并签订了施工承包合同。合同价为1600万元,工期为130天。合同规定:业主与承包方"每提前或延误工期一天,按合同价的万分之二进行奖罚","石材及主要设备由业主提供,其他材料由承包方采购"。施工方与石材厂商签订了石材购销合同;业主经设计方商定,对主要装饰石料指定了材质、颜色和样品。施工进行到22天时,由于设计变更,工程停工9天,施工方在8天内提出了索赔意向通知。施工进行到36天时,因业主方挑选石材,部分工程停工累计达到16天,施工方在10天内提出索赔意向通知。施工进行到52天时,业主方挑选的石材送达现场,进场验收时发现该批石材大部分不符合质量要求,监理工程师通知承包方不得使用该批石材;承包方要求将不符合要求的石材退换,因此延误工期5天;石材厂商要求承包方支付退货运费,承包方拒绝;工程结算时,承包方因此向业主方要求索赔。施工进行到73天时,该地区遭受罕见暴风雨袭击,施工无法进行,延误工期2天,施工方在5天内提出了索赔意向通知。施工进行到137天时,施工方因人员调配原因,延误工期3天。最后,工程在152天后竣工。工程结算时,施工方向业主提出了索赔报告并附索赔有关的材料和证据,各项索赔要求如下。

(1)工期索赔。

①因设计变更造成工程停工,索赔工期9天;

②因业主方挑选石材造成工程停工,索赔工期16天;

③因退换石材造成工程停工,索赔工期 5 天;

④因遭受罕见暴风雨袭击造成工程停工,索赔工期 2 天;

⑤因施工方人员调配造成工程停工,索赔工期 3 天。

(2)经济索赔。

$$35 \times 1600 \times 0.02\% 万元 = 11.2 万元$$

(3)工期奖励。

$$13 \times 1600 \times 0.02\% 万元 = 4.16 万元$$

2.问题

(1)哪些索赔要求能够成立? 哪些不成立? 为什么?

(2)上述工期索赔中,哪些应由业主方承担? 哪些应由施工方承担?

(3)施工方应获得的工期补偿和经济补偿各为多少? 工期奖励应为多少?

(4)不可抗力发生风险承担的原则是什么?

(5)施工方向业主方索赔的程序如何?

解:

(1)能够成立的索赔有:

①因设计变更造成工程停工的索赔;

②因业主方挑选石材造成工程停工的索赔;

③因遭受罕见暴风雨袭击造成工程停工的索赔。

不能够成立的索赔有:

①因退换石材造成工程停工的索赔(应由施工方向石材厂商按合同索赔);

②因施工方人员调配造成工程停工的索赔。

(2)应由业主方承担的有:

①因设计变更造成工程停工,按合同补偿,工程顺延;

②因业主方挑选石材造成工程停工,按合同补偿,工程顺延;

③因遭受罕见暴风雨袭击造成工程停工,承担工程损坏损失,工期顺延。

应由施工方承担的有:

①因遭受罕见暴风雨袭击造成的施工方损失;

②因施工方人员调配造成的停工,自行承担损失,工期不予顺延。

(3)施工方应获得的工期补偿为 27 天,经济补偿为 $27 \times 1600 \times 0.02\%$ 万元 = 8.64 万元,工期奖励为 $[(130+27)-152] \times 1600 \times 0.02\%$ 万元 = 1.6 万元。

(4)不可抗力发生风险承担的原则是:

①工程本身的损害由业主方承担;

②人员伤亡由其所在方负责,并承担相应费用;

③施工方的机械设备损坏及停工损失,由施工方承担;

④工程所需清理修复费用,由业主承担;

⑤延误的工期顺延。

(5)施工方可按以下程序以书面形式向业主方提出索赔:

①索赔事件发生后 28 天内,向监理方发出索赔意向通知;

②发出索赔意向通知后 28 天内,向监理方提出延长工期和补偿经济损失的索赔报告及有关资料;

③监理方在收到施工方送交的索赔报告及有关资料后,于28天内给予答复,或要求施工方进一步补充索赔理由和证据;

监理方在收到施工方送交的索赔报告及有关资料后28天内未予答复或未对施工方做进一步要求,视为该项索赔已被认可。

任务4 施工合同与信息管理

任务描述

本任务学习施工合同与信息管理,学生应掌握合同的种类和适用情况,以及信息管理的方法。

课前任务

1. 讨论"想一想"的问题,发挥团队合作精神。
2. 分组进行"问一问",了解施工合同与信息管理。

课中导学

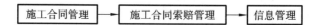

施工合同管理 → 施工合同索赔管理 → 信息管理

一、施工合同管理

施工合同
管理

(一)合同的基本知识

合同指平等主体的自然人、法人、其他组织之间设立、变更、终止民事权利义务关系的协议。建设工程合同是指在工程建设过程中,发包人和承包人依法订立的明确双双方权利义务关系的协议。合同管理是建设工程项目管理的重要内容之一。在建设工程项目的实施过程中,往往涉及许多合同,比如设计合同、咨询合同、科研合同、施工承包合同、供货合同、总承包合同、分包合同等。所谓合同管理,不仅包括对每个合同的签订、履行、变更和解除等过程的控制和管理,还包括对所有合同进行筹划的过程。因此施工合同管理的主要内容有根据项目的特点和要求,确定设计任务委托模式和施工任务承包模式(即合同结构),选择合同文本,确定合同计价方法和支付方法,合同履行过程的管理与控制,合同索赔等。

(二)施工合同的内容

建设工程施工合同有施工总承包合同和施工分包合同之分。施工总承包合同的发包人是建设工程的建设单位或取得建设工程总承包资格的工程总承包单位,在合同中一般称为业主或发包人。施工总承包合同的承包人是承包单位,在合同中一般称为承包人。

施工分包合同又有专业工程分包合同和劳务作业分包合同之分。分包合同的发包人一般是取得施工总承包合同的承包单位,也称为承包人。而分包合同的承包人一般是专业化的专业工程施工单位或劳务作业单位,在分包合同中一般称为分包人或劳务分包人。

在国际工程合同中,业主可以根据施工承包合同的约定,选择某个单位作为指定分包商,指定分包商一般应与承包人签订分包合同,接受承包人的管理和协调。

想一想
施工合同的内容都有哪些?

1.施工合同示范文本

为了规范和指导合同当事人双方的行为,国际工程界许多著名组织,如国际咨询工程师联合会(FIDIC)、美国建筑师协会(AIA)、美国总承包商会(AGC)、英国土木工程师学会(ICE)等都编制了指导性的合同示范文本,规定了合同双方的一般权利和义务,对引导和规范建设行为起到了非常重要的作用。

住房和城乡建设部、国家工商行政管理总局(现国家市场监督管理总局)于2017年颁发了《建设工程施工合同(示范文本)》(GF—2017—0201)。

2.施工合同文件

(1)各种施工合同文件一般由以下3部分组成:①合同协议书;②通用合同条款;③专用合同条款。

(2)施工合同文件的组成部分除了合同协议书、通用合同条款和专用合同条款以外,一般还包括中标通知书,投标书及其附件,有关的标准、规范及技术文件,图纸,工程量清单,工程报价单或预算书等。

(3)作为施工合同文件组成部分的上述各个文件,其优先顺序是不同的,解释合同文件优先顺序的规定一般在通用合同条款内,可以根据项目的具体情况在专用合同条款内进行调整。原则上应把文件签署日期在后的和内容重要的排在前面。

做一做
为合同条款的优先顺序编个顺口溜。

以下是《建设工程施工合同(示范文本)》(GF—2017—0201)通用合同条款规定的合同文件的优先顺序:①合同协议书;②中标通知书(如果有);③投标函及其附录(如果有);④专用合同条款及其附件;⑤通用合同条款;⑥技术标准和要求;⑦图纸;⑧已标价工程量清单或预算书;⑨其他合同文件。

(4)各种施工合同的内容一般包括:

①词语定义与解释;

②合同双方的一般权利和义务,包括代表业主利益进行监督管理的监理人员的权利和职责;

③工程施工的进度控制;

④工程施工的质量控制;

⑤工程施工的费用控制;

⑥施工合同的监督与管理;

⑦工程施工的信息管理;

⑧工程施工的组织与协调;

⑨施工安全管理与风险管理等。

(5)发包方的责任与义务。

发包人的责任与义务有许多,最主要的有:

①图纸的提供和交底。

发包人应按照专用合同条款约定的期限、数量和内容向承包人免费提供图纸,并组织承包人、监理人和设计人进行图纸会审和设计交底。发包人至迟不得晚于开工通知载明的开工日期前14天向承包人提供图纸。

②对化石、文物的保护。

发包人、监理人和承包人应按有关政府行政管理部门要求对施工现场发掘的所有文物、古迹以及具有地质研究或考古价值的其他遗迹、化石、钱币或物品采取妥善的保护措施,由此增加的费用和(或)延误的工期由发包人承担。

③出入现场的权利。

除专用合同条款另有约定外,发包人应根据施工需要,负责取得出入施工现场所需的批准手续和全部权利,以及取得因施工所需修建道路、桥梁以及其他基础设施的权利,并承担相关手续费用和建设费用。承包人应协助发包人办理修建场内外道路、桥梁以及其他基础设施的手续。

④场外交通。

发包人应提供场外交通设施的技术参数和具体条件,承包人应遵守有关交通法规,严格按照道路和桥梁的限制荷载行驶,执行有关道路限速、限行、禁止超载的规定,并配合交通管理部门的监督和检查。场外交通设施无法满足工程施工需要的,由发包人负责完善并承担相关费用。

⑤场内交通。

发包人应提供场内交通设施的技术参数和具体条件,并应按照专用合同条款的约定向承包人免费提供满足工程施工所需的场内道路和交通设施。因承包人原因造成上述道路或交通设施损坏的,承包人负责修复并承担由此增加的费用。

⑥许可或批准。

发包人应遵守法律,并办理法律规定由其办理的许可、批准或备案,包括但不限于建设用地规划许可证、建设工程规划许可证、建设工程施工许可证、施工所需临时用水、临时用电、中断道路交通、临时占用土地等许可和批准。发包人应协助承包人办理法律规定的有关施工证件和批件。因发包人原因未能及时办理完毕前述许可、批准或备案,由发包人承担由此增加的费用和(或)延误的工期,并支付承包人合理的利润。

⑦提供施工现场。

除专用合同条款另有约定外,发包人应最退于开工日期7天前向承包人移交施工现场。

⑧提供施工条件。

除专用合同条款另有约定外,发包人应负责提供施工所需要的条件,包括:

a.将施工用水、电力、通信线路等施工所必需的条件接至施工现场内;

b.保证向承包人提供正常施工所需要的进入施工现场的交通条件;

c.协调处理施工现场周围地下管线和邻近建筑物、构筑物、古树名木的保护工作,并承担相关费用;

d.按照专用合同条款约定应提供的其他设施和条件。

⑨提供基础资料。

发包人应当在移交施工现场前向承包人提供施工现场及工程施工所必需的毗邻区域内供水、排水、供电、供气、供热、通信、广播电视等地下管线资料,气象和水文观测资料,地质勘察资料,相邻建筑物、构筑物和地下工程等有关基础资料,并对所提供资料的真实性、准确性和完整性负责。按照法律规定确需在开工后方能提供的基础资料,发包人应尽其努力及时地在相应工程施工前的合理期限内提供,合理期限应以不影响承包人的正常施工为限。

⑩资金来源证明及支付担保。

除专用合同条款另有约定外,发包人应在收到承包人要求提供资金来源证明的书面通知后28天内,向承包人提供能够按照合同约定支付合同价款的相应资金来源证明。除专用合同条款另有约定外,发包人要求承包人提供履约担保的,发包人应当向承包人提供支付担保。支付担保可以采用银行保函或担保公司担保等形式,具体由合同当事人在专用合同条款中约定。

⑪支付合同价款。

发包人应按合同约定向承包人及时支付合同价款。

⑫组织竣工验收。

发包人应按合同约定及时组织竣工验收。

⑬现场统一管理协议。

发包人应与承包人、由发包人直接发包的专业工程的承包人签订施工现场统一管理协议,明确各方的权利义务。施工现场统一管理协议作为专用合同条款的附件。

想一想

合同中为什么要体现双方的权利和义务?

(6)承包人的一般义务。

承包人在履行合同过程中应遵守法律和工程建设标准规范,并履行以下义务:

①办理法律规定应由承包人办理的许可和批准,并将办理结果书面报送发包人留存。

②按法律规定和合同约定完成工程,并在保修期内承担保修义务。

③按法律规定和合同约定采取施工安全和环境保护措施,办理工伤保险,确保工程及人员、材料、设备和设施的安全。

④按合同约定的工作内容和施工进度要求,编制施工组织设计和施工措施计划,并对所有施工作业和施工方法的完备性和安全可靠性负责。

⑤在进行合同约定的各项工作时,不得侵害发包人与他人使用公用道路、水源、市政管网等公共设施的权利,避免对邻近的公共设施产生干扰。承包人占用或使用他人的施工场地,影响他人作业或生活的,应承担相应责任。

⑥按照环境保护条款约定负责施工场地及其周边环境与生态的保护工作。

⑦按照安全文明施工条款约定采取施工安全措施,确保工程及其人员、材料、设备和设施的安全,防止因工程施工造成的人身伤害和财产损失。

⑧将发包人按合同约定支付的各项价款专用于合同工程,且应及时支付其雇用人员工资,并及时向分包人支付合同价款。

⑨按照法律规定和合同约定编制竣工资料,完成竣工资料立卷及归档,并按专用合同条款约定的竣工资料的套数、内容、时间等要求移交发包人。

⑩应履行的其他义务。

(7)施工进度计划控制的主要条款内容。

①施工进度计划的编制。

承包人应按照施工组织设计约定提交详细的施工进度计划,施工进度计划的编制应当符合国家法律规定和一般工程实践惯例,施工进度计划经发包人批准后实施。施工进度计划是控制工程进度的依据,发包人和监理人有权按照施工进度计划检查工程进度情况。

②施工进度计划的修订。

施工进度计划不符合合同要求或与工程的实际进度不一致的,承包人应向监理人提交修订的施工进度计划,并附具有关措施和相关资料,由监理人报送发包人。除专用合同条款另有约定外,发包人和监理人应在收到修订的施工进度计划后7天内完成审核和批准或提出修改意见。发包人和监理人对承包人提交的施工进度计划的确认,不能减轻或免除承包人根据法律规定和合同约定应承担的任何责任或义务。

③开工通知。

发包人应按照法律规定获得工程施工所需的许可。经发包人同意后,监理人发出的开工通知应符合法律规定。监理人应在计划开工日期7天前向承包人发出开工通知,工期自开工通知中载明的开工日期起算。

除专用合同条款另有约定外,因发包人原因造成监理人未能在计划开工日期之日起90天内发出开工通知的,承包人有权提出价格调整要求,或者解除合同。发包人应当承担由此增加的费用和(或)延误的工期,并向承包人支付合理利润。

(8)质量控制的主要条款内容。

①承包人的质量管理。

承包人按照施工组织设计约定向发包人和监理人提交工程质量保证体系及措施文件,建立完善的质量检查制度,并提交相应的工程质量文件。对于发包人和监理人违反法律规定和合同约定的错误指示,承包人有权拒绝实施。

承包人应对施工人员进行质量教育和技术培训,定期考核施工人员的劳动技能,严格执行施工规范和操作规程。

承包人应按照法律规定和发包人的要求,对材料、工程设备以及工程的所有部位及其施工工艺进行全过程的质量检查和检验,并做详细记录,编制工程质量报表,报送监理人审查。此外,承包人还应按照法律规定和发包人的要求,进行施工现场取样试验、工程复核测量和设备性能检测,提供试验样品、提交试验报告和测量成果以及其他工作。

②监理人的质量检查和检验。

监理人按照法律规定和发包人授权对工程的所有部位及其施工工艺、材料和工程设备进行检查和检验。承包人应为监理人的检查和检验提供方便,包括监理人到施工现场,或制造、加工地点,或合同约定的其他地方进行察看和查阅施工原始记录。监理人为此进行的检查和检验,不免除或减轻承包人按照合同约定应当承担的责任。

监理人的检查和检验不应影响施工正常进行。监理人的检查和检验影响施工正常进行的,且经检查检验不合格的,影响正常施工的费用由承包人承担,工期不予顺延;经检查检验合格的,由此增加的费用和(或)延误的工期由发包人承担。

③隐蔽工程检查。

a.承包人自检:承包人应当对工程隐蔽部位进行自检,并经自检确认是否具备覆盖条件。

b.检查程序:除专用合同条款另有约定外,工程隐蔽部位经承包人自检确认具备覆盖条件的,承包人应在共同检查前48小时书面通知监理人检查,通知中应载明隐蔽检查的内容、时间和地点,并应附有自检记录和必要的检查资料。

监理人应按时到场并对隐蔽工程及其施工工艺、材料和工程设备进行检查。经监理人检查确认质量符合隐蔽要求,并在验收记录上签字后,承包人才能进行覆盖。经监理人检查质量不合格的,承包人应在监理人指示的时间内完成修复,并由监理人重新检查,由此增加的费用和(或)延误的工期由承包人承担。

除专用合同条款另有约定外,监理人不能按时进行检查的,应在检查前24小时向承包人提交书面延期要求,但延期不能超过48小时,由此导致工期延误的,工期应予以顺延。监理人未按时进行检查,也未提出延期要求的,视为隐蔽工程检查合格,承包人可自行完成覆盖工作,并做相应记录报送监理人,监理人应签字确认。监理人事后对检查记录有疑问的,可按约定重新检查。

c.重新检查:承包人覆盖工程隐蔽部位后,发包人或监理人对质量有疑问的,可要求承包人对已覆盖的部位进行钻孔探测或揭开重新检查,承包人应遵照执行,并在检查后重新覆盖恢复原状。经检查证明工程质量符合合同要求的,由发包人承担由此增加的费用和(或)延误的工期,并支付承包人合理的利润;经检查证明工程质量不符合合同要求的,由此增加的费用和(或)延误的工期由承包人承担。

想一想

监理人能不能对已覆盖的隐蔽工程进行重新检查?

d.承包人私自覆盖:承包人未通知监理人到场检查,私自将工程隐蔽部位覆盖的,监理人有权指示承包人钻孔探测或揭开检查,无论工程隐蔽部位质量是否合格,由此增加的费用和(或)延误的工期均由承包人承担。

④不合格工程的处理。

a.因承包人原因造成工程不合格的,发包人有权随时要求承包人采取补救措施,直至达到合同要求的质量标准,由此增加的费用和(或)延误的工期由承包人承担。无法补救的,拒绝接收全部或部分工程。

b.因发包人原因造成工程不合格的,由此增加的费用和(或)延误的工期由发包人承担,并支付承包人合理的利润。

⑤分部分项工程验收。

除专用合同条款另有约定外,分部分项工程经承包人自检合格并具备验收条件的,承包人应提前48小时通知监理人进行验收。监理人不能按时进行验收的,应在验收前24小时向承包人提交书面延期要求,但延期不能超过48小时。监理人未按时进行验收,也未提出延期要求的,承包人有权自行验收,监理人应认可验收结果。分部分项工程未经验收的,不得进入下一道工序施工。

⑥缺陷责任与保修。

在工程移交发包人后,因承包人原因产生的质量缺陷,承包人应承担质量缺陷责任和保修义务。缺陷责任期届满,承包人仍应按合同约定的工程各部位保修年限承担保修义务。

缺陷责任期从工程通过竣工验收之日起计算,合同当事人应在专用合同条款约定缺陷责任期的具体期限,但该期限最长不超过24个月。单位工程先于全部工程进行验收,经验收合格并交付使用的,该单位工程缺陷责任期自单位工程验收合格之日起算。因承包人原因导致工程无法按合同约定期限进行竣工验收的,缺陷责任期从实际通过竣工验收之日起计算。因发包人原因导致工程无法按合同约定期限进行竣工验收的,在承包人提交竣工验收申请报告90天后,工程自动进入缺陷责任期;发包人未经竣工验收擅自使用工程的,缺陷责任期自工程转移占有之日起开始计算。

想一想
什么是缺陷责任期?

缺陷责任期内,由承包人原因造成的缺陷,承包人应负责维修,并承担鉴定及维修费用。如承包人不维修也不承担费用,发包人可按合同约定从保证金或银行保函中扣除,费用超出保证金额的,发包人可按合同约定向承包人进行索赔。承包人维修并承担相应费用后,不免除对工程的损失赔偿责任。发包人有权要求承包人延长缺陷责任期,并应在原缺陷责任期届满前发出延长通知。但缺陷责任期(含延长部分)最长不能超过24个月。

问一问
工程保修期从什么时间算起?

由他人原因造成的缺陷,发包人负责组织维修,承包人不承担费用,且发包人不得从保证金中扣除费用。

任何一项缺陷或损坏修复后,经检查证明其影响了工程或工程设备的使用性能,承包人应重新进行合同约定的试验和试运行,试验和试运行的全部费用应由责任方承担。

除专用合同条款另有约定外,承包人应于缺陷责任期届满后7天内向发包人发出缺陷责任期届满通知,发包人应在收到缺陷责任期满通知后14天内核实承包人是否履行缺陷修复义务,承包人未能履行缺陷修复义务的,发包人有权扣除相应金额的维修费用。发包人应在收到缺陷责任期届满通知后14天内,向承包人颁发缺陷责任期终止证书。

工程保修期从工程竣工验收合格之日起算,具体分部分项工程的保修期由合同当事人在专用合同条款中约定,但不得低于法定最低保修年限。在工程保修期内,承包人应当根据有关法律规定以及合同约定承担保修责任。发包人未经竣工验收擅自使用工程的,保修期自转移占有之日起算。

保修期内,修复的费用按照以下约定处理:

a. 保修期内,因承包人原因造成工程的缺陷、损坏,承包人应负责修复,并承担修复的费用以及因工程的缺陷、损坏造成的人身伤害和财产损失。

b. 保修期内,因发包人使用不当造成工程的缺陷、损坏,可以委托承包人修复,但发包人应承担修复的费用,并支付承包人合理利润。

c. 因其他原因造成工程的缺陷、损坏,可以委托承包人修复,发包人应承担修复的费用,并支付承包人合理的利润,因工程的缺陷、损坏造成的人身伤害和财产损失由责任方承担。

d. 因承包人原因造成工程的缺陷或损坏,承包人拒绝维修或未能在合理期限内修复缺陷或损坏,且经发包人书面催告后仍未修复的,发包人有权自行修复或委托第三方修复,所需费用由承包人承担。但修复范围超出缺陷或损坏范围的,超出范围部分的修复费用由发包人承担。

（三）合同的计价方式

建设工程施工合同的计价方式主要有三种，即单价合同、总价合同和成本补偿合同。

1.单价合同

施工合同的
计价方式和
风险管理

当施工发包的工程内容和工程量一时尚不能十分明确、具体地予以规定时，可以采用单价合同形式，即根据计划工程内容和估算工程量，在合同中明确每项工程内容的单位价格（如每米、每平方米或者每立方米的价格），实际支付时则根据每一个子项的实际完成工程量乘以该子项的合同单价，计算该项工作的应付工程款。

单价合同的特点是单价优先，例如 FIDIC 土木工程施工合同中，业主给出的工程量清单表中的数字是参考数字，实际工程款则按实际完成的工程量和合同中确定的单价计算。虽然在投标报价、评标以及签订合同中，人们常常注重总价格，但在工程款结算中单价优先，对于投标书中明显的数字计算错误，业主有权先做修改再评标，当总价和单价的计算结果不一致时，以单价为准调整总价。例如，某单价合同的投标报价单中，投标人报价如表 5.4.1 所示。

表 5.4.1　投标人报价

序号	工程分项	单位	数量	单价/元	合价/元
1					
2					
...					
n	钢筋混凝土	m^3	2000	310	62 000
...					
总报价					7 600 000

根据投标人的投标单价，钢筋混凝土的合价应该是 620 000 元，而实际只写了 62 000 元，在评标时应根据单价优先原则对总报价进行修正，所以正确的报价应该是 7 600 000＋（620 000－62 000）＝8 158 000 元。

在实际施工时，如果实际工程量是 1850 m^3，则钢筋混凝土工程的价款金额应该是 310×1850 元＝573 500 元。

由于单价合同允许随工程量变化而调整工程总价，业主和承包商都不存在工程量方面的风险，因此对合同双方都比较公平。另外，在招标前，发包单位无须对工程范围做出完整的、详尽的规定，从而可以缩短招标准备时间，投标人也只需对所列工程内容报出自己的单价，从而缩短投标时间。

对于业主而言，采用单价合同的不足之处在于，业主需要安排专门力量来核实已经完成的工程量，需要在施工过程中花费不少精力，协调工作量大；另外，用于计算应付工程款的实际工程量可能超过预测的工程量，即实际投资容易超过计划投资，对投资控制不利。

单价合同又分为固定单价合同和变动单价合同。固定单价合同条件下，无论发生哪些影响价格的因素都不对单价进行调整，因而对承包商而言存在一定的风险。当采

想一想
列表比较施工
合同计价方法
与其适用条
件。

用变动单价合同时,合同双方可以约定一个估计的工程量,当实际工程量发生较大变化时可以对单价进行调整,同时应该约定如何对单价进行调整;当然也可以约定,当通货膨胀达到一定水平或者国家政策发生变化时,可以对哪些工程内容的单价进行调整以及如何调整等。因此,承包商的风险相对较小。所以,固定单价合同适用于工期较短、工程量变化幅度不会太大的项目。

在工程实践中,采用单价合同时也会根据估算的工程量计算一个初步的合同总价,作为投标报价和签订合同之用。但是,当上述初步的合同总价与各项单价乘以实际完成的工程量之和发生矛盾时,则肯定以后者为准,即单价优先。实际工程款的支付也以实际完成工程量乘以合同单价进行计算。

2. 总价合同

1)总价合同的含义

总价合同是指根据合同规定的工程施工内容和有关条件,业主应付给承包商的款额是一个规定的金额,即明确的总价。总价合同也称作总价包干合同,即根据施工招标时的要求和条件,当施工内容和有关条件不发生变化时,业主付给承包商的价款总额也不发生变化。

总价合同又分为固定总价合同和变动总价合同两种。

2)固定总价合同

固定总价合同的价格计算以图纸及规定、规范为基础,工程任务和内容明确,业主的要求和条件清楚,合同总价一次包死,固定不变,即不再因为环境的变化和工程量的增减而变化。在这类合同中,承包商承担了全部的工作量和价格的风险。因此,承包商在报价时应对一切价格变动因素以及不可预见因素都做充分的估计,并将其包含在合同价格之中。

在国际上,这种合同被广泛接受和采用,因为有比较成熟的法规和先例的经验。对业主而言,在签订合同时就可以基本确定项目的总投资额,对投资控制有利;在双方都无法预测的风险条件下和可能有工程变更的情况下,承包商承担了较大的风险,业主的风险较小。但是,工程变更和不可预见的困难也常常引起合同双方的纠纷或者诉讼,最终导致其他费用的增加。

当然,在固定总价合同中还可以约定,在发生重大工程变更、累计工程变更超过一定幅度或者其他特殊条件下可以对合同价格进行调整。因此,需要定义重大工程变更的含义、累计工程变更的幅度及什么样的特殊条件才能调整合同价格,以及如何调整合同价格等。

采用固定总价合同,双方结算比较简单,但是由于承包商承担了较大的风险,因此报价中不可避免地要增加一笔较高的不可预见风险费。承包商的风险主要有两个方面:一是价格风险,二是工作量风险。价格风险有报价计算错误、漏报项目、物价和人工费上涨等;工作量风险有工程量计算错误、工程范围不确定、工程变更或者由设计深度不够所造成的误差等。

固定总价合同适用于以下情况:

①工程量小、工期短,估计在施工过程中环境因素变化小,工程条件稳定并合理。

②工程设计详细,图纸完整、清楚,工程任务和范围明确。

③工程结构和技术简单,风险小。

④投标期相对宽裕,承包商可以有充足的时间详细考察现场、复核工程量、分析招标文件、拟订施工计划。

3)变动总价合同

变动总价合同又称为可调总价合同,合同价格是以图纸及规定、规范为基础,按照时价进行计算,得到包括全部工程任务和内容的暂定合同价格。它是一种相对固定的价格,在合同执行过程中,由于通货膨胀等原因而使所使用的工、料成本增加时,可以按照合同约定对合同总价进行相应的调整。当然,一般由设计变更、工程量变化和其他工程条件变化所引起的费用变化也可以进行调整。因此,通货膨胀等不可预见因素的风险由业主承担,对承包商而言,其风险相对较小,但对业主而言,不利于其进行投资控制,突破投资的风险就增大了。

在工程施工承包招标时,施工期限一年左右的项目一般实行固定总价合同,通常不考虑价格调整问题,以签订合同时的单价和总价为准,物价上涨的风险全部由承包商承担。而对于建设周期一年半以上的工程项目,应考虑下列因素引起的价格变化问题:

①劳务工资以及材料费用的上涨。

②其他影响工程造价的因素,如运输费、燃料费、电力等价格的变化。

③外汇汇率的不稳定。

④国家或者省、市立法的改变引起的工程费用的上涨。

4)总价合同的特点和应用

采用总价合同时,对承发包工程的内容及其各种条件都应基本清楚、明确,否则,承发包双方都有蒙受损失的风险。因此,一般在施工图设计完成,施工任务和范围比较明确,业主的目标、要求和条件都清楚的情况下才采用总价合同。对业主来说,由于设计花费时间较长,因而开工时间较晚,开工后的变更容易引起索赔,而且在设计过程中也难以吸收承包商的建议。

总价合同的特点是:

①发包单位可以在报价竞争状态下确定项目的总造价,可以较早确定或者预测工程成本。

②业主的风险较小,承包人将承担较多的风险。

③评标时易于迅速确定报价最低的投标人。

④在施工进度上能极大地调动承包人的积极性。

⑤发包单位能更容易、更有把握地对项目进行控制。

⑥必须完整而明确地规定承包人的工作。

⑦必须将设计和施工方面的变化控制在最小限度内。

总价合同和单价合同有时在形式上很相似,在有的总价合同的招标文件中也有工程量表,也要求承包商提出各分项工程的报价;但两者在性质上是完全不同的,总价合同是总价优先,承包商报总价,双方商讨并确定合同总价,最终也按总价结算。

3.成本加酬金合同

1)成本加酬金合同的含义

成本加酬金合同也称为成本补偿合同,是与固定总价合同正好相反的合同,工程施工的最终合同价格将按照工程的实际成本再加上一定的酬金进行计算。在签订合同时,工程实际成本往往不能确定,只能确定酬金的取值比例或者计算原则。

采用这种合同,承包商不承担任何价格变化或工程量变化的风险,这些风险主要由业主承担,对业主的投资控制很不利。而承包商往往缺乏控制成本的积极性,常常不仅不愿意控制成本,甚至会期望提高成本以提高自己的经济效益,因此这种合同容易被那些不道德或不称职的承包商滥用,从而损害工程的整体效益。所以,应该尽量避免采用这种合同。

2)成本加酬金合同的特点和适用条件

成本加酬金合同通常用于如下情况:

(1)工程特别复杂,工程技术、结构方案不能预先确定,或者尽管可以确定工程技术和结构方案,但是不可能进行竞争性的招标活动并以总价合同或单价合同的形式确定承包商,如研究开发性质的工程项目。

(2)时间特别紧迫,如抢险、救灾工程,来不及进行详细的计划和商谈。

对业主而言,这种合同形式也有一定优点:可以通过分段施工缩短工期,而不必等待所有施工图完成才开始招标和施工;可以减少承包商的对立情绪,承包商对工程变更和不可预见条件的反应会比较积极和快捷;可以利用承包商的施工技术专家,帮助改进或弥补设计中的不足;业主可以根据自身力量和需要,较深入地介入和控制工程施工和管理;可以通过确定最大保证价格来约束工程成本不超过某一限值,从而转移一部分风险。对承包商来说,这种合同比固定总价合同的风险低,利润比较有保证,因而比较有积极性。

成本加酬金合同的缺点是合同的不确定性,由于设计未完成,无法准确确定合同的工程内容、工程量以及合同的终止时间,有时难以对工程计划进行合理安排。

3)成本加酬金合同的形式

成本加酬金合同有多种形式,主要如下:

(1)成本加固定费用合同。

成本加固定费用合同是根据双方讨论同意的工程规模、估计工期、技术要求、工作性质及复杂性、所涉及的风险等来考虑确定一笔固定数目的报酬金额作为管理费及利润,对人工、材料、机械台班等直接成本则实报实销。如果设计变更或增加新项目,当直接费超过原估算成本的一定比例(如 10%)时,固定的报酬也要增加。在工程总成本一开始估计不准,可能变化不大的情况下,可采用此合同形式,有时可分几个阶段谈判付给的固定报酬。这种方式虽然不能鼓励承包商降低成本,但为了尽快得到酬金,承包商会尽力缩短工期。有时也可在固定费用之外根据工程质量、工期和节约成本等因素,给承包商另加奖金,以鼓励承包商积极工作。

(2)成本加固定比例费用合同。

成本加固定比例费用合同是工程成本中直接费加一定比例的报酬,报酬部分的比例在签订合同时由双方确定。这种方式的报酬费用总额随成本加大而增加,不利于缩短工期和降低成本。一般在工程初期很难描述工作范围和性质,或工期紧迫,无法按常规编制招标文件招标时采用。

(3)成本加奖金合同。

奖金是根据报价书中的成本估算指标制定的,在合同中对这个估算指标规定一个底点和顶点,分别为工程成本估算的 60%~75% 和 110%~135%。承包商在估算指标的顶点以下完成工程则可得到奖金,超过顶点则要为超出部分支付罚款。如果成本在底点之下,则可加大酬金值或酬金百分比。采用成本加奖金合同时通常规定,当实际成本超过顶点而对承包商罚款时,最大罚款限额不超过原先商定的最高酬金值。

在招标时,当图纸、规范等准备不充分,不能据以确定合同价格,而仅能制定一个估算指标时可采用这种合同形式。

(4)最大成本加费用合同。

最大成本加费用合同是在工程成本总价基础上加固定酬金的方式,即当设计深度达到可以报总价的深度时,投标人报一个工程成本总价和一个固定的酬金(包括各项管理费、风险费和利润)。如果实际成本超过合同中规定的工程成本总价,由承包商承担所有的额外费用,若实施过程中节约了成本,节约的部分归业主,或者由业主与承包商分享,在合同中要确定节约分成比例。在非代理型(风险型)CM 模式的合同中就采用了这种方式。

4)成本加酬金合同的应用

当实行施工总承包管理模式或 CM 模式时,业主与施工总承包管理单位或 CM 单位的合同一般采用成本加酬金合同。

在国际上,项目管理合同、咨询服务合同等也多采用成本加酬金合同方式。在施工承包合同中采用成本加酬金计价方式时,业主与承包商应该注意以下问题:

必须有明确的如何向承包商支付酬金的条款,包括支付时间和金额百分比。如果发生变更和其他变化,酬金支付如何调整。

应该列出工程费用清单,要规定一套详细的工程现场有关的数据记录、信息存储甚至记账的格式和方法,以便对工地实际发生的人工、机械和材料消耗等数据认真而及时地进行记录。应该保留有关工程实际成本的发票或账单、表明款额已经支付的记录或证明等,以便业主进行审核和结算。

(四) 施工合同风险管理

建设工程的特点决定了工程实施过程中技术、经济、环境、合同订立和履行等方面诸多风险因素的存在。由于我国目前建筑市场尚不成熟,主体行为不规范的现象在一定范围内仍存在,在工程实施过程中还存在着许多不确定的因素,建筑产品的生产比一般产品的生产具有更大的风险。

1.合同风险的概念

合同风险是指合同中的以及由合同引起的不确定性。合同风险可以按不同的方法进行分类。

按风险产生的原因分类,合同风险可以分为合同工程风险和合同信用风险。合同工程风险是指客观原因和非主观故意原因导致的风险,如工程进展过程中发生不利的地质条件变化、工程变更、物价上涨、不可抗力等。合同信用风险是指主观故意原因导致的风险,表现为合同双方的机会主义行为,如业主拖欠工程款,承包商层层转包、非法分包、偷工减料、以次充好、知假买假等。按合同的不同阶段进行划分,合同风险可以分为合同订立风险和合同履约风险。

2.施工合同风险产生的原因

施工合同风险产生的主要原因在于合同的不完全性特征,即合同是不完全的。不

想一想
成本加酬金合同有哪几种?各有什么特点?

想一想
什么是合同风险?

■ 思政元素 ■
做任何事都有风险,我们需要学会规避风险,将风险降到最低。

完全合同来自经济学的概念,是指由于个人的有限理性,外在环境的复杂性和不确定性,信息的不对称、交易成本以及机会主义行为的存在,合同当事人无法证实或观察一切,这就造成合同条款的不完全。与一般合同一样,施工合同也是不完全的,并且因为建筑产品的特殊性,施工合同不完全性的表现比一般合同更加复杂。

(1)合同的不确定性。由于人的有限理性,对外在环境的不确定性是无法完全预期的,不可能把所有可能发生的未来事件都写入合同条款中,更不可能制定出处理未来事件的所有具体条款。

(2)在复杂的、无法预测的世界中,一个工程的实施会存在各种各样的风险事件,人们很难预测未来事件,无法根据未来情况做出计划,往往是计划赶不上变化,诸如不利的自然条件、工程变更、政策法规的变化、物价的变化等。

(3)合同的语句表达不清晰、不细致、不严密、出现矛盾等,从而可能造成合同的不完全,容易导致双方理解上的分歧而发生纠纷,甚至发生争端。

(4)由于合同双方的疏忽,双方未就有关的事宜订立合同,而使合同不完全。

(5)交易成本的存在。因为合同双方为订立某一条款以解决某特定事宜的成本超出了其收益而造成合同的不完全。由于存在交易成本,人们签订的合同在某些方面肯定是不完全的。缔约各方愿意遗漏许多意外事件,认为等一等、看一看,要比把许多不大可能发生的事件考虑进去要好得多。

(6)信息的不对称。信息不对称是合同不完全的根源,多数问题都可以从信息的不对称中寻找到答案。建筑市场上的信息不对称主要表现为以下几个方面:

①业主并不真正了解承包商实际的技术和管理能力以及财务状况。一方面,尽管业主可以事先进行调查,但调查结果只能表明承包商过去在其他工程上的表现。由于人员的流动,承包商的实际能力随时会发生变动。另一方面,由于工程彼此之间相差悬殊,承包商能够承担这一工程并不能说明其也能承担其他工程,因此,业主对承包商并不真正了解,而承包商对自己目前的实际能力显然要比业主清楚得多。同时,业主并不知道他们想要得到的建筑物到底应当使用哪些材料,不知道运到现场的材料是否符合要求,而承包商要比业主清楚得多。

②承包商并不真正了解业主是否有足够的资金保证,不知道业主能否及时支付工程款,但是业主要比承包商清楚得多。

③总承包商对于分包商是否真有能力完成工程并不十分有把握,承包商对建筑生产要素掌握的信息远不如这些要素的提供者清楚。

想一想

合同风险产生的原因有哪些?

(7)机会主义行为的存在。机会主义行为被定义为这样一种行为,即用虚假的或空洞的,也就是非真实的威胁或承诺来谋取个人利益的行为。经济学通常假定各种经济行为主体是具有利己心的,所追求的是自身利益的最大化,且最大化行为具有普遍性。经济学上的机会主义行为主要强调的是用掩盖信息和提供虚假信息损人利己。

任何交易都有可能发生机会主义行为,机会主义行为可分为事前的和事后的两种。前者不愿意袒露与自己真实条件有关的信息,甚至会制造扭曲的、虚假的或模糊的信息。事后的机会主义行为也称为道德风险。事前的机会主义行为可以通过减少信息不对称部分消除,但不能完全消除,而避免事后的机会主义行为的方法之一就是在订立合同时进行有效的防范和在履约过程中进行监督管理。

3.施工合同风险的类型

1)项目外界环境风险

(1)在国际工程中,工程所在国政治环境的变化,如发生战争、禁运、罢工、社会动乱等造成工程施工中断或终止。

(2)经济环境的变化,如通货膨胀、汇率调整、工资和物价上涨。物价和货币风险在工程中经常出现,而且影响非常大。

(3)合同所依据的法律环境的变化,如新的法律颁布,国家调整税率或增加新税种,发布新的外汇管理政策等。在国际工程中,以工程所在国的法律为合同法律基础,对承包商的风险很大。

(4)自然环境的变化,如百年不遇的洪水、地震、台风等,以及工程水文、地质条件存在不确定性,复杂且恶劣的气候条件和现场条件,其他可能存在的对项目的干扰因素等。

2)项目组织成员资信和能力风险

(1)业主资信和能力风险,主要包括企业经营状况恶化、濒于倒闭,支付能力差,资信不好,撤走资金,恶意拖欠工程款等;业主为了达到不支付或少支付工程款的目的,在工程中刻意刁难承包商,滥用权力,施行罚款和扣款,对承包商的合理索赔要求不答复或拒不支付;业主经常改变主意,如改变设计方案、施工方案,打乱工程施工秩序,发布错误指令,非正常地干预工程但又不愿意给予承包商合理补偿等;业主不能完成合同责任,如不能及时供应设备、材料,不及时交付场地,不及时支付工程款;业主的工作人员存在私心和其他不正之风等。

(2)承包商(分包商、供货商)资信和能力风险,主要包括承包商的技术能力、施工力量、装备水平和管理能力不足,没有合适的技术专家和项目管理人员,不能积极地履行合同;承包商财务状况恶化,企业处于破产境地,无力采购和支付工资,工程被迫中止;承包商信誉差,不诚实,在投标报价和工程采购、施工中有欺诈行为;设计单位设计错误(如钢结构深化设计错误),不能及时交付设计图纸或无力完成设计工作;国际工程中对当地法律、语言、风俗不熟悉,对技术文件、工程说明和规范理解不准确或出错等;承包商的工作人员不积极履行合同责任,罢工、抗议或软抵抗等。

(3)其他方面,如政府机关工作人员、城市公共供应部门的干预、苛求和个人需求;项目周边或涉及的居民、单位的干预、抗议或苛刻的要求等。

3)管理风险

(1)对环境调查和预测的风险。对现场和周围环境条件缺乏足够全面和深入的调查,对影响投标报价的风险、意外事件和其他情况的资料缺乏足够的了解和预测。

(2)合同条款不严密,存在错误和歧义,工程范围和标准存在不确定性。

(3)承包商投标策略错误,错误地理解业主意图和招标文件,导致实施方案错误、报价失误等。

(4)承包商的技术设计、施工方案、施工计划和组织措施存在缺陷和漏洞,计划不周。

(5)实施控制过程中的风险。例如:合作伙伴争执、责任不明;缺乏有效措施保证施工进度、安全和质量要求;分包层次太多,造成计划执行和调整、实施的困难等。

4.工程合同风险分配

1)工程合同风险分配的重要性

合同是由业主起草的,但业主不能不顾主客观条件,任意在合同中增加对承包商的单方面约束性条款和对自己的免责条款,把风险全部推给对方。如果业主不承担风险,就会缺乏工程控制的积极性和内在动力,工程也不能顺利进行;如果合同不平等,承包商无法得到合理利润,不可预见的风险太大,则会对工程缺乏信心和履约积极性;如果发生风险事件,不可预见风险费用不足以弥补承包商的损失,承包商通常会采取其他各种办法弥补损失或减少开支,如偷工减料、减少工作量、降低材料设备和施工质量标准,甚至放慢施工速度或停工等,最终影响工程的整体效益;如果合同所定义的风险没有发生,则业主多支付了报价中的不可预见风险费,承包商可取得超额利润。

合理地分配风险,业主可以获得一个合理的报价,承包商报价中的不可预见风险费较少;合理地分配风险,可减少合同的不确定性,承包商可以准确地计划和安排工程施工;合理地分配风险,可以最大限度发挥合同双方风险控制和履约的积极性,整个工程的产出效益会更好。

2)工程合同风险分配的原则

合同风险应该按照效率原则和公平原则进行分配。

(1)从工程整体效益出发,最大限度发挥双方的积极性,尽可能做到:①谁能最有效地预测、防止和控制风险,或能有效地降低风险损失,或能将风险转移给其他方面,则由谁承担相应的风险责任。②承担者控制相关风险是经济的,即能够以最低的成本来承担风险损失,此外,承担者管理风险的成本、自我防范和市场保险费用最低,同时是有效、方便、可行的。③通过风险分配,加强责任,发挥双方管理和技术革新的积极性等。

(2)公平合理,责权利平衡,体现在以下方面:①承包商提供的工程(或服务)与业主支付的价格之间应体现公平,这种公平通常以当地当时的市场价格为依据。②风险责任与权利之间应平衡。③风险责任与机会对等,即风险承担者同时应能享有风险控制获得的收益和机会收益。④承担的可能性和合理性,即给风险承担者以风险预测、计划、控制的条件和可能性。

(3)符合现代工程管理理念,符合工程惯例,即符合通常的工程处理方法。

5.施工合同风险管理的工作流程

风险管理过程包括项目实施全过程的项目风险识别、项目风险评估、项目风险响应和项目风险控制。

(五)建设工程施工合同实施管理

1.施工合同分析

1)合同分析的含义

合同分析是从合同执行的角度去分析、补充和解释合同的具体内容和要求,将合同目标和合同规定落实到合同实施的具体问题和具体时间上,用以指导具体工作,使合同能符合日常工程管理的需要,使工程按合同要求实施,为合同执行和控制确定依据。合同分析不同于招投标过程中对招标文件的分析,其目的和侧重点都不同。往往

建设工程
施工合同
实施、索
赔和信息
管理

由企业的合同管理部门或项目中的合同管理人员负责分析。

2)合同分析的目的和作用

由于以下诸多因素的存在,承包人在签订合同后、履行和实施合同前有必要进行合同分析:①许多合同条文采用法律用语,往往不够直观明了,不容易理解,通过补充和解释,可以使之简单、明确、清晰。②同一个工程中的不同合同形成一个复杂的体系,十几份、几十份甚至上百份合同之间有十分复杂的关系。③合同事件和工程活动的具体要求(如工期、质量、费用等)、合同各方的责任关系、事件和活动之间的逻辑关系等极为复杂。④许多工程小组,项目管理职能人员所涉及的活动和问题不是合同文件的全部,而仅为合同的部分内容,全面理解合同对合同的实施将会产生重大影响。⑤在合同中依然存在问题和风险,包括合同审查时已经发现的风险以及可能隐藏着的尚未发现的风险。⑥合同中的任务需要分解和落实。⑦在合同实施过程中,合同双方会有许多争执,可通过合同分析、预测,提出预防措施。

合同分析的目的和作用体现在以下几个方面:

（1）分析合同中的漏洞,解释有争议的内容。在合同起草和谈判过程中,双方都会力争完善,但难免有所疏漏,通过合同分析,找出漏洞,可以作为履行合同的依据。在合同执行过程中,合同双方有时也会发生争议,往往是对合同条款的理解不一致所造成的,通过分析,就合同条文达成一致理解,从而解决争议。在遇到索赔事件后,合同分析也可以为索赔提供理由和根据。

（2）分析合同风险,制定风险对策。不同的工程合同,其风险的来源和风险量的大小都不同,要根据合同进行分析,并采取相应的对策。

（3）合同任务分解、落实。在实际工程中,合同任务需要分解落实到具体的工程小组或部门、人员,要将合同中的任务进行分解,将合同中与各部分任务相对应的具体要求予以明确,然后落实到具体的工程小组或部门、人员身上,以便实施与检查。

3)建设工程施工合同分析的内容

在不同的时期,为了不同的目的,合同分析有不同的内容,通常包括以下几个方面。

（1）合同的法律基础,即合同签订和实施的法律背景。通过分析,承包人了解适用于合同的法律的基本情况（范围、特点等）,用以指导整个合同实施和索赔工作。对合同中明示的法律应重点分析。

（2）承包人的主要任务,包括承包人的总任务、工作范围、关于工程变更的规定等方面。

承包人的总任务即合同标的,包括承包人在设计、采购、制作、试验、运输、土建施工、安装、验收、试生产、缺陷责任期维修等方面的主要责任,以及施工现场的管理,给业主的管理人员提供生活和工作条件等。

工作范围通常由合同中的工程量清单、图纸、工程说明、技术规范所定义。工程范围的界限应界定清楚,否则会影响工程变更和索赔,特别对于固定总价合同而言。在合同实施中,如果工程师指示的工程变更属于合同规定的工程范围,则承包人必须无条件执行;如果工程变更超过承包人应承担的风险范围,则可向业主提出工程变更的补偿要求。

关于工程变更的规定:①在合同实施过程中,变更程序非常重要,通常要做工程变

想一想

为什么要进行合同分析?

更工作流程图,并交付给相关的职能人员。②工程变更的补偿范围通常以合同金额一定的百分比表示,一般来说,这个百分比越大,承包人的风险越大。③工程变更的索赔有效期由合同具体规定,一般为 28 天,也有 14 天的。一般这个时间越短,对承包人管理水平的要求越高,对承包人越不利。

(3)发包人的责任。

主要分析发包人(业主)的合作责任,包括以下内容:业主雇用工程师并委托其在授权范围内履行业主的部分合同责任;业主和工程师有责任对平行的各承包人和供应商之间的责任界限做出划分,对这方面的争执做出裁决,对他们的工作进行协调,并承担管理和协调失误造成的损失;及时做出承包人履行合同所必需的决策,如下达指令、履行各种批准手续、做出认可、答复请示、完成各种检查和验收手续等;提供施工条件,如及时提供设计资料、图纸、施工场地、道路等;按合同规定及时支付工程款,及时接收已完工程等。

(4)合同价格。

对合同的价格,应重点分析以下几个方面:合同所采用的计价方法及合同价格所包括的范围;工程量计量程序,工程款结算(包括进度付款、竣工结算、最终结算)方法和程序;合同价格的调整,即费用索赔的条件、价格调整方法、计价依据、索赔有效期规定;拖欠工程款的合同责任。

(5)施工工期。

在实际工程中,工期拖延极为常见和频繁,而且对合同实施和索赔的影响很大,所以要特别重视。

想一想
为什么要特别重视工期?

(6)违约责任。

如果合同一方未遵守合同规定,给对方造成损失,应受到相应的处罚。关于违约责任,通常分析以下内容:承包人不能按合同规定工期完成工程的违约金或承担业主损失的条款;由于管理上的疏忽造成对方人员和财产损失的赔偿条款;由于预谋或故意行为造成对方损失的处罚和赔偿条款;承包人不履行或不能正确地履行合同责任,或出现严重违约时的处理规定;业主不履行或不能正确地履行合同责任,或出现严重违约时的处理规定,特别是对业主不及时支付工程款的处理规定。

(7)验收、移交和保修。

验收包括许多内容,如进场验收、隐蔽工程验收、单项工程验收、工程竣工验收等。在合同分析中,应对重要的验收要求、时间、程序以及验收所带来的法律后果进行说明。竣工验收合格即办理移交。移交即说明业主认可并接收工程,承包人施工任务的完结;工程所有权的转让;承包人工程照管责任的结束和业主工程照管责任的开始;保修责任的开始和合同规定的工程款支付条款有效。

(8)索赔程序和争执的解决。主要分析索赔的程序、争议的解决方式和程序,以及仲裁条款,包括仲裁所依据的法律,仲裁地点、方式和程序,仲裁结果的约束力等。

2.施工合同交底

想一想
为什么要进行施工合同交底?

完成合同分析后,应向各层级管理者做"合同交底",即由合同管理人员在对合同的主要内容进行分析、解释和说明的基础上,组织项目管理人员和各个工程小组学习合同条文和合同总体分析结果,使大家熟悉合同中的主要内容、规定、管理程序,了解合同双方的合同责任和工作范围,各种行为的法律后果等,使大家树立全局观念,使各项工作协调一致,避免合同执行中的违约行为。

在传统的施工项目管理系统中,人们十分重视图纸交底工作,却不重视合同分析和合同交底工作,导致各个项目组和各个工程小组对项目的合同体系、合同基本内容不甚了解,影响合同的履行。

项目经理或合同管理人员应将各种任务或事件的责任进行分解,落实到具体的工作小组、人员或分包单位。合同交底的目的和任务如下:

(1)对合同的主要内容达成一致理解。

(2)将各种合同事件的责任分解落实到各工程小组或分包人。

(3)将工程项目和任务分解,明确其质量和技术要求以及实施的注意要点等。

(4)明确各项工作或各个工程的工期要求。

(5)明确成本目标和消耗标准。

(6)明确相关事件之间的逻辑关系。

(7)明确各个工程小组(分包人)之间的责任界限。

(8)明确无法完成任务的影响和法律后果。

(9)明确合同有关各方(如业主、监理工程师)的责任和义务。

3.施工合同实施控制

在工程实施的过程中要对合同的履行情况进行跟踪与控制,并加强工程变更管理,保证合同的顺利履行。

1)施工合同跟踪

合同签订以后,合同中各项任务的执行要落实到具体的项目经理部或具体的项目参与人员身上,承包单位作为履行合同义务的主体,必须对合同执行者(项目经理部或项目参与人)的履行情况进行跟踪、监督和控制,确保合同义务的完全履行。

施工合同跟踪有两个方面的含义:一是承包单位的合同管理职能部门对合同执行者(项目经理部或项目参与人)的履行情况进行跟踪、监督和检查;二是合同执行者(项目经理部或项目参与人)本身对合同计划的执行情况进行跟踪、检查与对比。

想一想

为什么要对合同进行跟踪?

对合同跟踪,其依据是合同以及依据合同而编制的各种计划文件,还有各种实际工程文件,如原始记录、报表、验收报告等;另外,要依据管理人员对现场情况的直观了解,如现场巡视、交谈、会议、质量检查等。

合同跟踪的对象主要有承包的任务、工程小组或分包人的工程和工作,以及业主和其委托的工程师的工作等几方面。

(1)承包的任务主要包括:①工程施工的质量,包括材料、构件、制品和设备等的质量,以及施工或安装质量是否符合合同要求等;②工程进度,是否在预定期限内施工,工期有无延长,延长的原因是什么等;③工程数量,是否按合同要求完成全部施工任务,有无合同规定以外的施工任务等;④成本的增加和减少。

(2)承包人可以将工程施工任务分解,交由不同的工程小组或发包给专业分包人完成,工程承包人必须对这些工程小组或分包人及其所负责的工程进行跟踪检查,协调关系,提出意见、建议或警告,保证工程总体质量和进度。对专业分包人的工作和负责的工程,总承包商负有协调和管理的责任,并承担由此造成的损失,所以专业分包人的工作和负责的工程必须纳入总承包工程的计划和控制中,防止因分包人工程管理失误而影响全局。

(3)跟踪业主和其委托的工程师的工作,看业主是否及时、完整地提供了工程施工的实施条件,如场地、图纸、资料等;查看业主和工程师是否及时给予了指令、答复和确认等;明确业主是否及时并足额地支付了应付的工程款项。

2)合同实施的偏差分析

通过合同跟踪,可能会发现合同实施中存在偏差,即工程实际情况偏离了工程计划和工程目标,应该及时分析原因、采取措施、纠正偏差、避免损失。

合同实施偏差分析的内容包括以下几个方面:

①产生偏差的原因分析。

通过合同实际执行情况与实施计划的对比,不仅可以发现合同实施的偏差,而且可以探索引起差异的原因。原因分析可以采用鱼刺图、因果关系分析图(表)以及成本量差、价差、效率差分析等方法定性或定量地进行。

②合同实施偏差的责任分析,即分析产生合同偏差的原因是由谁引起的,应该由谁承担责任。责任分析必须以合同为依据,按合同规定落实双方的责任。

③合同实施趋势分析。

针对合同实施偏差情况,可以采取不同的措施,应分析在不同措施下合同执行的结果与趋势,包括最终的工程状况(如总工期的延误、总成本的超支、质量标准、所能达到的生产能力或功能要求等)、承包商将承担的后果(如被罚款、被清算,甚至被起诉,对承包商资信、企业形象、经营战略的影响等)、最终工程经济效益(利润)水平。

3)合同实施偏差处理

根据合同实施偏差分析的结果,承包商应该采取相应的调整措施,调整措施可以分为以下几种:

①组织措施,如增加人员投入,调整人员安排,调整工作流程和工作计划等。

②技术措施,如变更技术方案,采用新的高效率的施工方案等。

③经济措施,如增加投入,采取经济激励措施等。

④合同措施,如进行合同变更,签订附加协议,采取索赔手段等。

4.工程变更管理

工程变更一般是指在工程施工过程中,根据合同约定对施工的程序,工程的内容、数量、质量要求及标准等做出的变更。工程变更主要有以下几个方面的原因:

(1)业主新的变更指令、对建筑的新要求,如业主有新的意图、修改项目计划、削减项目预算等。

(2)设计人员、监理方人员、承包商事先没有很好地理解业主的意图,或设计的错误,导致图纸修改。

(3)工程环境的变化,预定的工程条件不准确,要求实施方案或实施计划变更。

(4)由于产生新技术和知识,有必要改变原设计、原实施方案或实施计划,或业主指令及业主责任的原因造成承包商施工方案的改变。

(5)政府部门对工程新的要求,如国家计划变化、环境保护要求、城市规划变动等。

(6)由于合同实施出现问题,必须调整合同目标或修改合同条款。

根据FIDIC施工合同条件,工程变更的内容可能包括以下几个方面:

(1)改变合同中所包括的任何工作的数量。

(2)改变任何工作的质量和性质。

想一想

产生合同偏差的原因有哪些方面?

想一想

合同偏差调整的措施有哪些?举例说明。

（3）改变工程任何部分的标高、基线、位置和尺寸。

（4）删减任何工作，但要交他人实施的工作除外。

（5）任何永久工程需要的任何附加工作、工程设备、材料或服务。

（6）改动工程的施工顺序或时间安排。

根据我国《建设工程施工合同（示范文本）》（GF—2017—0201）第10.1条"变更的范围"，除专用合同条款另有约定外，合同履行过程中发生以下情形的，应按照本条约定进行变更：

（1）增加或减少合同中任何工作，或追加额外的工作。

（2）取消合同中任何工作，但转由他人实施的工作除外。

（3）改变合同中任何工作的质量标准或其他特性。

（4）改变工程的基线、标高、位置和尺寸。

（5）改变工程的时间安排或实施顺序。

根据统计，工程变更是索赔的主要起因。由于工程变更对工程施工过程影响很大，会造成工期的拖延和费用的增加，容易引起双方的争执，因此要十分重视工程变更管理问题。一般工程施工承包合同中都有关于工程变更的具体规定。

工程变更一般按照如下程序进行：

（1）提出工程变更。

根据工程实施的实际情况，承包商、业主方、设计方等单位都可以根据需要提出工程变更。

（2）工程变更的批准。

由承包商提出的工程变更应该交予工程师审查并批准；由设计方提出的工程变更应该与业主协商，或经业主审查并批准；由业主方提出的工程变更，涉及设计修改的应该与设计单位协商，一般通过工程师发出。工程师发出工程变更的权力，一般会在施工合同中明确约定，通常在发出变更通知前应征得业主批准。

（3）工程变更指令的发出及执行。

为了避免耽误工程，工程师和承包人就变更价格和工期补偿达成一致意见之前有必要先行发布变更指示，先执行工程变更工作，然后就变更价格和工期补偿进行协商和确定。

工程变更指令的发出有两种形式：书面形式和口头形式。一般情况下要求用书面形式发布变更指令，如果由于情况紧急而来不及发出书面指令，承包人应该根据合同规定要求工程师书面认可。

根据工程惯例，除非工程师明显超越合同权限，承包人应该无条件地执行工程变更的指令。即使工程变更价款没有确定，或者承包人对工程师答应给予付款的金额不满意，承包人也必须一边进行变更工作，一边根据合同寻求解决办法。

（4）工程变更的责任分析与补偿要求。

根据工程变更的具体情况可以分析、确定工程变更的责任和费用补偿。

由业主要求、政府部门要求、环境变化、不可抗力、原设计错误等导致的设计修改，应该由业主承担责任。由此所造成的施工方案的变更以及工期的延长和费用的增加应该向业主索赔。

由承包人的施工过程、施工方案出现错误、疏忽而导致的设计修改，应该由承包人

说一说

工程变更的程序是什么？

承担责任。

施工方案变更要经过工程师的批准,不论这种变更是否会给业主带来好处。

由承包人的施工过程、施工方案本身的缺陷而导致施工方案的变更,由此所引起的费用增加和工期延长应该由承包人承担责任。

业主向承包人授标前(或签订合同前),可以要求承包人对施工方案进行补充、修改或做出说明,以便符合业主的要求。在授标后(或签订合同后),业主为了加快工期、提高质量等要求变更施工方案,由此所引起的费用增加可以向业主索赔。

(六)施工分包管理方法

建设工程施工分包包括专业工程分包和劳务作业分包两种。在国内,建设工程施工总承包或者施工总承包管理的任务往往由那些技术密集型和综合管理型的大型企业承担,项目中的许多专业工程施工往往由那些中小型的专业化公司或劳务公司承担。工程施工的分包是国内目前非常普遍的现象和工程实施方式。

1.对施工分包单位进行管理的责任主体

施工分包单位可由业主指定,也可以在业主同意的前提下由施工总承包或者施工总承包管理单位自主选择,其合同既可以与业主签订,也可以与施工总承包或者施工总承包管理单位签订。一般情况下,无论是业主指定的分包单位还是施工总承包或者施工总承包管理单位选定的分包单位,其分包合同都是与施工总承包或者施工总承包管理单位签订的。对分包单位的管理责任,也由施工总承包或者施工总承包管理单位承担。也就是说,将由施工总承包或者施工总承包管理单位向业主承担分包单位负责施工的工程质量、工程进度、安全等的责任。

想一想

什么是分包?有哪些分包?

在许多大型工程的施工中,业主指定分包的工程内容比较多,指定分包单位的数量也比较多。施工总承包单位往往对指定分包单位疏于管理,出现问题后就百般推脱责任,以"该分包单位是业主找的,不是自己找的"等为理由推卸责任。特别是在施工总承包管理模式下,几乎所有分包单位的选择都是由业主决定的,而由于施工总承包管理单位几乎不进行具体工程的施工,其派驻该工程的管理力量就相对薄弱,对分包单位的管理就非常容易形成漏洞,或造成缺位。必须明确的是,对施工分包单位进行管理的第一责任主体是施工总承包单位或施工总承包管理单位。

2.分包管理的内容

对施工分包单位管理的内容包括成本控制、进度控制、质量控制、安全管理、信息管理、人员管理、合同管理等。

1)成本控制

首先,无论采用何种计价方式,都可以通过竞争的方式降低分包工程的合同价格,从而降低承包工程的施工总成本。其次,在对分包工程款的支付审核方面,通过严格审核实际完成工程量,建立工程款支付与工程质量和工程实际进度挂钩的联动审核方式,防止超付和早付。对于业主指定分包,如果不是由业主直接向分包支付工程款,则要把握分包工程款的支付时间,一定要在收到业主的工程款之后再支付,并应扣除管理费、配合费和质量保证金等。

2)进度控制

首先应该根据施工总进度计划提出分包工程的进度要求,向施工分包单位明确分包工程的进度目标。应该要求施工分包单位按照分包工程的进度目标要求建立详细的分包工程施工进度计划,通过审核,判断其是否合理,是否符合施工总进度计划的要求,并在工程进展过程中严格控制其执行。

在施工分包合同中应该确定进度计划拖延的责任,并在施工过程中进行严格考核。在工程进展过程中,承包单位还应该积极为分包工程的施工创造条件,及时审核和签署有关文件,保证材料供应,协调好各分包单位之间的关系,按照施工分包合同的约定履行施工总承包人的职责。

3)质量控制和安全管理

首先,在分包工程施工前,应该向分包人明确施工质量要求,要求施工分包人建立质量保证体系,制定质量保证和安全管理措施,经审查批准后再进行分包工程的施工。施工过程中,严格检查施工分包人的质量保证与安全管理体系和措施的落实情况,并根据总包单位自身的质量保证体系控制分包工程的施工质量。应该在承包人和分包人自检合格的基础上提交业主方检查和验收。

增强全体人员(包括承包人的作业人员和管理人员以及参与施工的各分包方的各级管理人员和作业人员)的质量和安全意识是保证施工质量和安全的首要措施。工程开工前,应该针对工程的特点,由项目经理或负责质量、安全的管理人员组织进行质量、安全意识教育,通过教育提高各类管理人员和施工人员的质量、安全意识,并将其贯穿到实际工作中去。

目前,国内的工程施工主要由分包单位操作完成,只有分包单位的管理水平和技术实力提高了,工程质量才能达到既定的目标。因此,要着重对分包单位的操作人员和管理人员进行技术培训和质量教育,帮助他们提高管理水平。要对分包工程的班组长及施工人员按不同专业进行技术、工艺、质量等的综合培训,未经培训或培训不合格的分包队伍不允许进场施工。

3.分包管理的方法

应该建立对分包人进行管理的组织体系和责任制度,对每一个分包人都有负责管理的部门或人员,实行对口管理。

分包单位应该经过严格考察,并经业主和工程监理机构的认可,其资质类别和等级应该符合有关规定。

要对分包单位的劳动力组织及计划安排进行审批和控制,要根据其施工内容、进度计划等进行人员数量、资格和能力的审批和检查。

要责成分包单位建立责任制,将项目的质量、安全等保证体系贯彻落实到各个分包单位、各个施工环节,督促分包单位对各项工作的落实。

对于加工构件的分包人,可委派驻厂代表负责对加工厂的进度和质量进行监督、检查和管理。应该建立工程例会制度,及时反映和处理分包单位施工过程中出现的各种问题。

建立合格材料、制品、配件等的分供方档案库,并对其进行考核、评价,确定信誉好的分供方。材料、成品和半成品进场要按规范、图纸和施工要求严格检验。进场后的材料堆放要按照材料性能、厂家要求等进行,对易燃易爆材料要单独存放。

对于有多个分包单位同时进场施工的项目,可以举办工程质量、安全或进度竞赛活动,通过定期的检查和评比,建立奖惩机制,促进分包单位的进步和提高。

二、施工合同索赔管理

索赔是合同执行过程中一种正常的经济活动,在国际工程承包市场上,工程索赔是承包人和发包人保护自身正当权益、弥补工程损失的重要而有效的手段。

(一)索赔依据

建设工程索赔通常是指在工程合同履行过程中,合同当事人一方因对方不履行或未能正确履行合同或者由于其他非自身因素而受到经济损失或权利损害,通过合同规定的程序向对方提出经济或时间补偿要求的行为。索赔是一种正当的权利要求,它是合同当事人之间一项正常的而且普遍存在的合同管理业务,是一种以法律和合同为依据的合情合理的行为。

索赔是合同管理的重要环节。索赔和合同管理有直接的联系,合同是索赔的依据。

索赔有利于提高工程项目管理水平。工程项目索赔直接关系到建设单位和施工单位双方的利益,索赔和处理索赔的过程,实质上是双方管理水平的综合体现。作为建设单位,为使工程顺利进行、如期完成、早日投产、取得收益,就必须加强自身管理,做好资金、技术等各相关工作,保证工程中的各项问题及时得到解决。作为施工单位,要实现合同目标,取得索赔,争取自己的应得利益,就必须加强各项基础管理工作,对工程的质量、进度、变更等进行更严格、更细致的管理。

说一说

索赔的程序是什么?

从某种意义上讲,索赔是一种风险费用的转移或再分配,如果施工单位利用索赔的方法使自己的损失尽可能地得到补偿,就会降低工程报价中的风险费用,从而使建设单位得到相对较低的报价。当工程施工中发生这种费用时,可以按实际支出给予补偿,也使工程造价更趋于合理。作为施工单位,要取得索赔,保证自己应得的利益,就必须做到不违约,全力保证工程质量和进度,实现合同目标。而建设单位可通过索赔的处理和解决,保证工程质量和进度,实现合同目标。

同时,索赔是挽回成本损失的重要手段。在合同履行过程当中,由于建设项目的主、客观条件发生了与原合同不一致的情况,施工单位的实际工程成本增加,施工单位为了挽回损失,就可以通过索赔加以解决。显然,索赔是以赔偿实际损失为原则的,施工单位必须准确地提供整个工程成本的分析和管理数据,以便确定挽回损失的数量。

索赔也是国际工程建设中非常普遍的做法,尽快学习、掌握运用国际上工程建设管理的通行做法,不仅有利于我国企业与国际接轨,提高工程建设管理水平,而且对我国企业顺利参与国际工程承包、参与国外工程建设也有着重要的意义。

1.索赔的起因

索赔可能由以下一个或几个方面的原因引起:

(1)合同对方违约,不履行或未能正确履行合同义务与责任;

(2)合同错误,如合同条文不全,存在错误、矛盾等,设计图纸、技术规范错误等;

(3)合同变更;

(4)工程环境变化,包括法律、物价和自然条件的变化等;

(5)不可抗力因素,如恶劣的气候条件、地震、洪水、战争状态等。

2.索赔的分类

(1)按索赔有关当事人分类,索赔可分为承包人与发包人之间的索赔、承包人与分包人之间的索赔、承包人或发包人与供货人之间的索赔,以及承包人或发包人与保险人之间的索赔。

(2)按照索赔目的和要求分类,索赔可分为工期索赔和费用索赔。工期索赔一般指承包人向业主或者分包人向承包人要求延长工期;费用索赔即要求补偿经济损失,调整合同价格。

说一说
索赔都有哪些类型?

(3)按照索赔事件的性质,索赔可分为以下几类:

①工程延期索赔。因为发包人未按合同要求提供施工条件,或者发包人指示工程暂停,或因不可抗力事件等造成工期拖延的,承包人可向发包人提出索赔;如果由于承包人的原因导致工期拖延,发包人可以向承包人提出索赔;由于非分包人的原因导致工期拖延,分包人可以向承包人提出索赔。

②工程加速索赔。通常是因为发包人或工程师指令承包人加快施工进度、缩短工期,引起承包人的人力、物力、财力的额外开支,承包人提出索赔;承包人指示分包人加快施工进度,分包人也可以向承包人提出索赔。

③工程变更索赔。由于发包人或工程师指示增加工程量或增加附加工程、修改设计、变更施工顺序等,造成工期延长和费用增加,承包人对此向发包人提出索赔,分包人也可以对此向承包人提出索赔。

④工程终止索赔。由于发包人违约或发生了不可抗力事件等造成工程非正常终止,承包人和分包人因蒙受经济损失而提出索赔;如果由于承包人或者分包人的原因导致工程非正常终止,或者合同无法继续履行,发包人可以对此提出索赔。

⑤不可预见的外部障碍或条件索赔。施工期间在现场遇到一个有经验的承包商通常不能预见的外界障碍或条件,例如地质条件与预计的(业主提供的资料)不同,出现未预见的岩石、淤泥或地下水等,导致承包人遭受损失,这类风险通常应该由发包人承担,即承包人可以据此提出索赔。

⑥不可抗力事件引起的索赔。在新版FIDIC施工合同条件中,不可抗力通常是满足以下条件的特殊事件或情况:一方无法控制的,该方在签订合同前不能对之进行合理防备的,发生后该方不能合理避免或克服的,不能主要归因于他方的。不可抗力事件造成的损失通常应该由发包人承担,即承包人可以据此提出索赔。

⑦其他索赔,如货币贬值、汇率变化、物价变化、政策法令变化等引起的索赔。

3.承包商向业主的索赔

在建设工程实践中,较多见的情况是承包商向业主提出索赔。常见的建设工程施工索赔如下。

(1)因合同文件引起的索赔,包括有关合同文件的组成问题引起的索赔,关于合同文件的有效性引起的索赔,因图纸或工程量表中的错误引起的索赔。

(2)有关工程施工的索赔。

①地质条件变化引起的索赔。

②工程中人为障碍引起的索赔。

③增减工程量的索赔。

④各种额外的试验和检查费用的偿付。

⑤工程质量要求的变更引起的索赔。

⑥指定分包商违约或延误造成的索赔。

⑦其他有关施工的索赔。

(3)关于价款方面的索赔,包括价格调整方面的索赔、货币贬值和严重经济失调导致的索赔、拖延支付工程款的索赔。

(4)关于工期的索赔,包括延长工期的索赔、工期延误产生损失的索赔、赶工费用的索赔。

(5)特殊风险和人力不可抗拒灾害的索赔。

特殊风险一般是指战争、敌对行动、入侵行为、核污染及冲击波破坏、叛乱、革命、暴动、军事政变或篡权、内战等引起的风险。人力不可抗拒灾害主要是指自然灾害,由这类灾害造成的损失应向承保的保险公司索赔。在许多合同中,承包人以业主和承包人共同的名义投保工程一切险,这种索赔可同业主一起进行。

(6)暂停工程、终止合同的索赔。

施工过程中,工程师有权下令暂停全部或任何部分工程,只要这种暂停命令并非承包人违约或其他意外风险造成的,承包人不仅有权要求延长工期,而且可以就停工损失获得合理的额外费用补偿。

(7)财务费用补偿的索赔。

财务费用补偿的索赔是指对因各种原因使承包人财务开支增大而导致的贷款利息等财务费用增加而提出补偿要求。

4.业主向承包商索赔

在承包商未按合同要求实施工程时,除了工程师可向承包商发出批评或警告,要求承包商及时改正外,在许多情况下,业主可根据合同向承包商提出索赔。

1)索赔费用和利润

承包商未按合同要求实施工程,发生损害业主权益或违约的情况时,业主可索赔费用和(或)利润。

2)索赔工期

FIDIC于1999年出版的《施工合同条件》(新红皮书)规定,当承包商的工程质量不能满足要求,即某项缺陷或损害使工程、区段或某项主要生产设备不能按原定目的使用时,业主有权延长工程或某一区段的缺陷通知期。

5.反索赔的概念

反索赔就是反驳、反击对方的索赔要求或者防止对方提出索赔,不让对方索赔成功或者全部成功。一般认为,索赔是双向的,业主和承包商都可以向对方提出索赔要求,任何一方也都可以对对方提出的索赔要求进行反驳和反击,这种反驳和反击就是反索赔。

在工程实践过程中,当合同一方向对方提出索赔要求时,合同另一方对对方的索赔要求和索赔文件可能会有三种处理方式:

(1)全部认可对方的索赔,包括索赔之数额。

(2)全部否定对方的索赔。

(3)部分否定对方的索赔。

针对一方的索赔要求,反索赔的一方应以事实为依据,以合同为准绳,反驳和拒绝对方的不合理要求或索赔要求中的不合理部分。

6.索赔成立的条件

1)构成施工项目索赔条件的事件

索赔事件又称为干扰事件,是指那些使实际情况与合同规定不符合,最终引起工期和费用变化的各类事件。在工程实施过程中,要不断地跟踪、监督索赔事件,就可以不断地发现索赔机会。通常,承包商可以提起索赔的事件有:

(1)发包人违反合同给承包人造成时间、费用的损失。

(2)工程变更(含设计变更、发包人提出的工程变更、监理工程师提出的工程变更,以及承包人提出并经监理工程师批准的变更)造成的时间、费用损失。

(3)监理工程师对合同文件的歧义解释、技术资料不确切,或不可抗力导致施工条件的改变,造成了时间、费用的增加。

(4)发包人提出提前完成项目或缩短工期而造成承包人的费用增加。

(5)发包人延误支付期限造成承包人的损失。

(6)对合同规定以外的项目进行检验,且检验合格,或非承包人的原因导致项目缺陷的修复所发生的损失或费用。

(7)非承包人的原因导致工程暂时停工。

(8)物价上涨、法规变化及其他。

2)索赔成立的前提条件

索赔的成立应该具备以下三个前提条件:

(1)与合同对照,事件已造成了承包人工程项目成本的额外支出,或直接工期损失。

(2)造成费用增加或工期损失的原因,按合同约定不属于承包人的行为责任或风险责任。

(3)承包人按合同规定的程序和时间提交索赔意向通知和索赔报告。

以上三个条件必须同时具备,缺一不可。

> 想一想
> 索赔都能成立吗?

7.索赔的依据

总体而言,索赔的依据主要包括合同文件、法律法规、工程建设惯例三个方面。针对具体的索赔要求(工期或费用),索赔的具体依据也不相同,例如,有关工期的索赔就要依据有关的进度计划、变更指令等。

8.索赔证据

索赔证据是当事人用来支持其索赔成立或和索赔有关的证明文件和资料。索赔证据作为索赔文件的组成部分,在很大程度上关系到索赔的成功与否。证据不全、不足或没有证据,索赔是很难获得成功的。

在工程项目实施过程中,会产生大量的工程信息和资料,这些信息和资料是开展索赔的重要证据。因此,在施工过程中应该自始至终做好资料积累工作,建立完善的资料记录和科学管理制度,认真、系统地积累和管理合同、质量、进度以及财务收支等方面的资料。

可以作为证据使用的材料有以下七种:

(1)书证,是指以文字或数字等所记载的内容来证明待证事实的有关情况的书面文书和其他载体,如合同文本、会计账簿、欠据、收据、往来信函以及确定有关权利的判决书、法律文件等。

(2)物证,是指以其存在、存放的地点的外部特征及物质特性来证明事实真相的证据,如购销过程中封存的样品,被损坏的机械、设备,有质量问题的产品等。

(3)证人证言,是指知道、了解事实真相的人所提供的证词,或向司法机关所做的陈述。

(4)视听材料,是指能够证明案件真实情况的音像资料,如录音带、录像带等。

(5)被告人供述和有关当事人陈述,包括犯罪嫌疑人、被告人向司法机关所做的承认犯罪并交代犯罪事实的陈述或否认犯罪或具有从轻、减轻、免除处罚的辩解、申诉,以及被害人、当事人就案件事实向司法机关所做的陈述。

(6)鉴定结论,是指专业人员就案件有关情况向司法机关提供的专门性的书面鉴定意见,如损伤鉴定、痕迹鉴定、质量责任鉴定等。

想一想

索赔成立的条件是什么?

(7)勘验、检验笔录,是指司法人员或行政执法人员对与案件有关的现场物品、人身等进行勘察、试验、实验或检查的文字记载。这项证据也具有专门性。

常见的工程索赔证据有以下多种类型:

(1)各种合同文件,包括施工合同协议书及其附件、中标通知书、投标书、标准和技术规范、图纸、工程量清单、工程报价单或者预算书、有关技术资料和要求、施工过程中的补充协议等。

(2)工程各种往来函件、通知、答复等。

(3)各种会谈纪要。

(4)经过发包人或者工程师批准的承包人的施工进度计划、施工方案、施工组织设计和现场实施情况记录。

(5)工程各项会议纪要。

(6)气象报告和资料,如有关温度、风力、雨雪的资料。

(7)施工现场记录,包括有关设计交底、设计变更、施工变更指令,工程材料和机械设备的采购、验收与使用等方面的凭证及材料供应清单、合格证书,工程现场水、电、道路等开通、封闭的记录,停水、停电等各种干扰事件的时间和影响记录等。

(8)工程有关照片和录像等。

(9)施工日记、备忘录等。

(10)发包人或者工程师签认的签证。

(11)发包人或者工程师发布的各种书面指令和确认书,以及承包人的要求、请求、通知书等。

(12)工程中的各种检查验收报告和各种技术鉴定报告。

(13)工地的交接记录(应注明交接日期,场地平整情况,水、电、路情况等)、图纸和各种资料的交接记录。

(14)建筑材料和设备的采购、订货、运输、进场、使用方面的记录、凭证和报表等。

(15)市场行情资料,包括市场价格、官方的物价指数、工资指数、中央银行的外汇汇率等资料。

(16)投标前发包人提供的参考资料和现场资料。

(17)工程结算资料、财务报告、财务凭证等。

(18)各种会计核算资料。

(19)国家法律、法令、政策文件。

总体来说,索赔证据应该具有真实性、及时性、全面性、关联性、有效性。

(二)索赔方法

工程施工中承包人向发包人索赔、发包人向承包人索赔以及分包人向承包人索赔的情况时有发生,承包人向发包人索赔的一般程序和方法如下。

1.索赔意向通知

在工程实施过程中发生索赔事件以后,或者承包人发现索赔机会时,首先要提出索赔意向,即在合同规定时间内将索赔意向用书面形式及时通知发包人或者工程师,向对方表明索赔愿望、要求或者声明保留索赔权利,这是索赔工作程序的第一步。

索赔意向通知要简明扼要地说明索赔事件发生的时间及地点、简单的事实情况描述和发展动态、索赔依据和理由、索赔事件的不利影响等。

2.索赔资料的准备

在索赔资料准备阶段,主要工作有:

(1)跟踪和调查干扰事件,掌握事件产生的详细经过。

(2)分析干扰事件产生的原因,划清各方责任,确定索赔根据。

(3)损失或损害调查分析与计算,确定工期索赔和费用索赔值。

(4)搜集证据,获得充分而有效的各种证据。

(5)起草索赔文件。

3.索赔文件的提交

提出索赔的一方应该在合同规定的时限内向对方提交正式的书面索赔文件。例如,FIDIC 合同条件和我国《建设工程施工合同(示范文本)》(GF－2017－0201)都规定,承包人必须在发出索赔意向通知后的 28 天内或经过工程师同意的其他合理时间内向工程师提交一份详细的索赔文件和有关资料。如果干扰事件对工程的影响持续时间长,则承包人应按工程师要求的合理间隔(一般为 28 天)提交中间索赔报告,并在干扰事件影响结束后的 28 天内提交一份最终索赔报告。否则将失去就该事件请求补偿的索赔权利。

索赔文件的主要内容包括以下几个方面。

1)总述部分

总述部分概要论述索赔事件发生的日期和过程,承包人为该索赔事件付出的努力和附加开支,承包人的具体索赔要求。

2)论证部分

论证部分是索赔报告的关键部分,其目的是说明自己有索赔权,是索赔能否成立的关键。

3)索赔款项(或工期)计算部分

如果说索赔报告论证部分的任务是解决索赔权能否成立,则计算部分的任务是决定能得到多少款项或工期。前者定性,后者定量。

说一说
索赔文件的主要内容是什么?

4)证据部分

要注意引用的每个证据的效力或可信程度,对重要的证据资料最好附以文字说明,或附以确认件。

4.索赔文件的审核

对于承包人向发包人提出的索赔请求,索赔文件首先应该交由工程师审核。根据发包人的委托或授权,工程师对承包人提交的索赔文件的审核工作主要分为判定索赔事件是否成立和核查承包人的索赔计算是否正确、合理两个方面,并可在授权范围内做出判断——初步确定补偿额度,或者要求补充证据,或者要求修改索赔报告等。工程师对索赔的初步处理意见要提交给发包人。

5.发包人审查

对于工程师的初步处理意见,发包人需要进行审查和批准,然后工程师才可以签发有关证书。如果索赔额度超过了工程师的权限范围,应由工程师将索赔报告报请发包人审批,并与承包人谈判解决。

6.协商

对于工程师的初步处理意见,若发包人和承包人都不接受或者其中的一方不接受,三方可就索赔的解决进行协商,达成一致,其中可能包括复杂的谈判过程,经过多次协商才能达成一致意见。如果经过努力无法就索赔事件达成一致意见,则发包人和承包人可根据合同约定选择采用仲裁或者诉讼方式解决。

7.反索赔的工作内容

反索赔的工作内容可以包括两个方面:一是防止对方提出索赔,二是反击或反驳对方的索赔要求。要成功地防止对方提出索赔,应采取积极防御的策略。首先是自己严格履行合同规定的各项义务,防止自己违约,并通过加强合同管理,使对方找不到索赔的理由和根据,使自己处于不能被索赔的地位。其次,如果在工程实施过程中发生了干扰事件,则应立即着手研究和分析合同依据,搜集证据,为提出索赔和反索赔做好两手准备。

如果对方提出了索赔要求或索赔报告,则自己一方应采取各种措施来反击或反驳对方的索赔要求。常用的措施有:

(1)抓住对方的失误,直接向对方提出索赔,以对抗或平衡对方的索赔要求,以求在最终解决索赔时互相让步或者互不支付。

(2)针对对方的索赔报告,进行仔细、认真的研究和分析,找出理由和证据,证明对方的索赔要求或索赔报告不符合实际情况和合同规定,没有合同依据或事实证据,索赔值计算不合理或不准确等,反击对方的不合理索赔要求,推卸或减轻自己的责任,使自己不受或少受损失。

想一想

什么是反索赔?

8.对索赔报告的反击或反驳

被索赔方在接到对方的索赔报告后,就应着手进行反驳索赔工作。反驳索赔的过程与索赔的处理过程相似。通常对重大的或一揽子索赔的反驳处理过程可按照图5.4.1所示的程序进行处理。

反驳索赔的具体过程如下:

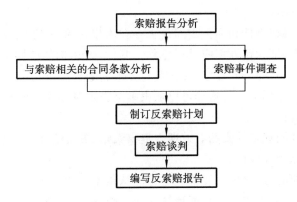

图 5.4.1　反索赔的程序

1）索赔报告分析

反驳索赔首先要对索赔报告进行全面分析，认真分析对方的索赔要求、理由和证据。

2）与索赔相关的合同条款分析

反索赔应该以合同作为法律依据。因此，反驳索赔之前应该认真分析合同中与索赔相关的条款，在合同中寻找反驳索赔的理由和根据。

3）索赔事件调查

反索赔要以事实为依据。因此，反驳索赔之前必须认真调查确定干扰事件的起因、经过和影响范围等真实情况，搜集整理所有与反索赔相关的实际工程资料作为证据。

4）制订反索赔计划

根据以上反索赔工作的结果，考虑如何对待对方提出的索赔，采用什么样的基本策略，并对索赔的处理做出总体安排。

5）索赔谈判

根据反索赔计划，就索赔的处理与对方进行谈判。谈判过程中应该全面地分析合同的实施情况，对对方的失误和风险范围进行具体指认，寻找反驳索赔的机会。

6）编写反索赔报告

索赔谈判结束后，反索赔方应该编写反索赔报告。特别是在索赔谈判失败、索赔处理进入司法程序后，反索赔报告应作为正规的法律文件递交给法院或仲裁机构。

反索赔报告中应该对以下问题进行重点论述。

①索赔事件的真实性。

不真实、不确定和没有根据的事件是不能提出索赔的。事件的真实性可以从两个方面进行论证：对方索赔报告中证据的充分性和可靠性。不管事实怎样，只要对方在索赔报告中未能提出充分、有力的证据，被索赔方即可要求对方补充证据，或驳回对方的索赔要求。

②干扰事件责任分析。

通常对于责任不在被索赔方的损失，或在干扰事件发生后对方未采取有效的降低损失措施而扩大的损失，不应由被索赔方赔偿。双方都有责任，则应按各自的过错程度分担赔偿责任。

③索赔理由分析。

首先,要分析索赔事件和损失之间是否存在因果关系,对于与索赔事件之间不存在因果关系的损失,被索赔方不应进行赔偿。其次,要尽量从合同中寻找对自己有利的合同条文,推卸自己的合同责任;寻找对对方不利的合同条文,使对方不能推卸或不能完全推卸自己的合同责任。这样可以从根本上否定对方的索赔要求。

④索赔的时效性。

对方未能在合同规定的索赔有效期内提出索赔,被索赔方不应进行赔偿。

⑤索赔值计算的准确性。

如果经过上面的各种分析、评价后仍不能从根本上否定该索赔要求,则必须对索赔值进行认真、细致的审核。索赔值计算的准确性主要从基础数据的准确性和计算方法的合理性两个方面进行审核。

(三)索赔费用的计算

1.索赔费用的组成

索赔费用的主要组成部分同工程款的计价内容相似,我国现行规定参见《建筑安装工程费用项目组成》(建标〔2013〕44号)。我国的这种规定同国际上通行的做法还不完全一致。按国际惯例,一般承包人可索赔费用的具体内容如图5.4.2所示。

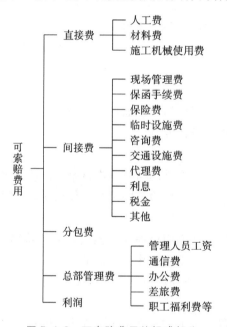

图5.4.2　可索赔费用的组成部分

在确定赔偿金额时,所有金额都应该是施工单位为履行合同所必须支出的费用。按此金额赔偿后,施工单位应恢复到未发生事件前的财务状况,即施工单位不致因索赔事件而遭受任何损失,但也不得因索赔事件而获得额外收益。也就是说,索赔金额只用于赔偿施工单位因索赔事件而受到的实际损失,而不考虑利润。所以,索赔金额计算的基础是成本,即用索赔事件影响所发生的成本减去事件影响前所应有的成本,其差值即为赔偿金额。

从原则上说,承包人有索赔权利的工程成本的增加,都是可以索赔的费用。但是,对于不同原因引起的索赔,承包人可索赔的具体费用内容是不完全一样的,哪些内容可以索赔,要按照各项费用的特点、条件进行分析论证。

2.索赔费用的计算方法

索赔费用的计算方法有实际费用法、总费用法和修正的总费用法。

1)实际费用法

实际费用法是计算工程索赔时最常用的一种方法。这种方法的计算原则是以承包人为某项索赔事件所支付的实际开支为根据,向业主要求费用补偿。

用实际费用法计算索赔费用时,在直接费的额外费用部分的基础上,再加上应得的间接费和利润,即承包人应得的索赔金额。由于实际费用法所依据的是实际发生的成本记录或单据,因此,在施工过程中,系统而准确地积累记录资料是非常重要的。

2)总费用法

总费用法就是当发生多次索赔事件以后,重新计算该工程的实际总费用,用实际总费用减去投标报价时的估算总费用即为索赔金额,公式如下:

索赔金额＝实际总费用－投标报价时估算总费用

不少人对采用该方法计算索赔费用持批评态度,因为实际发生的总费用中可能包括因承包人的原因而增加的费用,如因施工组织不善而增加的费用;同时投标报价时估算的总费用也可能为了中标而过低。所以这种方法只有在难以采用实际费用法时才使用。

3)修正的总费用法

修正的总费用法是对总费用法的改进,即在总费用计算的原则上,去掉一些不合理的因素,使其更合理。修正的内容如下:①将计算索赔款的时段限定于受到外界影响的时间,而不是整个施工期;②只计算受影响时段内的某项工作所受影响的损失,而不是计算该时段内所有施工工作所受的损失;③与该项工作无关的费用不列入总费用中;④对投标报价费用重新进行核算:按受影响时段内该项工作的实际单价进行核算,乘以实际完成的该项工作的工程量,得出调整后的报价费用。

说一说

索赔费用计算的方法有哪几种?

按修正后的总费用计算索赔金额的公式如下:

索赔金额＝某项工作调整后的实际总费用－该项工作的报价费用

修正的总费用法与总费用法相比,有了实质性的改进,它的准确程度已接近于实际费用法。

（四）工期索赔

在工程施工中常常会发生一些未能预见的干扰事件,使施工不能顺利进行,并使预定的施工计划受到干扰,结果造成工期延长。工期延长对合同双方都会造成损失。业主方因工程不能及时交付使用和投入生产,不能按计划实现投资目的,失去盈利机会,并增加各种管理、服务费。对于承包商,会增加现场工人工资、机械停止费用、工地管理费以及其他附加费用支出等,甚至还要支付合同规定的误期违约金。工期延误的后果,形式上是时间损失,实质上是经济损失。

1.工期索赔的处理原则

对于承包人来说,工期延误分为可接受延期和不可接受延期。可接受延期是由非承包商原因造成的工期延误。不可接受延期,一般是指承包商原因造成的工期延误。这两类工期延误的处理原则及结果不同,如表 5.4.2 所示。

表 5.4.2 工期索赔处理原则

索赔原因	是否可接受	延期原因	责任人	处理原则	索赔结果
工期延误	可接受延期	1. 修改设计; 2. 施工条件变化; 3. 业主原因延期; 4. 工程师原因延期	业主/工程师	可给予工期延长;可补偿经济损失	工期+经济补偿
		1. 恶劣的气候条件; 2. 政治风险; 3. 自然灾害	客观原因	可给予工期延长;不可补偿经济损失	工期
	不可接受延期	1. 功效低; 2. 组织不当; 3. 设备、材料供应不及时	承包商	不延长工期,不补偿经济损失,向业主支付延期损失赔偿费	索赔失败、无权索赔

工期延误往往不是单一延误。当有两个或两个以上的延误事件从发生到终止的时间完全相同时,这些事件引起的延误称为共同延误。共同延误的补偿分析比单一延误要复杂一些。当业主引起的延误或双方不可控制因素引起的延误与承包商引起的延误共同发生时,即可索赔延误与不可索赔延误同时发生时,可索赔延误将变成不可索赔延误,这是工程索赔的惯例之一。当两个或两个以上的延误事件从发生到终止只有部分时间重合时,称为交叉延误。由于工程项目是一个较为复杂的系统工程,影响因素众多,常常会出现多种原因引起的延误交织在一起的情况,由此产生的交叉延误的补偿分析更加复杂。

2. 工期索赔的依据和条件

承包商向业主提出工期索赔的具体依据主要有:

(1)合同约定或双方认可的施工总进度规划。

(2)合同双方认可的详细进度计划。

(3)合同双方认可的对工期的修改文件。

(4)施工日志、气象资料。

(5)业主或工程师的变更指令。

(6)影响工期的干扰事件。

(7)受干扰后的实际工程进度等。

《建设工程施工合同(示范文本)》(GF—2017—0201)中规定,在合同履行过程中,因下列情况导致工期延误和(或)费用增加的,由发包人承担由此延误的工期和(或)增加的费用,且发包人应支付承包人合理的利润:

(1)发包人未能按合同约定提供图纸或所提供图纸不符合合同约定的。

(2)发包人未能按合同约定提供施工现场、施工条件、基础资料、许可、批准等开工条件的。

(3)发包人提供的测量基准点、基准线和水准点及其书面资料存在错误或疏漏的。

想一想

承包商只能索赔费用吗?

（4）发包人未能在计划开工日期之日起7天内同意下达开工通知的。

（5）发包人未能按合同约定日期支付工程预付款、进度款或竣工结算款的。

（6）监理人未按合同约定发出指示、批准等文件的。

（7）专用合同条款中约定的其他情形。

因发包人原因未按计划开工日期开工的，发包人应按实际开工日期顺延竣工日期，确保实际工期不低于合同约定的工期总日历天数。

3. 工期索赔的分析和计算方法

1）工期索赔的分析

工期索赔的分析包括延误原因分析、延误责任的界定、网络计划（CPM）分析、工期索赔的计算等。

运用网络计划（CPM）方法分析延误事件是否发生在关键线路上，以决定延误是否可以索赔。在工期索赔中，一般只考虑对关键线路上的延误或者非关键线路因延误而变为关键线路时给予顺延工期。

2）工期索赔的计算方法

①直接法。

如果某干扰事件直接发生在关键线路上，造成总工期的延误，可以直接将该干扰事件的实际干扰时间（延误时间）作为工期索赔值。

②比例分析法。

如果某干扰事件仅仅影响某单项工程、单位工程或分部分项工程的工期，要分析其对总工期的影响，可以采用比例分析法。

采用比例分析法时，可以按工程量的比例进行分析。例如：某工程基础施工中出现了意外情况，导致工程量由原来的 2800 m³ 增加到 3500 m³，原定工期是 40 天，则承包商可以提出的工期索赔值是：

工期索赔值＝原工期×新增工程量/原工程量＝[40×(3500－2800)/2800]天
　　　　　　＝10 天

本例中，如果合同规定工程量增减10%为承包商应承担的风险，则工期索赔值应该是：

工期索赔值＝[40×(3500－2800×110%)/2800]天＝6 天

工期索赔值也可以按照造价的比例进行分析。例如：某工程合同价为 1200 万元，总工期为 24 个月，施工过程中业主增加额外工程 200 万元，则承包商提出的工期索赔值为：

工期索赔值＝原合同工期×附加或新增工程造价/原合同总价
　　　　　　＝24×200/1200 个月＝4 个月

③网络分析法。

在实际工程中，影响工期的干扰事件可能很多，每个干扰事件的影响程度可能都不一样，有的干扰事件在关键线路上，有的不在关键线路上，多个干扰事件的共同影响结果究竟有多大，可能引起合同双方很大的争议。网络分析法是比较科学合理的确定干扰事件的影响的方法，其思路是：假设工程按照双方认可的工程网络计划确定的施工顺序和时间施工，当某个或某几个干扰事件发生后，网络中的某个工作或某些工作受到影响，其持续时间延长或开始时间推迟，从而影响总工期；将这些工作受干扰后的

说一说

工期索赔的计算方法有哪些？

新的持续时间和开始时间等代入网络中,重新进行网络分析和计算,得到的新工期与原工期之间的差值就是干扰事件对总工期的影响,也就是承包商可以提出的工期索赔值。

网络分析法通过分析干扰事件发生前和发生后网络计划的计算工期之差来计算工期索赔值,可以用于各种干扰事件和多种干扰事件共同作用所引起的工期索赔。

三、信息管理

(一)信息、信息管理与建设工程项目信息

想一想

什么是信息?

信息指的是用口头的、书面的或电子的方式传输(传达、传递)的知识、新闻,或可靠的或不可靠的情报。声音、文字、数字和图像等都是信息表达的形式。信息管理指的是信息传输的合理组织和控制。而建设工程项目信息是指在项目决策过程、实施过程(设计准备、设计、施工和物资采购过程等)和运行过程中产生的信息,以及其他与项目建设有关的信息,包括项目的组织类信息、管理类信息、经济类信息、技术类信息和法规类信息。

(二)建设工程项目信息的分类和处理方法

1.建设工程项目信息的分类

业主方和项目参与各方可根据各自的项目管理需求确定其信息的分类,但为了信息交流的方便和实现部分信息共享,应尽可能做一些统一分类的规定。可从不同的角度对建设工程项目信息进行分类,比如:

(1)按项目管理工作的对象,即按项目的分解结构,如子项目 1、子项目 2 等进行信息分类。

(2)按项目实施的工作过程,如设计准备、设计、招标投标和施工过程等进行信息分类。

(3)按项目管理工作的任务,如投资控制、进度控制、质量控制等进行信息分类。

(4)按信息的内容属性进行分类,建设工程项目信息可分为组织类信息、管理类信息、经济类信息、技术类信息和法规类信息。

为满足项目管理工作的要求,往往需要对建设工程项目信息进行综合分类,即按多维进行分类,分为第一维(按项目的分解结构)、第二维(按项目实施的工作过程)和第三维(按项目管理工作的任务)三个维度。

2.建设工程项目信息的处理方法

在当今时代,信息处理已逐步向电子化和数字化的方向发展,而建筑业和基本建设领域的信息化水平已明显落后于许多其他行业,建设工程项目信息处理基本上还沿用传统的方法和模式。应采取有效措施,使建设工程项目信息处理由传统方式向基于网络的信息处理平台方向发展,以充分发挥信息资源的价值,以及信息对项目目标控制的作用。

基于网络的信息处理平台由一系列硬件和软件构成:

（1）数据处理设备（包括计算机、打印机、扫描仪、绘图仪等）。

（2）数据通信网络（包括形成网络的有关硬件设备和相应的软件）。

（3）软件系统（包括操作系统和服务于信息处理的应用软件等）。

数据通信网络主要有如下三种类型：

（1）局域网（LAN）——由与各网点连接的网线构成网络，各网点对应于装备有实际网络接口的用户工作站。

（2）城域网（MAN）——在大城市范围内两个或多个网络的互联。

（3）广域网（WAN）——在数据通信中，用来连接分散在广阔地域内的大量终端和计算机的一种多态网络。

说一说

信息怎样分类？

建设工程项目的业主方和项目参与各方往往分散在不同的地点，因此项目信息处理应考虑充分利用远程数据通信的方式，如：

（1）通过电子邮件收集信息和发布信息。

（2）通过基于互联网的项目专用网站，实现业主方内部、业主方和项目参与各方，以及项目参与各方之间的信息交流、协同工作和文档管理；或通过基于互联网的项目信息门户 ASP 模式为众多项目服务的公用信息平台，实现业主方内部、业主方和项目参与各方，以及项目参与各方之间的信息交流、协同工作和文档管理。

（3）召开网络会议。

（4）基于互联网的远程教育与培训等。

想一想

如何处理信息？

（三）建设工程项目管理信息化

项目的信息化管理是通过对各个系统、各项工作和各种数据的管理，使人们能方便和有效地获取、存储、处理项目的信息。很显然，信息处理始终贯穿项目管理的全过程。如何高效、有序、规范地对项目全过程的信息资源进行管理，是现代项目管理的重要环节。互联网、多媒体、数据库、电子商务等以计算机和通信技术为核心的现代信息管理科技的迅速发展，为项目，特别是大型建设工程项目的信息化建设，提供了全新的信息管理理念、技术支撑平台和全面解决方案。

国家为推进信息化建设，落实创新、协调、绿色、开放、共享的发展理念及国家大数据战略、"互联网＋"行动等的相关要求，实施《国家信息化发展战略纲要》，以增强建筑业信息化发展能力，优化建筑业信息化发展环境，加快推动信息技术与建筑业发展深度融合，充分发挥信息化的引领和支撑作用，塑造建筑业新业态。可以说，信息化是人类社会继农业革命、城镇化和工业化后迈入新的发展时期的重要标志。

1. 工程管理信息化的含义

信息化指的是信息资源的开发和利用，以及信息技术的开发和应用。工程管理信息化指的是工程管理信息资源的开发和利用，以及信息技术在工程管理中的开发和应用。工程管理信息化属于领域信息化的范畴，它和企业信息化也有联系。

想一想

什么是工程管理信息化？

我国实施国家信息化的总体思路是以信息技术应用为导向，以信息资源开发和利用为中心，以制度创新和技术创新为动力，以信息化带动工业化，加快经济结构的战略性调整和全面推动领域信息化、区域信息化、企业信息化和社会信息化进程。

我国建筑业和基本建设领域应用信息技术与工业发达国家相比，尚存在较大的差距，这反映在信息技术在工程管理中应用的观念上，也反映在有关的知识管理上，还反映在有关技术的应用方面。

工程管理信息资源包括组织类工程信息、管理类工程信息、经济类工程信息、技术类工程信息、法规类信息等。在建设一个新的工程项目时,应重视开发和充分利用国内和国外同类或类似工程项目的有关信息资源。

信息技术在工程管理中的开发和应用包括在项目决策阶段的开发管理、实施阶段的项目管理和使用阶段的设施管理中开发和应用信息技术。

自20世纪70年代开始,信息技术经历了一个迅速发展的过程,信息技术在建设工程管理中的应用也有一个相应的发展过程:

(1)20世纪70年代,开始单项程序的应用,如工程网络计划时间参数的计算程序、施工图预算程序等。

(2)20世纪80年代,开始程序系统的应用,如项目管理信息系统、设施管理信息系统(FMIS)等。

(3)20世纪90年代,开始程序系统的集成,它是随着工程管理的集成而发展的。

(4)20世纪90年代末期至今,开始基于网络平台的工程管理。

住房和城乡建设部组织编制的《2016－2020年建筑业信息化发展纲要》提出发展目标:"十三五"时期,全面提高建筑业信息化水平,着力增强BIM、大数据、智能化、移动通信、云计算、物联网等信息技术集成应用能力,建筑业数字化、网络化、智能化取得突破性进展,初步建成一体化行业监管和服务平台,数据资源利用水平和信息服务能力明显提升,形成一批具有较强信息技术创新能力和信息化应用达到国际先进水平的建筑企业及具有关键自主知识产权的建筑业信息技术企业。

2. 工程管理信息化的意义

工程管理信息化有利于提高建设工程项目的经济效益和社会效益,以达到为项目建设增值的目的。工程管理信息资源的开发和充分利用,可吸取类似项目的经验和教训,许多有价值的组织信息、管理信息、经济信息、技术信息和法规信息将有助于项目决策期多种可能方案的选择,有利于项目实施期的项目目标控制,也有利于项目建成后的运行。

通过信息技术在工程管理中的开发和应用能实现:

①信息存储数字化和存储相对集中;

②信息处理和变换的程序化;

③信息传输的数字化和电子化;

④信息获取便捷;

⑤信息透明度提高;

⑥信息流扁平化。

信息技术在工程管理中的开发和应用的意义在于:

①"信息存储数字化和存储相对集中"有利于项目信息的检索和查询,有利于数据和文件版本的统一,并有利于项目的文档管理。

②"信息处理和变换的程序化"有利于提高数据处理的准确性,并可提高数据处理的效率。

③"信息传输的数字化和电子化"可提高数据传输的抗干扰能力,使数据传输不受距离限制并可提高数据传输的保真度和保密性。

④信息获取便捷、信息透明度提高以及信息流扁平化有利于项目各参与方之间的信息交流和协同工作。

（四）基于 BIM 的现场施工管理信息技术

传统现场施工管理信息技术通常专注于解决现场精细化管理中的特定问题,例如质量、成本或者进度等,但现场管理没形成统一的整体,现场各专业和部门间的管理普遍缺乏信息化协同机制。基于 BIM 的现场施工管理信息技术近年来发展迅速,其在数据标准化、数据整合以及虚拟化的协同化方面有明显优势,利用建筑信息模型的专业之间的协同,有利于发现和定位不同专业之间或不同系统之间的冲突,减少错漏碰缺,减少返工和工程频繁变更等问题。结合移动应用技术,通过基于施工模型的深化设计,以及场布、施组、进度、材料、设备、质量、安全、竣工验收等管理应用,实现施工现场信息高效传递和实时共享,提高施工管理水平。

1. 技术内容

1）基于 BIM 的现场整体信息管理标准与规范

建立基于 BIM 的现场整体信息管理标准与规范,利用已有的设计阶段模型,按照施工过程进行深化设计和调整后形成施工模型,实现基于 BIM 的工程管理协同管理模式。

2）深化设计

深化设计主要是将施工操作规范与施工工艺结合并融入施工模型,提升深化后模型的专业合理性、准确性和可校核性。

3）场布管理

通过施工模型可动态表达场地地形、既有建筑设施、周边环境、施工区域、临时道路、临时设施、加工区域、材料堆场、临水临电、施工机械、安全文明施工设施等规划布置。

4）施组管理

结合项目的施工工艺、流程,对施工过程进行施工模拟、优化,选择最优施工方案,生成模拟演示视频并提交施工部门审核,实现施工方案的可视化交底。

5）进度管理

将进度计划与模型关联,从而生成施工进度管理模型,利用 4D-BIM 进行施工过程模拟,通过可视化对比分析,确定科学合理的施工工期,实现施工进度的控制与管理。

6）材料、设备管理

通过施工模型获得所需的设备与材料信息,包括已完工程消耗的设备与材料信息,以及下一阶段工程施工所需的设备与材料信息,实现施工过程中设备、材料的有效控制。

7）质量、安全管理

通过整合、拆分建筑、结构和机电设备等各专业施工模型,完善资料、技术参数和指标等信息,把质量资料管理与施工模型相关联,实现施工质量资源文件的检索、存储与分析,安全危险源的动态可视标记、定位、查询分析,进行质量、安全管理方案的动态模拟。

8)竣工验收管理

把验收合格资料、相关竣工信息与模型整合,作为档案管理部门整理竣工验收资料的重要参考依据。

2.技术指标

主要技术指标如表5.4.3所示。

表 5.4.3　主要技术指标

序号	评价点	要点
1	基于 BIM 模型的现场信息管理标准与规范	建立基于 BIM 应用的施工管理模式和协同工作机制,明确现场施工阶段人员的协同工作流程和成果提交内容,明确人员职责,制定管理制度
2	施工深化设计	收集相关数据并结合各自专业、施工特点及现场情况,对模型进行相应的调整优化,建立深化后的施工模型
3	场布管理	收集规划文件、地勘报告、周边设施等相关数据,通过模拟视频演示形成施工场地规划方案
4	施组管理	收集并编制施工方案的文件和资料,提炼相关信息并添加到施工模型中,通过动画模拟展现工程实体和现场环境、施工方法、施工顺序、施工机械等场景,让相关人员直观了解施工过程中的工作顺序、相互关系、施工资源及措施等信息
5	进度管理	根据进度计划深度、周期等要求,进行项目工作分解(WBS),依据施工方案确定各项工作的流程及逻辑关系,制订施工进度计划,可实现一定时间内虚拟模型进度与实际施工进度的比对
6	材料、设备管理	收集相应资料、数据在模型中添加和完善材料及设备信息,实现材料、设备管理按阶段、专业与施工管理的协同
7	质量、安全管理	根据施工质量、安全方案修改、完善施工模型,模型应准确表达大型机械安全操作半径、洞口临边、高空作业防坠保护措施、现场消防及临水临电的安全使用措施、可识别危险源等,避免因理解偏差造成施工质量与安全问题
8	竣工验收管理	竣工验收资料可通过模型进行检索、提取,模型应准确表达构件的几何信息、材质信息、厂家信息以及实际安装的设备几何属性等信息

建筑工程项目引入信息化管理能够提供全面而准确的数据,为建筑企业做大做强奠定基础,也能够为建筑企业的信息、资讯运作提供系统平台,能够加快建筑企业信息的流通和传递速度,提高其整体运作的工作效率。建筑信息化是建筑业转型、升级的重要战略机遇,是行业发展的必然要求和必经之路。

但是,当前建筑工程项目管理信息化中存在很多问题,如管理技术的问题、数据处理的问题和认识不足等,这些都有待于我们广大从业人员加强学习、积极探索、不断创新、力争赶超,为建筑业腾飞贡献力量。

任务5 施工安全文明与环境管理

任务描述

本任务学习施工安全文明与环境管理,学生应了解职业健康安全与环境管理的目的、任务和特点,能进行施工安全管理、文明施工,能进行施工现场环境保护。

课前任务

1.讨论"想一想"的问题,发挥团队合作精神。
2.分组进行"问一问",了解安全文明环保施工。

课中导学

一、职业健康安全与环境管理的目的、任务和特点

职业健康安全与环境管理是那些为了使职工免受工作过程中危害的伤害,为了保护职工在劳动场所的生命安全而采取的各种管理手段和方法以及实行的各种制度的总称。

安全文明
施工管理

1.职业健康安全与环境管理的目的

职业健康安全与环境管理的目的主要包括两个方面:从行业角度来看,其目的在于防止和减少生产安全事故,保护产品生产者的健康与安全,保障人民群众的生命财产免受损失;从社会角度来看,其目的在于保护生态环境,使社会的经济发展与人类的生存环境相协调。

想一想
为什么要进行职业健康安全和环境管理?

2.职业健康安全与环境管理的任务

职业健康安全与环境管理的任务是企业为达到建设工程的职业健康安全与环境管理的目的而进行的组织、计划、控制、领导和协调的活动,包括制定、实施、实现、评审和保持职业健康安全与环境方针所需的7项管理任务,即组织机构、计划活动、职责、惯例、程序、过程和资源。

如果从建设项目的全过程寿命周期进行剖析,我们可以从以下几个阶段来阐述。

首先是建设工程项目决策阶段。建设单位应按照有关建设工程的法律法规和强制性标准的要求,办理各种有关安全与环境保护方面的审批手续。对需要进行环境影响评价或安全预评价的建设工程项目,组织或委托有相应资质的单位进行建设工程项目环境影响评价和安全预评价。

其次是工程设计阶段。设计单位应按照法律法规和工程建设强制性标准的要求，进行环境保护设施和安全设施的设计，防止因设计考虑不周而导致生产安全事故的发生或对环境造成不良影响。在进行工程设计时，设计单位应当考虑施工安全和防护需要，在设计文件中注明涉及施工安全的重点部分和环节，并对防范生产安全事故提出指导意见。对于采用新结构、新材料、新工艺的建设工程和特殊结构的建设工程，设计单位应在设计中提出保障施工作业人员安全和预防生产安全事故的措施及建议。在工程总概算中，应明确工程安全环保设施费用、安全施工和环境保护措施费等。设计单位和注册建筑师等执业人员应当对其设计负责。

再次是工程施工阶段。建设单位在申请领取施工许可证时，应当提供建设工程有关安全施工措施的资料。对于依法批准开工报告的建设工程，建设单位应当自开工报告批准之日起15日内，将保证安全施工的措施报送建设工程所在地的县级以上人民政府建设行政主管部门或者其他有关部门备案。对于应当拆除的工程，建设单位应当在拆除工程施工15日前，将拆除施工单位资质等级证明，拟拆除建筑物、构筑物及可能涉及毗邻建筑的说明，拆除施工组织方案，堆放、清除废弃物的措施的资料报送建设工程所在地的县级以上地方人民政府主管部门或者其他有关部门备案。施工单位应当具备安全生产的资质条件，建设工程实行总承包的，由承包单位对施工现场的安全生产负总责并自行完成工程主体结构的施工。分包合同中应当明确各自的安全生产方面的权利、义务。总承包和分包单位对分包工程的安全生产承担连带责任。分包单位应当接受总承包单位的安全生产管理，分包单位不服从管理导致生产安全事故的，由分包单位承担主要责任。施工单位应依法建立安全生产责任制度，采取安全生产保障措施和实施安全教育培训制度。

最后是项目验收试运行阶段。项目竣工后，建设单位应向审批建设工程项目环境影响报告书、环境影响报告或者环境影响登记表的环境保护行政主管部门提出申请，对环保设施进行竣工验收。环保行政主管部门应在收到申请环保设施竣工验收之日起30日内完成验收。验收合格后，项目才能投入生产和使用。对于需要试生产的建设工程项目，建设单位应当在项目投入试生产之日起3个月内向环保行政主管部门申请对其项目配套的环保设施进行竣工验收。

建设工程产品及其生产与工业产品不同，有其自身的特殊性。而正是由于其特殊性，建设工程职业健康安全和环境管理显得尤为重要。建设工程职业健康安全与环境管理具有以下特点。

(1)复杂性。

建设工程一方面涉及大量的露天作业，受到气候条件、工程地质和水文地质、地理条件和地域资源等不可控因素的影响，另一方面受工程规模、复杂程度、技术难度、作业环境的空间有限等复杂多变因素的影响，导致施工现场的职业健康安全与环境管理比较复杂。

(2)多变性。

一方面是项目建设现场材料、设备和工具的流动性大，另一方面由于技术进步，项目不断引入新材料、新设备和新工艺等变化因素，以及施工作业人员文化素质低，并处在动态调整的不稳定状态中，加大了施工现场的职业健康安全与环境管理的难度。

（3）协调性。

项目建设涉及的单位多、专业多、界面多、材料多、工种多,包括大量的高空作业、地下作业、用电作业、爆破作业、施工机械及起重作业等危险的工程,并且工种经常需要交叉作业或平行作业,这就要求施工方做到各专业、各单位之间互相配合,要注意施工过程中的材料交接、专业接口部分对职业健康安全与环境管理的协调性。

（4）持续性。

项目建设一般具有建设周期长的特点,从前期决策、设计、施工直至竣工投产,诸多环节、工序环环相扣。前一道工序的隐患,可能在后续的工序中暴露,酿成安全事故。

（5）经济性。

一方面,项目生产周期长,消耗的人力、物力和财力多,必然使施工单位考虑降低工程成本,从而在一定程度上影响到职业健康安全与环境管理的费用支出,导致施工现场的健康安全问题和环境污染现象时有发生;另一方面,建筑产品的时代性、社会性与多样性决定了管理者必须对职业健康安全与环境管理的经济性做出评估。

（6）环境性。

项目的生产过程中,手工作业和湿作业多,机械化水平低,劳动条件差,工作强度大,从而对施工现场的职业健康安全影响较大,环境污染因素多。

由于上述特点的影响,施工过程中的潜在不安全因素较多,使企业的经营管理,特别是施工现场的职业健康安全与环境管理比其他工业企业更为复杂。

二、施工安全管理

施工安全管理是施工管理者运用经济、法律、行政、技术、舆论、决策等手段,对人、物、环境等管理对象施加影响和控制,排除不安全因素,以达到安全生产目的的活动。

随着我国建筑行业的深入发展,建筑行业在发展过程中存在的弊端也慢慢显现,由违章操作、缩短工期等相关因素引发建筑生产安全事故的现象屡见不鲜、屡禁不止。工程领域中安全管理工作的重要性主要体现在以下几个方面。

（1）做好工程安全管理工作能够提升施工的顺畅性。在工程项目建设过程中,有效执行工程安全管理工作能够使施工的顺畅性得到较大程度的提升,因为一旦有安全事故出现在施工过程中,就会造成工程项目中断,从而对工程项目顺利完工造成一定影响。也就是说,安全管理工作在任何一个工程项目中都是不可或缺的关键部分。

（2）做好工程安全管理工作能够提升企业经济效益。对于工程建设单位而言,明确安全管理的意义和必要性也是极为重要的。加强安全管理不仅能够避免很多安全事故的发生,而且能够使安全方面的额外支出有效减少,从而对工程的造价起到一定的控制作用,最终为建筑企业经济效益的提升做出巨大的贡献。与此同时,有效贯彻落实安全管理工作还能够使工程建设单位的社会效益得到有效保障,促进单位的健康可持续发展。

（3）做好工程安全管理工作有利于构建和谐社会。在工程建设中,加强安全管理工作能够保障单位工作人员的人身和财产安全,有利于和谐社会的构建,避免出现负面影响。在当前经济快速发展阶段,一旦有安全事故出现在工程建设行业,必然会出现人员伤亡,从而对家庭造成不可挽回的伤害,对单位经济效益造成严重损害,严重影响社会的和谐发展。

(4)做好工程安全管理工作能够促进企业健康发展。在企业发展中,安全管理是重中之重。工程建设施工人员要认真落实安全生产的各项法规和制度,通过加强工程建设安全管理工作,有效实现安全生产目标。安全生产管理是保证工程建设顺利进行的必备条件,一旦有安全事故或重大安全事故出现在施工过程中,不但会影响企业的整体形象,而且会让企业遭受严重的经济损失,同时会影响社会的和谐稳定,使人民群众有危机感和恐惧感,使企业职工的工作积极性受到影响。工程建设单位想要长远发展,必须坚持"安全管理"和"工程质量"两手抓,尤其要加强对安全管理工作的重视,为构建和谐社会提供有利条件。所以,在工程施工过程中,加强施工安全管理具有重要的意义。

既然安全管理对现场施工这么重要,那具体措施有哪些呢?下面介绍安全目标与安全管理制度。

(1)安全目标:

安全第一,预防为主。确保无重大工伤事故,杜绝死亡事故,轻伤频率控制在2‰以内。

(2)安全管理制度:

①安全技术交底制:根据安全措施要求和现场实际情况,各级管理人员必须逐级进行专项书面交底。

②班前检查制:各专业责任人和区域责任人必须督促检查专业施工区作业面安全防护措施的实施情况。

③机械设备安装验收制:各大中小型机械设备安装完毕,必须进行试运行验收签证,未经验收一律不得使用。

④安全活动日制:项目部每周必须组织一次全体工人安全教育,对上周安全方面存在的问题进行总结,对本周的安全重点和注意事项做必要的交底,使广大工人心中有数,强化安全意识。

⑤定期检查整改制:项目部每周组织一次安全生产大检查,对查出的安全隐患制定整改措施,定时、定人进行整改,并做好安全隐患整改专项记录。

⑥持证上岗制:特殊工种必须持有效上岗操作证,严禁无证上岗。

⑦危急情况停工制:施工现场一旦发现危及职工生命安全的险情,必须立即停工,同时立刻报告公司,及时采取有效措施排除险情。

三、文明施工

项目文明施工是指保持施工场地整洁、卫生,施工组织科学,施工程序合理的一种施工活动。实现文明施工,不仅要着重做好现场的场容管理工作,而且要相应做好现场材料、设备、安全、技术、保卫、消防和生活卫生等方面的管理工作。一个工地的文明施工水平是该工地乃至所在企业各项管理工作水平的综合体现。

文明施工的重要性主要体现在以下几点:

(1)标准化文明施工实际上是建筑安全生产工作的发展、飞跃和升华,是树立"以人为本"的指导思想。在安全达标的基础上开展的创建文明工地活动是现代化施工的一个重要标志,作为企业文化的一部分具有重要意义。

(2)文明施工有利于增强施工项目班子的凝聚力和集体使命感。

(3)文明施工是体现项目管理水平的依据之一。

(4)施工项目的质量与安全是工程建设的核心,是决定工程建设成败的关键。"生产必须安全,安全为了生产","安全第一"与"质量第一"并不矛盾,安全是为质量服务的,质量亦需要以安全做保证,有了严密的组织、严格的要求、标准化的管理,使得先进的技术、工艺、材料和设备充分发挥其作用,科技成果才能很快地转化为生产力。

(5)文明施工可体现企业的人文关怀,焕发作业人员的工作热情,无形中潜移默化地规范作业人员的行为模式,提高其文明意识。

杜绝重大安全事故,防止工伤事故发生,为达到此目标,可以从以下几点来制定安全施工管理措施:

(1)公司总经理负责项目安全施工总体监督,公司生产副经理、总工程师、安保科负责项目安全、文明施工总体保障,严格监督、控制项目安全文明施工。

(2)建立以项目经理为安全生产第一责任人的安全文明施工管理机构,在项目经理直接领导下,完善项目部安全文明生产保证体系,把安全生产岗位责任落实到各个部门及责任人,做到全员关心安全生产,加强安全教育,强化安全意识。建立工程项目安全文明施工保证体系如下:项目经理—生产副经理—专职安检员—工段责任人—作业班组—总工长—责任工长—工段责任人—班组安检员。

(3)项目部设立专职安检机构及专职专责安检人员,履行专职专责安全检查岗位责任制:生产安全责任制、机械安全操作责任制、安全用电制度、安全防火制度。使所有管理人员、生产工人明白应尽的安全职责,应负的安全责任。保证施工现场在抓工期、质量工作的同时不忽视安全生产。

(4)项目部与安检专职责任人及生产班组签订安全生产责任合同,将安全生产责任层层落实到全体管理干部及作业工人。

(5)定期召开质量与安全生产专题会议,明确管理目标,熟悉国家有关安全生产法规和公司有关安全生产具体规定,强化安全生产意识,明确岗位安全管理责任,施工中实行班前安全书面签证交底制。

(6)定期开展多层次、全方位、多形式的安全检查,及时消除安全隐患;把安全管理与经济效益挂钩,全员明确安全责任,做到人人有安全管理的危机感和责任感。

(7)规范特殊作业人员的培训、考核和发证工作,保证特殊作业人员持证上岗,杜绝无证人员从事特种作业工作。

想一想

为什么要文明施工?

四、施工现场环境保护

(一)保护和改善环境是保证人的健康的需要

工人是企业的主人,是施工生产的主力军,防止粉尘、噪声和水源污染,搞好施工现场环境卫生,改善作业环境是保证职工身体健康,使他们积极投入施工生产的主要因素。若环境污染严重,工人及周围的居民均将直接受害,搞好环境保护是利民利国的大事,是保障人们身体健康的一项重要任务。

(二) 保护和改善施工现场环境是消除对外部干扰、保证施工顺利进行的需要

工地施工工程中,由于机械作业会产生噪音、粉尘等,对四周民众干扰大,时常因冲突的发生而影响施工生产,严重者被环保部门罚款、停工整治,因此在施工中要采取有效防治措施,消除对外部的干扰,使施工生产顺利进行。

(三) 环境保护是国家法律法规的要求,是企业行为准则

当今世界面临严重的环境问题,主要表现在两个方面:一是大量的污染物向自然界排放,使人类生活和生产的环境严重恶化;二是对自然资源的过度消耗,使生态环境遭到严重破坏。环境的破坏已经严重影响到人类社会的持续发展,因此,增强环境保护意识、加强环境保护工作,已迫在眉睫。工程项目建设既要消耗大量的自然资源,又要向自然界排放大量的废水、废气、废渣以及产生噪声等,是造成环境问题的主要根源之一。建设工程项目的环境管理是整个环境保护工作的重要组成部分。随着人们生活水平的提高和自身素质的增强,对周围的环境也就越发关注,从国际的大环境来讲,保护环境、防止水土流失、维护生存环境的魅力是世界人们共同追求的目标。因此,在项目建设所影响的区域内,如果由于项目施工而破坏生态平衡、影响环境质量及过度利用自然资源,必然引起有关部门的注意,严重者会影响企业资质的延续。因此施工现场环境保护显得尤为重要。

绿色建筑的理念是:节约能源、节约资源、保护环境、以人为本。在以人为本,坚持全面、协调、可持续的科学发展观,努力构建社会主义和谐社会的新形势下,倡导绿色施工,加强环境保护,实现人与环境的和谐相处,进一步提高施工现场的环境管理水平,是建筑施工企业光荣而神圣的历史使命。

建设和谐社会需要建筑施工企业应用绿色建筑技术,提高环境管理绩效,建立施工现场环境控制达标模式。建筑施工企业加强施工现场环境管理是努力提高企业环境绩效的有益尝试。

五、施工现场环境保护措施

(一) 防止大气污染措施

(1)施工阶段,定时对道路进行淋水降尘,控制粉尘污染。

(2)建筑结构内的施工垃圾清运,采用搭设封闭式临时专用垃圾通道运输或采用容器吊运或袋装,严禁随意凌空抛撒。施工垃圾应及时清运,并适量洒水,减少粉尘对空气的污染。

(3)水泥和其他易飞扬、细颗粒散体材料,安排在库内存放或严密遮盖,运输时要防止遗洒、飞扬,卸运时采取措施,减少污染。

(4)现场内所有交通路面和物料堆放场地全部铺设混凝土硬化路面,做到黄土不上天。

说一说

大气污染防治措施有哪些?

(5)在出场大门处设置车辆清洗冲刷台,车辆经清洗后出场,严防车辆携带泥沙出场而造成道路的污染,特别是泥浆清运车,必须封闭严实,轮胎清洗干净才出场。

(二)防止水污染措施

(1)确保雨水管网与污水管网分开使用,严禁将非雨水类的其他水体排进雨水管网。

(2)施工现场设沉淀池,废水经过沉淀后排至指定污水管线。尤其是泥浆,应先在固定的沉淀池沉淀后,再用编织袋运出场外堆放。

(3)厕所旁设化粪池和二级沉淀池,并定期请环卫部门进行粪便抽排。

(4)现场交通道路和材料堆放场地统一规划排水沟,控制污水流向,设置沉淀池,污水经沉淀后再排入市政污水管线,严防施工污水直接排入市政污水管线或流出施工区域污染环境。

(5)加强对现场存放油品和化学品的管理,对存放油品和化学品的库房进行防渗漏处理,采取有效措施,在储存和使用中,防止油料跑、冒、滴、漏而污染水体。

(三)防止施工噪声污染措施

(1)现场混凝土振捣采用低噪音混凝土振捣棒,振捣混凝土时,不得振捣钢筋和钢模板,并做到快插慢拔。

(2)除特殊情况外,在每天晚22时至次日早6时,严格控制噪声作业,对混凝土搅拌机、电锯、柴油发电机等强噪声设备,以隔音棚遮挡,实现降噪。

(3)模板、脚手架在支设、拆除搬运时,必须轻拿轻放,上下、左右有人传递。

(4)使用电锯切割时,应及时给锯片刷油,且锯片转速不能过快。

(5)使用电锤开洞、凿眼时,应使用合格的电锤,及时在钻头注油或水。

(6)加强环保意识的宣传。采用有力措施控制人为的施工噪声,严格管理,最大限度地减少噪声扰民。

(7)机械操作指挥尽可能配套使用对讲机或手机来降低起重工的吹哨声带来的噪声污染。

(8)木工棚及高噪音设备实行封闭式隔音处理。

(9)设专人负责扰民协调工作,现场设置居民接待室,解决周边居民的投诉。

(四)防止光污染措施

(1)探照灯尽量选择既能满足照明要求又不刺眼的新型灯具,或采取措施保障夜间照明。

(2)只照射工区而不影响周围区域。

(五)废弃物管理措施

(1)施工现场设立专门的废弃物临时贮存场地,废弃物应分类存放,对有可能造成二次污染的废弃物必须单独贮存,设置安全防范措施且有醒目标识。

(2)废弃物的运输确保不散撒、不混放,送到政府批准的单位或场所进行处理、消纳。

(3)对可回收的废弃物做到再利用。

（六）材料设备管理措施

(1)对现场堆场进行统一规划,对不同的进场材料设备进行分类,合理堆放和储存,并挂牌标明标示,重要设备材料利用专门的围栏和库房储存,并设专人管理。

(2)在施工过程中,严格按照材料管理办法,进行限额领料。

(3)对废料、旧料做到每日清理回收。

(4)使用计算机数据库技术对现场设备材料进行统一编号和管理。

（七）环保节能型材料设备的选择

以业主或业主代表为主导,在材料设备选型方面,遵从以下原则:

(1)满足设计要求。

(2)满足规范要求。

(3)满足质量要求,尤其是建筑物的使用功能要求。

(4)满足环保、节能要求,具有良好的使用寿命,便于今后建筑物的维护和管理,达到降低建筑物维护管理费用和建筑物运营费用的目的。

(5)面砖等材料的放射性物质含量必须符合国家有关标准的规定。

任务6 建设工程文件资料管理

任务描述

本任务学习建设工程文件资料管理,通过学习,学生应能进行工程资料的整理与归档。

课前任务

1.了解什么是工程文件。

2.分组进行"问一问",对工程文件有进一步的了解。

课中导学

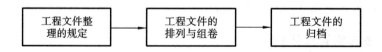

工程文件整理的规定 → 工程文件的排列与组卷 → 工程文件的归档

一、建设工程文件整理的一般规定

建设工程文件是指在工程建设过程中形成的各种形式的信息记录,包括工程准备阶段文件、监理文件、施工文件、竣工图和竣工验收文件,也可简称为工程文件。

文件的整理工程中需要进行组卷,即按照一定的原则和方法,将有保存价值的文件分门别类地整理成案卷。组卷主要包含卷内文件的排列、案卷的编目、文件修整、文件装订和图纸折叠、装盒,下面进行具体介绍。

(一)卷内文件的排列

文件材料按事项排列,事项一般可按"移交书"中归档文件的表述顺序排列。同一事项的请示与批复、同一文件的印本与定稿、主件与附件不能分开,并按批复在前、请示在后,印本在前、定稿在后,主件在前、附件在后的顺序排列。

(二)案卷的编目

1.卷内文件页号的编制

编制卷内文件页号应符合下列规定:

(1)卷内文件均按有书写内容的页面编号。每卷单独编号,页号从"1"开始。

(2)页号编写位置:单面书写的文件在右下角;双面书写的文件,正面在右下角,背面在左下角。折叠后的图纸一律在右下角。

(3)对幅面较小而进行托裱的文件材料,页号应编写在原件上。

(4)对若干文件(如标牌式合格证)托裱在一张纸上的,应编写一个页号,位置在托裱纸的右下角。

(5)印刷成册的文件材料,有标准页号且自成一卷的,不必重新编写页号。

(6)案卷封面(含卷内目录)、盒内备考表不编写页号。

2.卷内目录的编制

卷内目录的编制应符合下列规定:

(1)卷内目录式样宜符合《建设工程文件归档规范》的要求。

(2)序号:以一件文件为单位,用阿拉伯数字从"1"依次标注。

(3)文件编号:工程文件原有的文号或图号,填写时应照实抄录,代字、年度、顺序号都不能省略。

(4)责任者:填写文件的直接形成单位或个人。有多个责任者时,选择两个主要责任者,其余用"等"代替。责任者必须填写全称。

(5)文件题名:填写文件标题或图名的全称。没有标题或标题不规范的,可以自拟标题,外加"[]"号。

(6)日期:填写文件形成的日期。几份文件作为一件时,日期应填写装订在前面的文件日期。

(7)页次:填写文件在卷内所排的起始页号。最后一份文件填写起止页号。

(8)备注:注释文件需要说明的情况。

(9)卷内目录排列在卷内文件首页之前。

3.案卷封面的编制

案卷封面的编制应符合下列规定:

(1)案卷封面采用内封面形式,案卷封面的式样宜符合《建设工程文件归档规范》

的要求。

(2)案卷封面的内容包括条形码、总登记号、档号、档案馆代号、微缩号、项目名称、单位工程(名称)、案卷题名、编制单位、编制日期、保管期限、密级、共几卷、第几卷、整理人。

(3)条形码:档案计算机管理的识别码,一个案卷对应一个条形码。条形码由档案保管单位编制。

(4)总登记号:进馆档案的总流水号,由档案保管单位填写。

(5)档号:由大类、属类、小类组成,由档案保管单位填写。

(6)档案馆代号:应填写国家给定的本档案馆的编号,由档案馆填写。

(7)案卷题名:应简明、准确地揭示卷内文件的内容。一般来讲,案卷题名宜采用"建设工程竣工档案移交书"中"归档文件"的名称,当"归档文件"名称字数较多时,应给予适当简化,一般宜控制在 20 个字之内。若同一"归档编号"的文件材料组成一卷以上时,则各案卷的题名应直接反映卷内文件的内容,不应采用"归档文件"的名称来代替。

(8)编制单位:应填写案卷内文件的形成单位或主要责任者。向档案馆移交的档案,编制单位统一填写建设单位。

(9)编制日期:应填写案卷内全部文件形成的起止日期。

(10)保管期限:分为永久、长期、短期三种期限。各类文件的保管期限由档案馆制定。

(11)密级由档案馆制定,有特殊要求的,建设单位可以提出密级要求。

4.盒内备考表的编制

盒内备考表的编制应符合下列规定:

(1)盒内备考表的式样宜符合《建设工程文件归档规范》的要求。

(2)盒内备考表内容包括盒内文件内容、说明、立卷人、审核人和日期,置于盒内文件之后。

(3)文件内容:主要表明盒内文件的总卷数、各类文件的卷数。

(4)说明:填写立卷单位对案卷情况的说明。

(5)立卷人:负责整理工程文件的人员姓名。

(6)审核人:负责检查工程文件整理质量的人员姓名。

(7)日期:工程文件整理、检查完毕的日期。

(三) 文件修整

装订前应对不符合要求的工程文件材料进行修整。文件修整一般包括对破损文件进行修裱,去除文件上易锈蚀的金属物,对金属、塑料等材质的文件进行复制等。具体如下:

(1)修裱破损文件。破损、局部残缺的工程文件,在装订前需要进行修裱,以增加文件的强度,延长寿命。

(2)去除易锈蚀的金属物。工程文件中的装订用品,如订书钉、大头针等,在整理时需要去除,以避免对档案潜在的危害。

(3)复制金属、塑料等材质的文件材料。有些文件材料(如材料合格证)由金属、塑料等材质制成,对于这些文件,一般采用复印的方式进行复制并保存。

（四）文件装订和图纸折叠

（1）文件装订可以采用粘、缝纫、三孔装订中的任何一种办法。任何装订方法均要保证文件牢固，便于保管和利用。

（2）每卷文件材料较少时，在纸张大小基本一致的情况下，可以在文件的左侧用黏合剂粘贴；每卷文件材料较多时，宜采用左侧、直线缝纫或三孔装订的方法。装订后的文件材料保证左边、下边对齐。

（3）规划许可证等硬质材料，需装入特制的袋后再装订。

（4）标牌式的材料，需裱糊在 A4 纸上后再装订。

（5）同一份文件的正文和附件，应一起组卷，附图应装入特制袋后，与正文一起装订。

（6）图纸采用正面在内、反面在外、对折、图标外露的方法折叠，折叠后尺寸为 A4 大小，不装订。

（五）装盒

（1）归档文件宜按"工程准备阶段文件和竣工验收文件、监理文件、施工文件、竣工图"四部分文件分别装盒。较小工程的所有材料可以放入一个档案盒时，允许不分开装盒。

（2）四部分文件分别按"归档编号"顺序装入档案盒，并填写档案盒封面和脊背内容。

（3）档案盒的封面应标明建设单位名称、单位工程名称、共×盒、第×盒，档案盒脊背标注起、止总登记号，中间用"/"号连接。

（4）档案盒外形尺寸为 310 mm×220 mm。盒脊厚度可以根据要求设置 20 mm、30 mm、40 mm、50 mm 等。

二、建设工程文件归档管理

建设工程文件归档管理可参照《建设工程文件归档规范》（GB/T 50328－2014），分为总则、术语、基本规定、归档文件及其质量要求、工程文件立卷、工程文件归档、工程档案验收与移交。

现以某企业为例，介绍施工阶段与竣工阶段各类文件归档管理的范围及对应保存单位的划分，施工阶段文件见表 5.6.1，竣工阶段文件见表 5.6.2。

表 5.6.1　施工阶段文件

类别	归档文件	保存单位				
		建设单位	设计单位	施工单位	监理单位	城建档案馆
监理文件（B 类）						
B1	监理管理文件					
1	监理规划	▲			▲	▲

续表

类别	归档文件	保存单位				
		建设单位	设计单位	施工单位	监理单位	城建档案馆
2	监理实施细则	▲		△	▲	▲
3	监理月报	△			▲	
4	监理会议纪要	▲		△	▲	
5	监理工作日志				▲	
6	监理工作总结				▲	▲
7	工作联系单	▲		△	△	
8	监理工程师通知	▲		△	△	△
9	监理工程师通知回复单	▲		△	△	△
10	工程暂停令	▲		△	△	▲
11	工程复工报审表	▲		▲	▲	▲
B2	进度控制文件					
1	工程开工报审表	▲		▲	▲	▲
2	施工进度计划报审表	▲		△	△	
B3	质量控制文件					
1	质量事故报告及处理资料	▲		▲	▲	▲
2	旁站监理记录	∧		∧	▲	
3	见证取样和送检人员备案表	▲		▲	▲	
4	见证记录	▲		▲	▲	
5	工程技术文件报审表			△		
B4	造价控制文件					
1	工程款支付	▲		△	△	
2	工程款支付证书	▲		△	△	
3	工程变更费用报审表	▲		△	△	
4	费用索赔申请表	▲		△	△	
5	费用索赔审批表	▲		△	△	
B5	工期管理文件					
1	工程延期申请表	▲		▲	▲	▲
2	工程延期审批表	▲			▲	▲
B6	监理验收文件					
1	竣工移交证书	▲		▲	▲	▲
2	监理资料移交书	▲			▲	

续表

类别	归档文件	保存单位				
		建设单位	设计单位	施工单位	监理单位	城建档案馆

施工文件（C类）

类别	归档文件	建设单位	设计单位	施工单位	监理单位	城建档案馆
C1	施工管理文件					
1	工程概况表	▲		▲	▲	△
2	施工现场质量管理检查记录			△	△	
3	企业资质证书及相关专业人员岗位证书	△		△	△	△
4	分包单位资质报审表	▲		▲	▲	
5	建设单位质量事故勘查记录	▲		▲	▲	▲
6	建设工程质量事故报告书	▲		▲	▲	▲
7	施工检测计划	△		△	△	
8	见证试验检测汇总表	▲		▲	▲	▲
9	施工日志			▲		
C2	施工技术文件					
1	工程技术文件报审表	△		△	△	
2	施工组织设计及施工方案	△		△	△	△
3	危险性较大分部分项工程施工方案	△		△	△	△
4	技术交底记录	△		△		
5	图纸会审记录	▲	▲	▲	▲	▲
6	设计变更通知单	▲	▲	▲	▲	▲
7	工程洽商记录（技术核定单）	▲	▲	▲	▲	▲
C3	进度造价文件					
1	工程开工报审表	▲	▲	▲	▲	▲
2	工程复工报审表	▲	▲	▲	▲	▲
3	施工进度计划报审表			△	△	
4	施工进度计划			△	△	
5	人、机、料动态表			△	△	
6	工程延期申请表	▲		▲	▲	▲
7	工程款支付申请表	▲		△	△	
8	工程变更费用报审表	▲		△	△	
9	费用索赔申请表	▲		△	△	

续表

类别	归档文件	保存单位				
		建设单位	设计单位	施工单位	监理单位	城建档案馆
C4	施工物资出厂质量证明及进场检测文件					
	出厂质量证明文件及检测报告					
1	砂、石、砖、水泥、钢筋、隔热保温材料、防腐材料、轻骨料出厂证明文件	▲		▲	▲	△
2	其他物资出厂合格证、质量保证书、检测报告和报关单或商检证等	△		▲	△	
3	材料、设备的相关检验报告、型式检测报告、3C强制认证合格证书或3C标志	△		▲	△	
4	主要设备、器具的安装使用说明书	▲		▲	△	
5	进口的主要材料设备的商检证明文件	△		▲		
6	涉及消防、安全、卫生、环保、节能的材料、设备的检测报告或法定机构出具的有效证明文件	▲		▲	▲	△
7	其他施工物资产品合格证、出厂检验报告					
	进场检验通用表格					
1	材料、构配件进场检验记录			△	△	
2	设备开箱检验记录			△	△	
3	设备及管道附件试验记录	▲		▲	△	
	进场复试报告					
1	钢材试验报告	▲		▲	▲	▲
2	水泥试验报告	▲		▲	▲	▲
3	砂试验报告	▲		▲	▲	▲
4	碎(卵)石试验报告	▲		▲	▲	▲
5	外加剂试验报告	△		▲	▲	▲
6	防水涂料试验报告	▲		▲	△	
7	防水卷材试验报告	▲		▲	△	
8	砖(砌块)试验报告	▲		▲	▲	▲
9	预应力筋复试报告	▲		▲	▲	▲
10	预应力锚具、夹具和连接器复试报告	▲		▲	▲	▲
11	装饰装修用门窗复试报告	▲		▲	△	
12	装饰装修用人造木板复试报告	▲		▲	△	
13	装饰装修用花岗石复试报告	▲		▲	△	
14	装饰装修用安全玻璃复试报告	▲		▲	△	

续表

类别	归档文件	保存单位				
		建设单位	设计单位	施工单位	监理单位	城建档案馆
15	装饰装修用外墙面砖复试报告	▲		▲	△	
16	钢结构用钢材复试报告	▲		▲	▲	▲
17	钢结构用防火涂料复试报告	▲		▲	▲	▲
18	钢结构用焊接材料复试报告	▲		▲	▲	▲
19	钢结构用高强度大六角头螺栓连接副复试报告	▲		▲	▲	▲
20	钢结构用扭剪型高强螺栓连接副复试报告	▲		▲	▲	▲
21	幕墙用铝塑板、石材、玻璃、结构胶复试报告	▲		▲	▲	▲
22	散热器、供暖系统保温材料、通风与空调工程绝热材料、风机盘管机组、低压配电系统电缆的见证取样复试报告	▲		▲	▲	▲
23	节能工程材料复试报告	▲		▲	▲	▲
24	其他物资进场复试报告					
C5	施工记录文件					
1	隐蔽工程验收记录	▲		▲	▲	▲
2	施工检查记录			△		
3	交接检查记录			△		
4	工程定位测量记录	▲		▲	▲	▲
5	基槽验线记录	▲		▲	▲	▲
6	楼层平面放线记录			△	△	△
7	楼层标高抄测记录			△	△	
8	建筑物垂直度、标高观测记录	▲		▲	△	△
9	沉降观测记录	▲		▲	△	▲
10	基坑支护水平位移监测记录			△	△	
11	桩基、支护测量放线记录			△	△	
12	地基验槽记录	▲	▲	▲	▲	▲
13	地基钎探记录	▲		△	△	▲
14	混凝土浇灌申请书			△	△	
15	预拌混凝土运输单			△		
16	混凝土开盘鉴定			△	△	
17	混凝土拆模申请单			△	△	
18	混凝土预拌测温记录			△		
19	混凝土养护测温记录			△		
20	大体积混凝土养护测温记录			△		

类别	归档文件	保存单位				
		建设单位	设计单位	施工单位	监理单位	城建档案馆
21	大型构件吊装记录	▲		△	△	▲
22	焊接材料烘焙记录			△		
23	地下工程防水效果检查记录	▲		△	△	
24	防水工程试水检查记录	▲		△	△	
25	通风(烟)道、垃圾道检查记录	▲		△		
26	预应力筋张拉记录	▲		▲	△	▲
27	有黏结预应力结构灌浆记录	▲		▲	△	▲
28	钢结构施工记录	▲		▲	△	
29	网架(索膜)施工记录	▲		▲	△	▲
30	木结构施工记录	▲		▲	△	
31	幕墙注胶检查记录	▲		▲	△	
32	自动扶梯、自动人行道的相邻区域检查记录	▲		▲	△	
33	电梯电气装置安装检查记录	▲		▲	△	
34	自动扶梯、自动人行道电气装置检查记录	▲		▲	△	
35	自动扶梯、自动人行道整机安装质量检查记录	▲		▲	△	
36	其他施工记录文件					
C6	施工试验记录及检测文件					
	通用表格					
1	设备单机试运转记录	▲		▲	△	△
2	系统试运转调试记录	▲		▲	△	△
3	接地电阻测试记录	▲		▲	△	△
4	绝缘电阻测试记录	▲		▲	△	△
	建筑与结构工程					
1	锚杆试验报告	▲		▲	△	△
2	地基承载力检验报告	▲		▲	△	▲
3	桩基检测报告	▲		▲	△	▲
4	土工击实试验报告	▲		▲	△	▲
5	回填土试验报告(应附图)	▲		▲	△	▲
6	钢筋机械连接试验报告	▲		▲	△	△
7	钢筋焊接连接试验报告	▲		▲	△	△
8	砂浆配合比申请书、通知单			△	△	△
9	砂浆抗压强度试验报告	▲		▲	△	▲

续表

类别	归档文件	保存单位				
		建设单位	设计单位	施工单位	监理单位	城建档案馆
10	砌筑砂浆试块强度统计、评定记录	▲		▲		△
11	混凝土配合比申请书、通知单	▲		△	△	△
12	混凝土抗压强度试验报告	▲		▲	△	▲
13	混凝土试块强度统计、评定记录	▲		▲	△	△
14	混凝土抗渗试验报告	▲		▲	△	△
15	砂、石、水泥放射性指标报告	▲		▲	△	△
16	混凝土碱总量计算书	▲		▲	△	△
17	外墙饰面砖样板黏结强度试验报告	▲		▲	△	△
18	后置埋件抗拔试验报告	▲		▲	△	△
19	超声波探伤报告、探伤记录	▲		▲	△	△
20	钢构件射线探伤报告	▲		▲	△	△
21	磁粉探伤报告	▲		▲	△	△
22	高强度螺栓抗滑移系数检测报告	▲		▲	△	△
23	钢结构焊接工艺评定			△	△	△
24	网架节点承载力试验报告	▲		▲	△	△
25	钢结构防腐、防火涂料厚度检测报告	▲		▲	△	△
26	木结构胶缝试验报告	▲		▲	△	
27	木结构构件力学性能试验报告	▲		▲	△	△
28	木结构防护剂试验报告	▲		▲	△	△
29	幕墙双组分硅酮结构胶混匀性及拉断试验报告	▲		▲	△	△
30	幕墙的抗风压性能、空气渗透性能、雨水渗透性能及平面内变形性能检测报告	▲		▲	△	△
31	外门窗的抗风压性能、空气渗透性能和雨水渗透性能检测报告	▲		▲	△	△
32	墙体节能工程保温板材与基层黏结强度现场拉拔试验	▲		▲	△	△
33	外墙保温浆料同条件养护试件试验报告	▲		▲	△	△
34	结构实体混凝土强度验收记录	▲		▲	△	△
35	结构实体钢筋保护层厚度验收记录	▲		▲	△	△
36	围护结构现场实体检验	▲		▲	△	△
37	室内环境检测报告	▲		▲	△	△
38	节能性能检测报告	▲		▲	△	▲

续表

类别	归档文件	保存单位				
		建设单位	设计单位	施工单位	监理单位	城建档案馆
39	其他建筑与结构施工试验记录与检测文件					
	给排水及采暖工程					
1	灌(满)水试验记录	▲		△	△	
2	强度严密性试验记录	▲		▲	△	△
3	通水试验记录	▲		△	△	
4	冲(吹)洗试验记录	▲		▲	△	
5	通球试验记录	▲		△	△	
6	补偿器安装记录			△	△	
7	消火栓试射记录	▲		▲	△	
8	安全附件安装检查记录			▲	△	
9	锅炉烘炉试验记录			▲	△	
10	锅炉煮炉试验记录			▲	△	
11	锅炉试运行记录	▲		▲	△	
12	安全阀定压合格证书	▲		▲	△	
13	自动喷水灭火系统联动试验记录	▲		▲	△	△
14	其他给排水及供暖施工试验记录与检测文件					
	建筑电气工程					
1	电气接地装置平面示意图表	▲		▲	△	△
2	电气器具通电安全检查记录	▲		△	△	
3	电气设备空载试运行记录	▲		▲	△	△
4	建筑物照明通电试运行记录	▲		▲	△	△
5	大型照明灯具承载试验记录	▲		▲	△	
6	漏电开关模拟试验记录	▲		▲	△	
7	大容量电气线路结点测温记录	▲		▲	△	
8	低压配电电源质量测试记录	▲		▲	△	
9	建筑物照明系统照度测试记录	▲		△	△	
10	其他建筑电气施工试验记录与检测文件					
	智能建筑工程					
1	综合布线测试记录	▲		▲	△	△
2	光纤损耗测试记录	▲		▲	△	△
3	视频系统末端测试记录	▲		▲	△	△
4	子系统检测记录	▲		▲	△	△

续表

类别	归档文件	保存单位				
		建设单位	设计单位	施工单位	监理单位	城建档案馆
5	系统试运行记录	▲		▲	△	△
6	其他智能建筑施工试验记录与检测文件					
	通风与空调工程					
1	风管漏光检测记录	▲		△	△	
2	风管漏风检测记录	▲		▲	△	
3	现场组装除尘器、空调机漏风检测记录			△	△	
4	各房间室内风量测量记录	▲		△	△	
5	管网风量平衡记录	▲		△	△	
6	空调系统试运转调试记录	▲		▲	△	△
7	空调水系统试运转调试记录	▲		▲	△	
8	制冷系统气密性试验记录	▲		▲	△	
9	净化空调系统检测记录	▲		▲	△	△
10	防排烟系统联合试运行记录	▲		▲	△	△
11	其他通风与空调施工试验记录与检测文件					
	电梯工程					
1	轿厢平层准确度测量记录	▲		△	△	
2	电梯层门安全装置检测记录	▲		▲	△	
3	电梯电气安全装置检测记录	▲		▲	△	
4	电梯整机功能检测记录	▲		▲	▲	
5	电梯主要功能检测记录	▲		▲	▲	
6	电梯负荷运行试验记录	▲		▲	△	△
7	电梯负荷运行试验曲线图表	▲		▲	△	
8	电梯噪声测试记录	△		△	△	
9	自动扶梯、自动人行道安全装置检测记录	▲		▲	△	
10	自动扶梯、自动人行道整机性能、运行试验记录	▲		▲	△	△
11	其他电梯施工试验记录与检测文件					
C7	施工质量验收文件					
1	检验批质量验收记录	▲		△	△	
2	分项工程质量验收记录	▲		▲	▲	
3	分部(子分部)工程质量验收记录	▲		▲	▲	▲
4	建筑节能分部工程质量验收记录	▲		▲	▲	▲
5	自动喷水系统验收缺陷项目划分记录	▲		△	△	

类别	归档文件	保存单位				
		建设单位	设计单位	施工单位	监理单位	城建档案馆
6	程控电话交换系统分项工程质量验收记录	▲		▲	△	
7	会议电视系统分项工程质量验收记录	▲		▲	△	
8	卫星数字电视系统分项工程质量验收记录	▲		▲	△	
9	有线电视系统分项工程质量验收记录	▲		▲	△	
10	公共广播与紧急广播系统分项工程质量验收记录	▲		▲	△	
11	计算机网络系统分项工程质量验收记录	▲		▲	△	
12	应用软件系统分项工程质量验收记录	▲		▲	△	
13	网络安全系统分项工程质量验收记录	▲		▲	△	
14	空调与通风系统分项工程质量验收记录	▲		▲	△	
15	变配电系统分项工程质量验收记录	▲		▲	△	
16	公共照明系统分项工程质量验收记录	▲		▲	△	
17	给排水系统分项工程质量验收记录	▲		▲	△	
18	热源和热交换系统分项工程质量验收记录	▲		▲	△	
19	冷冻和冷却水系统分项工程质量验收记录	▲		▲	△	
20	电梯和自动扶梯系统分项工程质量验收记录	▲		▲	△	
21	数据通信接口分项工程质量验收记录	▲		▲	△	
22	中央管理工作站及操作分站分项工程质量验收记录	▲		▲	△	
23	系统实时性、可维护性、可靠性分项工程质量验收记录	▲		▲	△	
24	现场设备安装及检测分项工程质量验收记录	▲		▲	△	
25	火灾自动报警及消防联动系统分项工程质量验收记录	▲		▲	△	
26	综合防范功能分项工程质量验收记录	▲		▲	△	
27	视频安防监控系统分项工程质量验收记录	▲		▲	△	
28	入侵报警系统分项工程质量验收记录	▲		▲	△	
29	出入口控制(门禁)系统分项工程质量验收记录	▲		▲	△	
30	巡更管理系统分项工程质量验收记录	▲		▲	△	
31	停车场(库)管理系统分项工程质量验收记录	▲		▲	△	
32	安全防范综合管理系统分项工程质量验收记录	▲		▲	△	
33	综合布线系统安装分项工程质量验收记录	▲		▲	△	
34	综合布线系统性能检测分项工程质量验收记录	▲		▲	△	
35	系统集成网络连接分项工程质量验收记录	▲		▲	△	

续表

类别	归档文件	保存单位				
		建设单位	设计单位	施工单位	监理单位	城建档案馆
36	系统数据集成分项工程质量验收记录	▲		▲	△	
37	系统集成整体协调分项工程质量验收记录					
38	系统集成综合管理及冗余功能分项工程质量验收记录	▲		▲	△	
39	系统集成可维护性和安全性分项工程质量验收记录	▲		▲	△	
40	电源系统分项工程质量验收记录	▲		▲	△	
41	其他施工质量验收文件					
C8	施工验收文件					
1	单位(子单位)工程竣工预验收报验表	▲		▲		▲
2	单位(子单位)工程质量竣工验收记录	▲	△	▲		▲
3	单位(子单位)工程质量控制资料核查记录	▲		▲		▲
4	单位(子单位)工程安全和功能检验资料核查及主要功能抽查记录	▲		▲		▲
5	单位(子单位)工程观感质量检查记录	▲		▲		▲
6	施工资料移交书	▲		▲		
7	其他施工验收文件					

注:表中符号"▲"表示必须归档保存;"△"表示选择性归档保存。

表 5.6.2 竣工阶段文件

类别	归档文件	保存单位				
		建设单位	设计单位	施工单位	监理单位	城建档案馆
竣工图(D类)						
1	建筑竣工图	▲		▲		▲
2	结构竣工图	▲		▲		▲
3	钢结构竣工图	▲		▲		▲
4	幕墙竣工图	▲		▲		▲
5	室内装饰竣工图	▲		▲		▲
6	建筑给排水及供暖竣工图	▲		▲		▲
7	建筑电气竣工图	▲		▲		▲
8	智能建筑竣工图	▲		▲		▲
9	通风与空调竣工图	▲		▲		▲
10	室外工程竣工图	▲		▲		▲

续表

类别	归档文件	保存单位				
		建设单位	设计单位	施工单位	监理单位	城建档案馆
11	规划红线内的室外给水、排水、供热、供电、照明管线等竣工图	▲		▲		▲
12	规划红线内的道路、园林绿化、喷灌设施等竣工图	▲		▲		▲
工程竣工验收文件(E类)						
E1	竣工验收与备案文件					
1	勘察单位工程质量检查报告	▲		△	△	▲
2	设计单位工程质量检查报告	▲	▲	△	△	▲
3	施工单位工程竣工报告	▲		▲	△	▲
4	监理单位工程质量评估报告	▲		△	▲	▲
5	工程竣工验收报告	▲	▲	▲	▲	▲
6	工程竣工验收会议纪要	▲	▲	▲	▲	▲
7	专家组竣工验收意见	▲	▲	▲	▲	▲
8	工程竣工验收证书	▲	▲	▲	▲	▲
9	规划、消防、环保、民防、防雷等部门出具的认可文件或准许使用文件	▲	▲	▲	▲	▲
10	房屋建筑工程质量保修书	▲				▲
11	住宅质量保证书、住宅使用说明书	▲		▲		▲
12	建设工程竣工验收备案表	▲	▲	▲	▲	▲
13	建设工程档案预验收意见	▲		△		▲
14	城市建设档案移交书	▲				▲
E2	竣工决算文件					
1	施工决算文件	▲		▲		△
2	监理决算文件	▲			▲	△
E3	工程声像资料等					
1	开工前原貌、施工阶段、竣工新貌照片	▲		△	△	▲
2	工程建设过程的录音、录像资料(重大工程)	▲		△	△	▲
E4	其他工程文件					

注:表中符号"▲"表示必须归档保存;"△"表示选择性归档保存。

附录 A

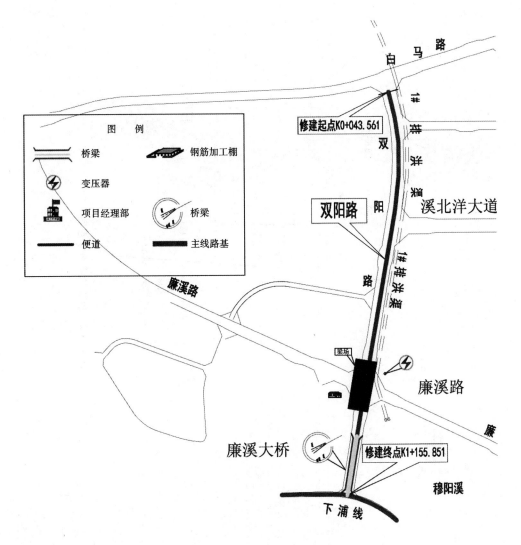

附图 A-1 施工总平面示意图 1

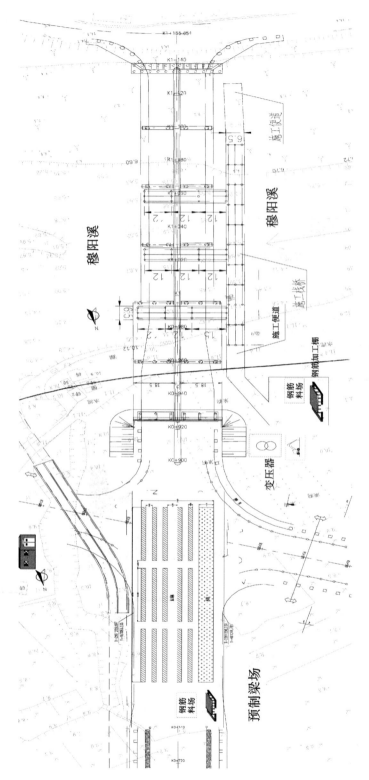

附图 A-2 施工总平面示意图 2

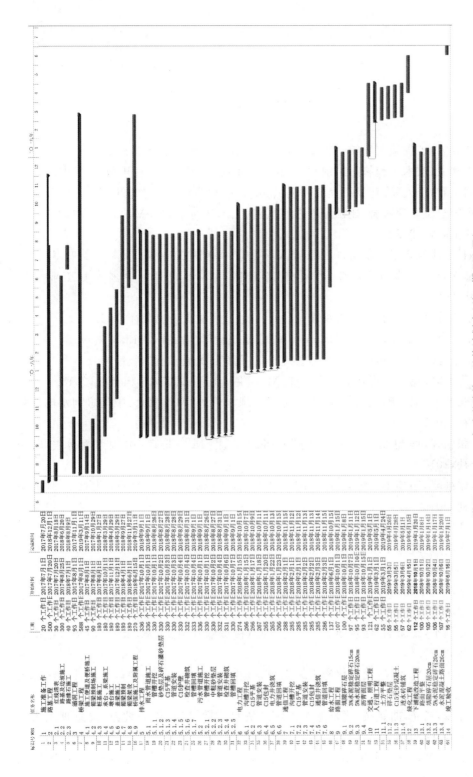

附图 A-3　××市政道路施工总体计划表（总工期 730 天）

注：如遇连续降雨天气、村民阻工或因合同约定的其他因素造成的工期延误，计划日期相应延后因上述问题产生的天数。

参 考 文 献

[1] 曹吉鸣. 工程施工组织与管理[M]. 北京:高等教育出版社,2016.

[2] 王利文. 土木工程施工组织与管理[M]. 北京:中国建筑工业出版社,2021.

[3] 闫超君,李人元. 建设工程施工组织[M]. 北京:中国水利水电出版社,2017.

[4] 中国建设监理协会. 建设工程进度控制(土木建筑工程)[M]. 北京:中国建筑工业出版社,2022.

[5] 刘坤. 建筑施工组织与进度控制[M]. 北京:中国建筑工业出版社,2019.

[6] 林立高,高春萍,白学敏. 建筑施工组织[M]. 北京:中国建材工业出版社,2021.

[7] 李树芬. 建筑工程施工组织设计[M]. 北京:机械工业出版社,2021.

[8] 申永康. 建筑工程施工组织[M]. 重庆:重庆大学出版社,2013.

[9] 于金海. 建筑工程施工组织与管理[M]. 北京:机械工业出版社,2018.

[10] 鄢维峰. 建筑工程施工组织设计[M]. 2 版. 北京:北京大学出版社,2018.

[11] 张智涌,双学珍. 水利水电工程施工组织与管理[M]. 北京:中国水利水电出版社,2017.

[12] 张朝晖,闫超君. 公路工程施工组织设计[M]. 北京:中国水利水电出版社,2017.

[13] 鄢维峰,印宝权. 建筑工程施工组织实训[M]. 2 版. 北京:北京大学出版社,2019.

[14] 郭庆阳. 建筑施工组织[M]. 3 版. 北京:中国电力出版社,2020.

[15] 张萍. 建筑施工组织[M]. 北京:北京邮电大学出版社,2015.

[16] 郝永池,张玉洁. 建筑施工组织[M]. 北京:机械工业出版社,2022.

[17] 全国二级建造师执业资格考试用书编写委员会. 建设工程施工管理[M]. 北京:中国建筑工业出版社.2021.

[18] 韩国平,王丽丽. 建筑施工组织与管理(微课版)[M]. 3 版. 北京:清华大学出版社,2022.

[19] 霍洋菊,杨亚锋. 现代化施工组织与管理[M]. 2 版. 北京:中国劳动社会保障出版社,2015.

[20] 陈俊,杨光,曲媛媛. 建筑施工组织与资料管理[M]. 3 版. 北京:北京理工大学出版社,2018.

[21] 刘兵,刘广文. 建筑施工组织与管理[M]. 3 版. 北京:北京理工大学出版社,2020.